Ertragreich imkern

Franz Lampeitl

Ertragreich imkern

Technik, Arbeitswirtschaft und Kalkulation in der Bienenhaltung

66 Farbfotos, 99 Schwarzweißfotos und Zeichnungen

Bechtermünz Verlag

Zeichnungen von Wolfgang Jauch, Pliezhausen

Genehmigte Lizenzausgabe für
Weltbild Verlag GmbH, Augsburg 1999

Umschlaggestaltung: Georg Lehmacher, Friedberg (Bay.)
Umschlagmotive: Mauritius-Reinhard (linkes Motiv), ZEFA-RGN (rechtes Motiv)
Gesamtherstellung: Franz Spiegel Buch GmbH, Ulm
Printed in Germany
ISBN 3-8289-1535-3

Vorwort

In meiner langjährigen Beratertätigkeit lernte ich sehr viele Menschen kennen, die den Umgang mit Bienenvölkern praktizieren. Es sind Angehörige aller Schichten, die die Liebe zur Biene entdeckt haben und sich mit diesen Insektenstaaten ein Leben lang beschäftigen und sich daran erfreuen. Zudem finden heute immer mehr Menschen zur Imkerei, die die Bienenhaltung nicht bloß als sinnvolle ausgleichende Beschäftigung betrachten, sondern sie zusätzlich auch unter wirtschaftlichen Gesichtspunkten sehen. Dies gilt vor allem für Anfänger, die in der Imkerei Fuß gefaßt haben und vor der Notwendigkeit stehen, sich ein zusätzliches Einkommen zu verschaffen. Der wirtschaftliche Aspekt in der Bienenhaltung gewinnt angesichts der sich ständig ändernden Trachtverhältnisse, der Bedrohung der Bienenvölker durch Krankheiten und Parasiten und nicht zuletzt durch den sich abzeichnenden Konkurrenzkampf auf dem Honigmarkt zunehmend an Bedeutung. Dabei spielt aber auch die Funktion der Bienen im Naturhaushalt eine wichtige Rolle, denn jeder Imker leistet mit seinen Bienenvölkern einen wesentlichen Beitrag zum Umweltschutz.

Das Buch versucht, verschiedene Aspekte ertragreicher Bienenhaltung aus der Praxis gesehen verständlich darzustellen. So wird ein besonderes Augenmerk auf eine Betriebsweise gelegt, die so wenig Eingriffe wie möglich in ein Bienenvolk nötig macht und dadurch optimale natürliche Lebensbedingungen schafft. Bei der Bekämpfung der Bienenkrankheiten wird vor allem auf die Varroatose eingegangen, der aus heutiger Sicht mehr denn je Aufmerksamkeit geschenkt werden muß.

Ausführlich werden die notwendigen Geräte und Räumlichkeiten für einen Imker beschrieben, der etwa ab 20 Völker hält und unter wirtschaftlichen Gesichtspunkten arbeitet. Und schließlich wird aufgezeigt, wie sich aus leicht erfaßbaren Betriebsdaten wichtige Schlüsse und Entscheidungshilfen zur Wirtschaftlichkeit und Betriebsweise einer Imkerei ergeben.

Vor allem aber berücksichtigt dieses Buch die vielerlei Probleme und Fragen aus der Praxis des Imkers, mit denen ich mich als Berater immer wieder zu befassen hatte. Dadurch und durch Erfahrungen bei der Bewirtschaftung meiner eigenen Bienenvölker sind praxisreife Lösungen zustande gekommen, die ich gerne weitergeben möchte.

Ein Wort des Dankes gilt insbesondere meiner Frau und all denen, die mir mit Rat und Tat zur Seite standen. Ohne deren Hilfe wäre dieses Buch nicht zustandegekommen.

Franz Lampeitl

Inhaltsverzeichnis

Bienenhaltung unter wirtschaftlichen Gesichtspunkten

Dic Haltung von Bienenvölkern hat die Menschen von jeher gefesselt. Dabei steht aber nicht nur die Ernte des Honigs im Vordergrund, sondern gleichzeitig auch die Freude am Umgang mit den Bienen, das Erleben des Naturgeschehens und die Beobachtung des einzigartigen Aufbaus ihrer Völker. Ohne diese Voraussetzungen ist schon der Gedanke, sich Bienenvölker zu halten, absurd. Wenn dic Liebe zum Bienenvolk fehlt, ist es sinnlos, auch nur einen Gedanken an eine Bienenhaltung zu verschwenden. Die Erfahrung in einer langjährigen Beratertätigkeit hat dies immer wieder bestätigt.

Zur Haltung von Bienenvölkern gehört neben der Zuneigung genauso aber auch die Bereitschaft, für diese Insektenstaaten mancherlei Mühe und Opfer auf sich zu nehmen. Dies gilt für den Liebhaberimker mit wenig Bienenvölkern (in der Regel 5 bis 10) ebenso wie für den Imker, der gewillt ist, sich eine größere Völkerzahl zu halten. Um aber mit einer größeren Zahl an Völkern (etwa ab 20) ertragreich imkern zu können, sind weiterc Voraussetzungen notwendig.

Kenntnisse und Erfahrungen

Die Betreuung und damit die ertragreiche Haltung von Bienenvölkern macht es notwendig, daß die Zusammenhänge des jahreszeitlichen Lebensablaufs sowohl des Bienenvolks als auch des Einzelinsekts bekannt sind. Das Studium entsprechender Fachbücher, der Besuch von Lehrgängen und Vorträgen erweitern unser Wissen, allein genügt dies aber nicht. Theoretische Kenntnisse müssen sich in der täglichen Praxis der Bienenhaltung in eine Vielzahl eigener Erfahrungen umwandeln, um Sicherheit und neuen Mut zu geben, noch tiefer in die Materie einzudringen. Der Imker, der mit seinen Völkern ertragreich imkern will, kann dies nur, wenn er über die notwendigen Kenntnisse und Erfahrungen verfügt, sonst ist alle Mühe vergebens.

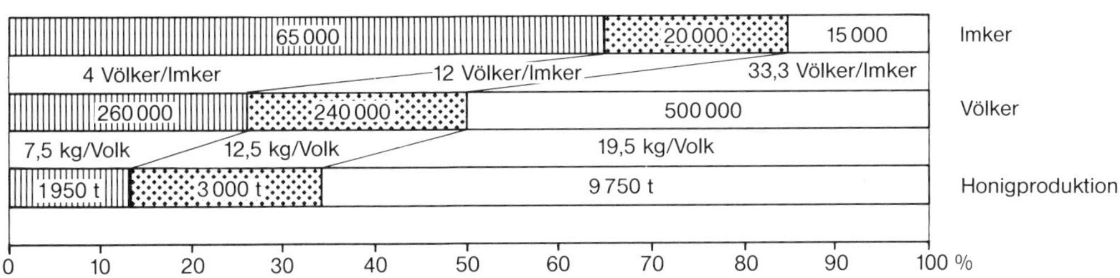

Abb. 1. Bienenhaltung und Honigproduktion in den alten Bundesländern (nach Gekeler). Zahlen und Angaben von den neuen Bundesländern liegen nicht vor.

Von heute auf morgen ist dieses Rüstzeug allerdings nicht zu erlangen. (Über die Ausbildung zum Imker siehe Seite 186.) Je nach den unterschiedlichen persönlichen Voraussetzungen und Möglichkeiten des angehenden Imkers sind dazu 3 bis 5 Jahre erforderlich. Durch ein solches Zusammenspiel von Theorie und praktischer Erfahrung lassen sich viele Probleme dann vorausschauend besser beurteilen und erfolgreich bewältigen. Und dennoch wird auch der noch so versierte Imker immer wieder beim Umgang mit Bienenvölkern Überraschungen erleben, die neue, eigene Entscheidungen notwendig machen. Aber gerade dadurch bleibt die Bienenhaltung auch für den Fachmann reizvoll und anregend.

Erfolgreich imkern bedeutet aber nicht nur, seine Kenntnisse und Erfahrungen auszubauen, ebenso gilt es, neuen Erkenntnissen aufgeschlossen gegenüberzustehen. Gerade dieser Gesichtspunkt ist bei der Bienenhaltung in der heutigen, schnellebenden Zeit von eminenter Bedeutung. Jeder Stillstand im Fachwissen und das Verharren in den altgewohnten eigenen praktischen Erfahrungen bedeutet bereits einen Rückschritt. Ein fortschrittlicher Imker, der mit seinen Bienen ertragreich imkern will, kann sich diese Einstellung nicht leisten.

Andererseits muß bei aller wünschenswerten Aufgeschlossenheit gegenüber neueren Erkenntnissen auch ein kritisches Abwägen miteinhergehen. Denn nicht alle Neuerungen, die sich im Laufe der Jahre ergeben, sind für den eigenen Betrieb brauchbar. Anfangs der 70er Jahre, als die künstliche Besamung der Bienenköniginnen nach und nach praxisreif wurde, habe ich manchem Imker abgeraten, die dazu entwickelten Besamungsgeräte anzuschaffen. Ich finde es abolut nicht notwendig, daß jeder größere Imker diese Materie beherrscht. Die Beschaffung des Zuchtmaterials von einigen wenigen Imkern oder Instituten, bei denen die künstliche Besamung praktiziert wird, ist langfristig gesehen wirtschaftlicher.

Ebenso ist kritisches Abwägen und Beurteilen im Hinblick auf die Vielzahl der dem Imker angepriesenen Geräte und Artikel notwendig. Gerade in den letzten Jahren häufen sich die Angebote und Ankündigungen, die mehr versprechen als sie in Wirklichkeit erfüllen können.

Zur ertragreichen Bienenhaltung gehört aber auch, daß der Imker schnell lernt, seine Bienenvölker zu beurteilen. Es gibt nichts Schlimmeres, als wenn nicht mehr leistungsfähige Völker durch alle möglichen Kunstgriffe am Leben erhalten werden. Sicheres Beurteilen allein genügt aber nicht. Der Mut, abgewirtschaftete Völker aufzulösen, gehört genauso dazu. Hier sind oft Entscheidungen über die Völker ganzer Stände oder über ihre Standorte notwendig, die den Erfolg oder Mißerfolg eines Imkerbetriebes ganz wesentlich beeinflussen. Übrigens zeigt sich, daß Imkern mit 30 und mehr Völkern diese Entscheidungen leichter fallen, als Imkern, die nur wenige Völker besitzen.

Unerläßlich: Einfühlungsvermögen

Wie für jeden Beruf und für jede Tätigkeit, so ist auch für die Imkerei Einfühlungsvermögen oder eine gewisse Begabung unerläßlich. Mit dem notwendigen Einfühlungsvermögen wird es einem auch leichter fallen, sich Kenntnisse und Erfahrungen kurzfristig anzueignen, wie jedem, der mit Interesse und Freude an eine Aufgabe herantritt. Ein jahrelanger Umgang mit Imkern hat mir gezeigt, daß schon der erste Kontakt des Anfängers mit dem Bienenvolk etwas von seiner Eignung und Einstellung zu den Bienen verrät. Ruhiges Öffnen des Deckels, leichte und sanfte Rauchstöße über herausquellende Bienen aus den Wabengassen und besonnenes Verhalten gegenüber umherfliegenden oder manchmal auch stechenden Bienen deutet darauf hin, daß ein angehender Imker am Werke ist, der sich instinktiv richtig verhält, ohne daß man etwas zu sagen braucht. Fehlendes oder wenig ausgeprägtes Einfühlungsvermögen kann jedoch bis zu einem gewissen Grade durch Fleiß und Erfahrung ausgeglichen werden. Stellt man jedoch im Laufe der Lernjahre fest, daß einem das Einarbeiten und der praktische Umgang mit den Bienen große Schwierigkeiten bereitet, oder man sich bei der Beurteilung eigener Erfahrungen unsicher fühlt, halte ich es für besser, wenn der Gedanke aufgegeben wird, eine Ertragsimkerei aufzubauen. Nicht jeder besitzt eben das notwendige Gefühl für ein Bienenvolk. So kann es nicht ausbleiben, wenn dann die erforderlichen Arbeiten an und mit den Völkern mangelhaft oder zum falschen Zeitpunkt durchgeführt oder falsche Entscheidungen getroffen werden. In Liebhaberimkereien sind die Folgen solcher Fehler noch auszugleichen, in Ertragsimkereien dagegen führen sie meistens zu schwerwiegenden finanziellen Einbußen oder gar zu Verlusten.

Der Imker, der mit seinen Bienenvölkern ertragreich imkern will, steht auch immer wieder vor neuen Entscheidungen. Der Erfolg wird sich am ehesten einstellen, wenn mit einem gesunden Menschenverstand verbunden auch etwas gewagt wird, sei es bei einer Wanderung in eine vielleicht doch nicht so sichere Tracht oder bei der Anschaffung eines Gerätes, das noch nicht so lange am Markt ist. Selbstverständlich sind dabei die entstehenden Kosten, der Aufwand an Zeit und nicht zuletzt der Nutzen und der Ertrag gegeneinander abzuwägen. Eine solche Einstellung und Handlungsweise bezeichnet man üblicherweise als unternehmerisches Denken, das auch für den wirtschaftlich arbeitenden Imker unerläßlich ist.

Der Aufwand an Zeit

Ertragreiche Imkerei bedeutet auch eine Investition an Zeit. Dies insbesondere in den Sommermonaten, wobei die Königinnenzucht, die Ablegerbildung und die Wanderung an bestimmte Termine gebunden sind. Für den Imker heißt das vielfach, solche Arbeiten in der Freizeit, in den Abend- oder auch Nachtstunden und manchmal auch an Sonn- und Feiertagen durchzuführen. Wenn man es versteht, die einzelnen Termine geschickt aufeinander abzustimmen, wird die Arbeit an Sonn- und Feiertagen jedoch die Ausnahme bleiben. In jedem Fall aber erfordert eine Imkerei neben der hauptberuflichen Tätigkeit zusätzliche Zeit, die von der Freizeit abgeht. Die Notwendigkeit einer planmäßigen Zeiteinteilung gehört genauso wie das Erlernen der Fachkenntnisse und das Vorhandensein einer gewissen Erfahrung zu den Grundvoraussetzungen eines Imkers, der mit seinen Völkern ertragreich und wirtschaftlich imkern will.

Hierbei erhebt sich vielleicht die Frage, ob der Imker in den Sommermonaten eine zwei- oder dreiwöchige Urlaubsreise antreten kann. Völker, die über ausreichend Raum und Futter verfügen, können über einen solchen Zeitraum hinweg ohne weiteres unbeaufsichtigt bleiben. Dies gilt besonders für die Monate Juli und August, wenn sie vorher auf Plätze mit Honigtautrachten gestellt wurden oder wenn nach Trachtende die Fütterung bereits eingeleitet ist. Einer Urlaubsreise steht dann nichts im Wege. Eine zeitige und überlegte Planung ist auch im Interesse der Familie angebracht, zumal die übrigen Familienmitglieder dann auch viel eher dazu bereit sind, vor oder nach der Urlaubsreise in der Bienenhaltung mitzuhelfen. Ohnehin setzt ja eine intensivere Bienenhaltung das Verständnis und des öfteren auch die Mitwirkung der Familie, voraus. In gut funktionierenden Imkereien übernimmt die Ehefrau in der Regel meist die vorbereitenden Arbeiten und den Honigverkauf. Andere Arbeiten, wie z. B. das Honigschleudern, lassen sich am besten zu zweit durchführen.

Betriebsmittel und sonstige Voraussetzungen der Imkerei

Standort

Völker, die sich auf bienengemäßen oder bienengerechten Standorten befinden, können optimale Leistungen erbringen. Zur ertragreichen Bienenhaltung ist dies eine weitere wichtige Voraussetzung (Lampeitl 1984). Sonnige, windstille Plätze, die es ermöglichen, daß ab 12 oder 13 Uhr die Völker im Schatten stehen, fördern gerade im Frühjahr die Entwicklung. Der rechtzeitige Reinigungsflug ermöglicht das Hinausschaffen von toten Bienen und Gemüll. Die Ausscheidung des mit Krankheitserregern – insbesondere der der Nosema – versehenen Kotes erfolgt wieder im Freien. Bei guter Nahrungsgrundlage erwacht rechtzeitig der Bautrieb. Einwandfreier, gesunder Wabenbau ist die Folge.

Abb. 2. Ein nicht bienengerechter Standort. Die Mauer vor der Flugfront verhindert ein Abfließen von kalter und feuchter Luft.

Ab der Mittagszeit im Schatten stehende Völker bleiben leistungsfähiger, da die Flugbienen dann nicht zu sehr mit dem Herbeischaffen von Wasser zur Temperaturregelung beschäftigt sind. Bei Völkern, die in der prallen Sonne stehen, steigen die Temperaturen zur Mittagszeit in der Beute oft auf 45–50 °C. Fürs Bienenvolk samt Brut und Wabenbau sind Temperaturen von 35–38 °C verträglich. Höhere Temperaturen müssen auf diese Werte herabgesetzt werden.

Bienendichte und Zahl der Standplätze

Bei den bei uns üblichen Trachtverhältnissen spielt die Bienendichte schon im Frühjahr zur Volksentwicklung und vor allem bei der Nektartracht eine entscheidende Rolle. Unter Bienendichte wird die Anzahl der Völker bezogen auf eine bestimmte Fläche verstanden. Meistens wird sie in Beziehung auf das ha oder auf 100 ha (= 1 km^2) angegeben. Die Fläche von 1 km^2 entspricht auch grob gerechnet dem Areal, das die Bienen in den Frühjahrsmonaten befliegen. Im Spätsommer und Herbst dehnen sie ja bekanntlich den Flugradius auf 3 bis 4 km, wenn nicht weiter, aus, so daß größere Flächenareale beflogen werden.

Abb. 3. Verschiedene Aufstellungsmöglichkeiten von Bienenvölkern im Freien.
a) und b) Reihenaufstellung, c) und d) Einzelaufstellung mit verschiedenen Flugrichtungen.

Nach Erfahrungswerten ergibt sich bei einer Bienendichte von maximal 8 bis 10 Völkern/100 ha Trachtfläche in den Frühjahrsmonaten eine optimale Entwicklung, insbesondere durch das Angebot an Blütenstaub. In Gegenden mit intensivem Obstbau, Rapsanbau und Wiesenwirtschaft kann bei solchen Bienendichten in manchen Jahren sogar eine Ernte an Blütenhonig erwartet werden. Bei Feststellung der Bienendichte müssen aber auch die im Flugbereich von 2 bis 3 km stehenden Völker der Nachbarimker miteinbezogen werden.

Weitaus größere Bienendichten sind bei Honigtautrachten aus Fichte und Weißtanne möglich. So sind in guten Trachtjahren selbst bei 50 bis 100 Völkern/100 ha gute bis sehr gute Ernten aus diesen Massentrachten erzielt worden. Daß bei einer solchen Massierung der Völker die Blütenstaubversorgung, die in den Wäldern im Juli und August nur mäßig ist, nicht mehr gewährleistet werden kann, hat mancher Imker am rapide nachlassenden Brutgeschäft erstaunt feststellen müssen.

Einhaltung einer gewissen Bienendichte bedeutet:

1.) Völker dort nicht aufzustellen, wo auch andere Imker mit ihren Völkern bereits hohe Bienendichten erreicht haben;
2.) die eigenen Völker nicht zu massieren.

Zur Vermeidung von Völkermassierungen sind daher mehrere Standplätze notwendig.

Während zur Überwinterung sämtliche Völker auf einen zentralen Platz zusammengezogen werden können, ist im Frühjahr nach dem Reinigungsflug eine Dezentralisierung auf die vorher angegebenen Bienendichten notwendig.

Weitere Gründe sprechen für mehrere Standplätze. Bei der Ablegerbildung (siehe Seite 130) sind sie unentbehrlich. Bei Ausbruch einer Krankheit ist es unwahrscheinlich, daß diese gleichzeitig auf allen Standplätzen auftritt. Hierbei ist vor allem an die Faulbrut gedacht.

So wird ein Imker mit 30 bis 40 Völkern sich nach 3 bis 4 Standplätzen umsehen, die bienengerecht sein müssen. Wenn diese Voraussetzung erfüllt ist, kann auch an eine Überwinterung auf solchen Plätzen gedacht werden; das erspart dann eine Wanderung im Frühjahr. Es muß sich hierbei nicht immer um eigene Grundstücke handeln, Pachtgrundstücke mit langfristigen Pachtverträgen eignen sich ebenso.

Die Wahl des Standorts

Bei der Suche nach geeigneten Grundstükken für Standorte ist in der heutigen Zeit darauf zu achten, daß sie sich im Außenbereich, also außerhalb der Bauzonen befinden. Standorte innerhalb der Gemeinden und Städte (Innenbereich) werfen sehr oft Probleme mit den Nachbarn auf, die sich durch die Bienenhaltung beeinträchtigt fühlen (Lampeitl 1984). Dies gilt vor allem für die reinen Wohngebiete in Städten. Mit Standorten von Bienenvölkern in Dorfgebieten mit ländlicher Bebauung und ausgedehnten Gärten gibt es dagegen selten solche Probleme. Zu empfehlen sind Grundstücke in einer Entfernung von 1 bis 2 km außerhalb von Städten oder Dörfern. Wenn sie zudem in dieser Entfernung zum Wohnhaus liegen, erspart man sich lange Anfahrtwege. Außerdem haben solche Standorte den Vorteil, daß die dort aufgestellten Bienenvölker blühende Trachtpflanzen in den Haus- und Vorgärten erreichen können. Gerade im Spätsommer wird dadurch die Pollenversorgung verbessert, ja oft gesichert.

Aber auch die Standorte von Bienenvölkern im Außenbereich sind nicht gänzlich ohne Nachbarn. Handelt es sich um Wiesen oder landwirtschaftlich genutzte Grund-

Abb. 4. Unterstellmöglichkeiten von Bienenvölkern in einem sogenannten Bienenschauer. Sie haben ihre Berechtigung nur zur Überwinterung, wobei die hohe Investition von mindestens 15 000,– DM bei Bauwerken dieser Größe gesehen werden muß und die Völkermassierung, die sich vor allem im Frühjahr nachteilig auf die Volksentwicklung auswirkt.

Abb. 5. Ein Ablegerstandort mit einer Hecke im Hintergrund. Bei zwei Völkern pro Palette kann das nicht zu bearbeitende Volk als Ablage für Geräte dienen.

stücke, wird der Imker bestrebt sein, seine Völker so weit wie möglich von der Grenze zum Nachbarn entfernt aufzustellen. Das gleiche gilt, wenn öffentliche, viel begangene oder befahrene Wege am Aufstellungsplatz der Völker vorbeiführen. Das gute nachbarliche Verhältnis, das auch der Imker anstreben und erhalten soll, ist weniger gefährdet, wenn man diese Regel beachtet. Wenn es sich nicht vermeiden läßt, die Bienenvölker nahe an Nachbargrundstücken oder Wegen aufzustellen, so hindert eine dichte Bepflanzung die Bienen am einfliegen in das Grundstück des Nachbarn. Wie eine solche Schutzhecke anzulegen ist, hängt jeweils von den örtlichen Gegebenheiten, der Zahl der Völker und nicht zuletzt auch noch von der gehaltenen Bienenrasse entscheidend ab.

Abzuraten ist von Standorten, die unmittelbar oder direkt an öffentliche Einrichtungen ohne Schutzbepflanzung grenzen. Damit sind Kinderspielplätze, Festplätze und vor allem Schwimmbäder gemeint. Grenzt ein Standort direkt an die Liegewiese eines Schwimmbades, so wird schon die Bearbeitung der Völker durch den Imker bei den Freibadbesuchern Angst auslösen, auch wenn niemand gestochen wird. Solche, in Freibad- oder Festplatznähe gelegene Standorte sind auch deshalb nicht geeignet, da sich in trachtlosen Zeiten dort die Bienen verstärkt suchend an den Abfallbehältern einfinden werden, was außerdem zu einer Abwertung des Honigs beim kritischen Honigverbraucher führen kann.

Zufahrt zum Standort

Bienenvölker in ertragreich betriebenen Imkereien brauchen zwar nicht jeden Tag aufgesucht zu werden. Unumgänglich ist es jedoch, daß die vorbereitenden Arbeiten zur Durchsicht und die laufende Bearbeitung der Völker zügig, rasch und ohne großen Kraftaufwand bewerkstelligt werden können. Es ist nicht tragbar, daß z.B Gerätschaften, Zargen oder Futter 50 oder 100 m weit und noch dazu über steile Wege herangeschafft werden müssen. Ebenso erschweren schlechte oder fehlende Zufahrten den Transport der Völker bei der Wanderung. Zusätzlicher Zeitaufwand je nach Entfernung zum Fahrzeug, wie überhaupt jede Transporterschwerung, sind wichtige Gesichtspunkte, wenn man über die Zufahrtsmöglichkeiten zu einem Standort zu entscheiden hat. Hilfsgeräte, wie Sackkarren, Tragen oder auch selbst konstruierte,

Oben links: Sobald die Wabengassen sowohl in der ersten als auch zweiten Zarge mit Bienen besetzt sind, ist eine Erweiterung notwendig. Oben rechts: Zum Boden hin durchhängende Bienen in der ersten Zarge deuten Raumnot an. Unten: Völker, in denen sich während der Rapstracht solche Brutwaben und Honigkränze finden, sind unbedingt zu erweitern, sonst kommt auch bei schwarmträgen Bienen Schwarmstimmung auf.

gummibereifte leichte Wägelchen erleichtern zwar den Transport vom Standort zum Fahrzeug, einfacher ist es jedoch in jedem Fall, wenn mit dem Fahrzeug unmittelbar bis an die aufgestellten Völker herangefahren werden kann.

Die Zufahrt zu einem Standplatz muß zu jeder Jahreszeit – außer im Winter – und bei jeder Witterung gewährleistet sein. Ist dies nicht möglich, so ist die ganze Arbeitsplanung in Frage gestellt. Wie oft kommt es vor, daß es bei vorausgeplanter Arbeit oder bei einer vorgesehenen Wanderung regnet. Wenn dann wegen schlechter Wegeführung das Grundstück nicht befahren werden kann, läßt sich das Arbeitsprogramm nur unter erschwerten Bedingungen durchführen oder kann überhaupt nicht bewerkstelligt werden.

Ebene Grundstücke, die an öffentlichen, geteerten Feldwegen liegen, sind in den Sommermonaten bei jedem Wetter gut zu befahren, auch wenn sie mit Bäumen bewachsen sind. Bei einer leichten Hanglage erleichtert die Anlage eines befestigten Weges auf dem Grundstück die Befahrbarkeit. Die Standplätze der Völker werden so gewählt, daß sie in kürzester Entfernung zum Weg liegen. Nicht geeignet sind dagegen steile Hanglagen, auch wenn es sich um einen noch so guten bienengemäßen Standort handelt, wenn sie unbefahrbar sind.

Oben links: Ein typisches Brutnest einer nicht mehr leistungsfähigen Königin im Frühjahr.
Oben rechts: Solche Pollenwaben nach der Edelkastanientracht garantieren fortlaufendes Brutgeschäft auch in pollenarmen Tannentrachtgebieten.
Mitte links: Massentrachten wirken bruteinschränkend. Die Königin hat gerade noch in der Mitte der Waben einige freie Zellen gefunden. Wird keine Erweiterung vorgenommen, wirkt sich dies nachteilig auf kommende Trachten aus.
Unten links: Die abgeschlossene Auffütterung im September zeigt sich deutlich an den gefüllten Randwaben und auch am Bruteinschlag an den Mittelwaben. So geht das Volks mit viel Jungbienen in den Winter.
Unten rechts: Eine Reizfütterung im Februar/März durch Aufstreichen von kandiertem Rapshonig auf den Bienensitz wirkt brutfördernd.

Wanderplätze

Sie dienen zur vorübergehenden, zeitlich begrenzten Aufstellung von Bienenvölkern zur Nutzung einer Tracht. Dies kann eine Blütentracht sein, wie z. B. die Rapstracht, oder die Honigtautrachten, denen die Wanderplätze im Wald gelten. Ebenso kann es sich um Plätze handeln, an denen im Frühjahr Pollentrachten zum Aufbau der Völker genutzt werden sollen.

Auch bei der Wahl der Wanderplätze, insbesondere im Frühjahr, ist auf den bienengemäßen Standort zu achten, an dem die Bienen vor allem die südlichen Flugrichtungen bevorzugen. Aufstellplätze in blühenden Rapsfeldern haben den Vorteil, daß sie windgeschützt sind, sofern der Raps eine Höhe von mindestens 1,50 m und mehr erreicht. Zur Nutzung der Honigtautrachten im Juli und August spielt der bienengerechte Standort keine so entscheidende Rolle mehr, da die Tagestemperaturen in dieser Jahreszeit höher sind als im Frühjahr. In den Sommermonaten ist die Flugrichtung Ost vorzuziehen. Die aufgehende Sonne lockt dabei früh am Tage die Bienen zum Trachtfluge heraus, und der Honigtau ist zu dieser Tageszeit noch nicht angetrocknet und kann leicht aufgenommen werden. Außerdem haben solche Wanderplätze den Vorteil, daß die Völker ab der Mittagszeit im Schatten stehen; weniger Schwarmstimmung ist die Folge. Auf Wanderplätzen, an denen zur Nutzung der Tannentracht die Völker oft bis Anfang/Mitte September ste-

Abb. 6. Eingeschneite Völker im Winter läßt man am besten in Ruhe.

henbleiben, ist der warme, sonnenbeschienene Standort entscheidend. Nicht nur wegen der sinkenden Tagestemperaturen, sondern auch infolge kürzer werdender Tage. Schattige, im Hochwald gelegene Wanderplätze ermöglichen daher zu dieser Jahreszeit keine intensive Flugaktivität mehr. Direkt am befahrbaren Weg gelegene Plätze erleichtern das Be- und Entladen sowie das Bearbeiten der Völker insbesondere im Spätsommer, da wegen der Gefahr von Räuberei schnelles Arbeiten unumgänglich ist. In Waldungen, die viel von Spaziergängern aufgesucht werden, sind die Völker so aufzustellen, daß keine Beeinträchtigung zu erwarten ist. Dies gilt insbesondere in Waldungen um Städte und Gemeinden mit Kurbetrieb. Sehr empfehlenswert ist es, den Wanderplatz zusammen mit dem zuständigen Forstbeamten oder dessen Beauftragten aufzusuchen, da er die örtlichen Verhältnisse gut kennt. Grundsätzlich ist bei einer Wanderung mit Bienenvölkern das Einverständnis des Besitzers des Wanderplatzes vor dem Anwandern einzuholen und ebenso eine Vereinbarung über ein eventuelles Entgelt für das Aufstellen der Völker zu treffen.

Trachtverhältnisse

Eine ertragreiche und damit auch gewinnbringende Imkerei ist nur möglich, wenn die Natur die Ausgangsprodukte für den Honig in entsprechender Menge bietet. Somit ist das Vorhandensein einer Tracht, wie das Angebot der Natur zur Aufrechterhaltung der Nahrungsgrundlagen für das Bienenvolk genannt wird, ein weiterer mitentscheidender Faktor, um ertragreich imkern zu können. Ein Volk produziert bei mittleren bis guten Trachtverhältnissen durchschnittlich 50 kg Honig pro Jahr, davon kann der Imker 15 kg als Ernte entnehmen. Ebenso wichtig ist auch das Trachtangebot von Blütenstaub (auch Pollen genannt). Nur eine ausreichende, hochwertige Eiweißversorgung ermöglicht den Aufbau starker Völker mit viel Flugbienen, die für die Herbeischaffung und Umarbeitung der Ausgangsprodukte des Honigs verantwortlich sind. So muß mit Pollenmengen von 30 bis 42 kg/Volk und Jahr gerechnet werden. Die folgenden Abschnitte befassen sich daher mit den verschiedenen Trachtmöglichkeiten.

Blütenstaubtrachten

Fehlt an einem Standort im Spätsommer der Pollen, so gehen die dort aufgestellten Völker nicht nur schwach, sondern auch mit wenig Jungbienen, dafür aber mit abgewirtschafteten Altbienen in den Winter. Ausfälle im Frühjahr, Ausbreitung der Nosema und daher mangelnde und stockende Frühjahrsentwicklung sind die Folge. Zu-

Abb. 7. Ein Standort an einem nicht viel benutzten Feldweg.

Abb. 8. Freiaufstellung von Bienenvölkern am Hang. Die unterschiedliche Höhe der einzelnen Völker erschwert die Bearbeitung.

dem haben die Winterbienen in solchen Völkern ein mäßiges oder gar kein Fetteiweißpolster.

Neben den Haus- und Vorgärten bietet der von den Landwirten nach Abernten der Wintergerstenfelder ausgesäte Gelbsenf einen idealen Pollenspender. Ende Juli/Anfang August blüht der Mais, der, wenn er großflächig angebaut wird, die Blütenstaubversorgung der Ableger sichert.

Im zeitigen Frühjahr sind es Haselnuß, Erlen und die vielen Sorten der Weiden, die den ersten Pollen liefern und die auch bei guter Witterung reichlich beflogen werden. Ideal sind die Verhältnisse, wenn nach diesen Frühpollenspendern Schlehen, Wildkirschen, unsere heimischen Obstsorten, Wiesen und nicht zuletzt der Raps sich im Flugbereich der Völker befinden.

Nektartrachten

Die zuletzt genannten Pflanzen, die hochwertiges Eiweiß dem Bienenvolke bieten,

Abb. 9. Einzelaufstellung in Reihe im Wald ermöglicht eine allseitige Bearbeitung, erfordert aber viel Platz.

Abb. 10. Lockere Aufstellung auf einem ebenen Grundstück mit guter Befahrbarkeit.

sind ebenso auch die ersten nektarspendenden Gewächse im Frühjahr. Bis auf den Raps dient der von diesen Pflanzen dargebotene Nektar überwiegend als Aufbautracht zur Volksentwicklung. Fehlt er durch schlechte Witterungsverhältnisse und Nachtfröste im Frühjahr, stockt eindeutig die Entwicklung.
Das Frühjahr 1981 hat es deutlich in Baden-Württemberg gezeigt: trotz Reizfütterung kam eine zügige Entwicklung erst zustande, als wenige Wochen später der Raps blühte.
Löwenzahn und Winterraps stellen die ersten nennenswerten Blütentrachten dar, von denen Erträge erwartet werden können. Regnerisches und wechselhaftes Wetter macht jedoch in vielen Jahren die Löwenzahntracht unsicher, so daß eigentlich nur in den höheren Lagen der Mittelgebirge infolge späteren Blühbeginns eine Tracht von ihr erwartet werden kann. Zunehmender Umbruch vieler Wiesen zu Akkerflächen, einseitige Düngung und nicht zuletzt chemische Pflanzenbehandlung machen die Löwenzahntracht unsicher und oft nicht mehr rentabel.

Rapstracht

In den vergangenen Jahren hat in der Bundesrepublik Deutschland die Rapsanbaufläche wesentlich zugenommen.
So wird z. B. in Baden Württemberg zur Zeit auf rund 60 000 ha Winterraps angebaut. Es sind sogenannte 00-Sorten, deren Körner erucasäure- und glycosynolatarm sind. Auf Grund der Förderung durch die EU kann angenommen werden, daß der Rapsanbau weiter zunehmen wird.
Der Winterraps ist nicht nur wegen seines zunehmenden großflächigen Anbaus eine interessante Trachtpflanze geworden, sondern auch wegen der Tatsache, daß die zur Zeit ausgesäten Sorten mehr Nektar spenden als die früher angebauten Sorten. So sind von 0,25 bis 1,0 ha Raps etwa 150 kg Nektar zu erwarten und von 0,3 bis 0,5 ha Raps etwa 50 kg Blütenstaub (Geffcken 1983). Selbstverständlich spielt der Zustand der Pflanze, die Düngung des Bodens und nicht zuletzt die zur Blüte herrschende Witterung eine entscheidende Rolle. Rapspflanzen, die nur etwa 50 cm hoch werden, bieten kaum oder nur sehr wenig Nektar. Im Binnenland ange-

pflanzter Raps spendet bei trockenem Hochdruckwetter mit Ostwinden kaum Nektar. Sichere Ernten an Rapshonig sind im klassischen Anbaugebiet Schleswig-Holstein bei günstigem Flugwetter zu erwarten. Tageszunahmen von 3 bis 4 kg bei entsprechend starken Völkern sind keine Seltenheit.

Auch die Nutzung der Rapstracht verlangt die Einhaltung einer gewissen Bienendichte. In Süddeutschland sind nach den in den letzten Jahren gemachten Erfahrungen 2 bis 3 Völker/ha Raps ausreichend, um eine mittlere Ernte von 10 bis 15 kg/Volk zu erzielen. Mitentscheidend ist der Zustand der Pflanze und die in einer Entfernung von 2 bis 3 km aufgestellten Bienenvölker. Sie fliegen nämlich von so weit her auf blühende Rapsfelder ein und müssen daher bei der Ermittlung der Bienendichte berücksichtigt werden. Raps, der eine Höhe von 1,5 bis 2,0 m erreicht, spendet über eine Zeitdauer von ca. 3 Wochen ausgiebig Nektar und hochwertigen Blütenstaub mit einem Eiweißgehalt von 22 bis 25% (Maurizio-Grafl 1969). Räumlich begrenzt sitzende Bienenvölker geraten daher während und nach der Rapstracht gerne in Schwarmstimmung. Dagegen nehmen großzügig erweiterte und warm sitzende Völker eine zügige Entwicklung, speichern den Pollen und zehren dann in blütenstaubarmen Honigtautrachten davon. Der Zusammenbruch der Völker erfolgt bei weitem nicht so schnell.

Gerade in der heutigen Zeit, wo Maßnahmen zur Gesunderhaltung der Völker unbedingt notwendig sind, ist Schulung in der Praxis unerlässlich und in der Imkerschaft gefragt. Im Bild beim Weissacher Imkertag 1995.

Edelkastanientracht

Im Gegensatz zur Roßkastanie hat sich die Edelkastanie bei uns weiter verbreitet. Dies mag daran liegen, daß die Früchte dieses Baumes (Maronen) seit jeher geschätzt wurden. Auch die Vögel, wie z.B. der Eichelhäher, haben zur Verbreitung der Edelkastanie beigetragen, so daß mancherorts an Bergrücken und Hängen ganze Wälder dieser Baumart im Laufe der Zeit entstanden sind; aber nur dort, wo gemäßigtes mildes Klima (Weinbauklima) herrscht und Sandböden vorkommen. Größere zusammenhängende Bestockungen sind an der Bergstraße, an der Weinstraße in Rheinland-Pfalz und im Osten und Westen der Oberrheinischen Tiefebene anzutreffen (Berner 1967).
Zur Blütezeit, im Juni/Juli, stellen diese Edelkastaniengebiete einen nicht zu unterschätzenden Nektar- und Pollenlieferanten dar. Eine Anwanderung lohnt sich, wenn Absatzmöglichkeiten für diesen mit einem besonderen Geruch und Geschmack behafteten Honig bestehen und wenn die Pollenversorgung der Völker, die anschließend in Tannentrachtgebiete verbracht werden, gesichert werden soll. Ableger in einer Edelkastanientracht erfahren durch das reichliche Pollenangebot eine enorme Entwicklung.

Robinien- oder Akazientracht

An Bahndämmen, Böschungen, Bergrükken und manchmal auch an Landstraßen findet sich dieser bis zu 30 m hohe Baum, der an den Boden keine besondere Ansprüche stellt. Er hat eine lange Pfahlwurzel, mit der er versucht, das Grundwasser zu erreichen. Über ausfallenden Samen und zusätzliche Neuaustriebe auch bei durchgeführten Kahlschlägen vermehrt sich dieser Baum unproblematisch.
Sein traubiger Blütenstand enthält sehr viele weiße Einzelblüten, die ihn den Schmetterlingsblütlern zuordnen.
Die Nektarmengen je Blüte schwanken zwischen 1,7 und 2,1 mg (Gleim 1977). Der Honigwert eines Baumes kann auf 0,5 kg geschätzt werden. Dagegen spendet dieser Baum kaum Blütenstaub, so daß der Pollenwert sehr niedrig einzustufen ist. Die Robinie blüht in den Monaten Mai/Juni, wobei der Nektarfluß bei trockenen und heißen Ostwinden rasch versiegt. Robinien oder Akazienhonig enthält einen hohen Fruchtzuckeranteil, so daß die Kristallisation bei einem reinen Sortenhonig lange auf sich warten läßt (bis zu zwei Jahre).
In den Balkanländern, vor allem in Ungarn, ist dieser Baum eine der wichtigsten Trachtquellen. Er findet sich dort auf 224000 ha, das sind 18,9 Prozent der gesamten Waldfläche (Berner 1967). In mitteleuropäischen Gegenden mit ozeanischem Klima kommt dieser Baum jedoch nicht jedes Jahr zum Blühen. Trotzdem ist er eine nicht zu unterschätzende Trachtpflanze.

Honigtautrachten

Bevor in unserer Landwirtschaft der Rapsanbau eine solche Steigerung erfahren hat, galt es, die Honigtautrachten unserer Wälder zu nutzen. Vor allem deswegen, weil gerade durch die intensive Form der Landwirtschaft die nektarspendenden Unkräuter in den Getreidefeldern durch chemische Unkrautbekämpfungsmaßnahmen vernichtet wurden. Hederich und Kornblume beispielsweise sind so rar geworden, daß sie als ertragsbringende Trachtpflanzen nicht mehr in Frage kommen.

Voraussetzung und Entstehung einer Honigtautracht

Während bei den Blütentrachten der Nektar direkt von der Pflanze produziert und von der Biene auch dort aufgenommen wird, sind bei den Honigtautrachten außerdem Insekten notwendig, die den Honigtau ausscheiden. Es sind Insekten, die in der Eiform überwintern, im Frühjahr und Sommer eine Massenvermehrung durchmachen und dadurch große Mengen an Honigtau abscheiden. Vereinfacht ausgedrückt entsteht Honigtau, wenn diese Insekten den Siebröhrensaft der Bäume aufnehmen und daraus Eiweiß produzieren. Als Nebenprodukt entsteht der Honigtau. Eine Massenvermehrung der Honigtauerzeuger und ein Zustandekommen einer Massentracht an Honigtau hängt in erster Linie vom physiologischen Zustand des Wirtsbaumes ab (Liebig 1982). Witterungs- und standortbedingte Faktoren spielen beim Zustandekommen der Tracht und beim Massenwechsel, d. h. beim Nachlassen und Aufhören der Tracht, eine weitere wichtige Rolle. Forschungsergebnisse und Beobachtungen in den letzten Jahren zeigten, daß die Wespen keinen Einfluß auf das Aufhören der Tracht haben. Inwieweit das rapide umsichgreifende Waldsterben unseren Honigtautrachten schadet, muß noch wissenschaftlich genau erforscht werden. Nach den praktischen Erfahrungen der letzten Jahre haben sich die Verhältnisse dieser Tracht wesentlich geändert:

1. Sie tritt kaum mehr großflächig auf, in manchen Jahren nur noch inselweise, so daß genaue Hinweise nicht mehr möglich sind.
2. Das Einsetzen der Tracht verschiebt sich an vielen Standorten von Mitte/Ende Juli auf Mitte/Ende August, in manchen Jahren in den September hinein.

Wirtsbäume für Honigtauerzeuger

Fichte. Hier sind an erster Stelle die Fichte und die Tanne zu nennen. Bei der Fichte sind es die Fichtenrindenläuse (Lachniden) sowie die Fichtenquirlschildläuse (Lecanien). Während bei den Rindenläusen der Honigtau abgeschieden wird und sich an Nadeln und Blättern im Unterholz sammelt, kann die Biene den Honigtau der Lecanien direkt an der Laus aufsaugen. Da die Fichtenquirlschildläuse stationär sind, bewegen sie sich im Gegensatz zu den Rindenläusen nicht. Mit der Fichtentracht ist je nach Gegend und Witterung ab Mitte Juni für etwa 3 Wochen zu rechnen. Erfahrungen zeigen jedoch, daß sie auf Witterungseinflüsse, wie schwere Gewitter, sehr stark reagiert, gute Trachten mit Tageszunahmen von 3 bis 4 kg hörten nach einem starken Regen schlagartig auf.

Tanne. Bei der Tanne – auch Weißtanne genannt – ist für eine Massentracht überwiegend die Grüne Tannenhoniglaus verantwortlich. Durch ihre grüne Tarnfarbe ist sie an den Zweigen kaum auszumachen, obwohl sie 1 bis 2 mm groß ist. Meistens findet man sie in stehender Stellung, in der sie mit ihrem Rüssel die Rinde der Zweige durchsticht und den Siebröhrensaft aufnimmt. Die Weibchen legen im Herbst nach der Begattung die Eier an der Unterseite der Nadeln ab. Sie sind dort deutlich in einer Größe von 1 bis 2 mm und aufgrund ihrer dunklen Färbung zu erkennen. Aus diesen Eiern schlüpfen im März/April Stammütter, die dann lebendige Junge zur Welt bringen. 7 bis 10 Generationen können aufeinander folgen. Geflügelte Jungfern, die im Juni/Juli auftreten, sorgen für eine Verbreitung im Tannenbestand (Kloft, Maurizio, Kaeser 1965).

Statistisch gesehen ist mit guten Tannentrachten alle 3 bis 4 Jahre zu rechnen. Die

Erfahrung zeigt jedoch auch, daß es ebenso viele Jahre mit schlechten Erträgen gibt; meistens folgt nach einem guten Jahr ein schlechtes. Dazwischen liegen jedoch auch Jahre mit mittleren und geringen Erträgen.

Daß bei dieser Tracht der Boden und damit die Nährstoffversorgung des Wirtsbaumes ausschlaggebend ist, zeigt das örtlich unterschiedliche Auftreten der Tannentracht. Während auf Muschelkalkböden bereits ab Mitte Juni mit einer Tracht gerechnet werden kenn, liegt der Beginn einer solchen auf Buntsandsteinböden etwa ab Mitte Juli. Regionale Unterschiede, und vor allem die Höhenlage der Waldgegend, spielen ebenfalls eine Rolle. Früh einsetzende Tannentrachten versiegen meistens schon Ende Juli/Anfang August. Dagegen können Tannentrachten in höheren Lagen des Schwarzwaldes auf Buntsandsteinböden bis September/Oktober andauern. Nutzbar für die Bienenvölker ist sie bis etwa Mitte September.

Laubbäume. Nicht selten kann in bestimmten Jahren auch eine Honigtautracht von Laubbäumen.erwartet werden. Meistens in solchen Jahren, in denen auch von den Nadelbäumen Tracht geboten wird. Da die Laubbäume Blätter aufweisen, ist der Begriff »Blatthonig« oder »Blatthonigtau« gar nicht so abwegig. Überwiegend sind es Eiche, Kirsche und in manchen Jahren auch die Zwetschge und Pflaume, die Honigtau bieten, der von den Bienen gesammelt und zu einem würzigen dunklen Honigtauhonig umgewandelt wird.

Trachtvorhersage und Trachtbeobachtung

Eine hundertprozentig sichere Trachtvorhersage bei den Honigtautrachten ist nach dem jetzigen Wissensstand nicht möglich. Trotzdem wird der Imker, der diese Trachten nutzen will, schon im Spätherbst Ausschau halten, ob im kommenden Jahr eine Tracht zu erwarten ist. Er wird die Eiablage der grünen Tannenhoniglaus kontrollieren und im Frühjahr feststellen, ob die Stammmütter geschlüpft sind. Dann kommt es darauf an, ob eine Vermehrung stattfand. Dabei kann auch schon Ausschau nach Honigtautropfen gehalten werden. Wer es genau wissen will, legt unter den Bäumen weiße Papierbögen aus, auf denen er die Zahl der Tropfen in einer bestimmten Zeiteinheit ermitteln kann.

Zum Zählen der Honigtauerzeuger eignet sich die Abklopfmethode mit dem Fangtuch (Liebig 1979). Dabei wird auf ein Tuch, das auf einem Holzrahmen befestigt ist, jeweils ein Ast mit einem Stock abgeklopft und die darauf befindlichen Honigtauerzeuger gezählt. Bei Einbeziehung von 3 Ästen kann die Zahl der vorhanden Läuse auf 1 m^2 Zweigfläche bei einer Größe des Rahmens von 60 × 40 cm bestimmt werden. So konnten auf einem Standort im Schwarzwald im Jahre 1978 bei einem Ausgangsbesatz von 2 Lachniden maximale Populationsdichten von 132 Lachniden festgestellt werden, was einer Vermehrungsrate von 66 entspricht (Liebig 1979). Trotz regnerischem Wetter wurden dann am gleichen Standort im Juli maximale Waagstockzunahmen von 3000 g/Tag verzeichnet.

Sicheren Aufschluß über das Einsetzen einer Tracht allgemein kann aufgrund von Ergebnissen eigens aufgestellter Waagstockvölker erzielt werden. Sind bei Tannentrachten steigende Zunahmen von 0,5 kg beginnend auf 1 kg, 2 kg oder 3 kg pro Tag bei Flugwetter zu verzeichnen, so ist eine sofortige Aufwanderung ratsam. Wechseln sich wiederum bei Flugwetter Zu- und Abnahmen ab, so wird die Aufwanderung verschoben; die Tracht kann in

Abb. 11. a) Waldtrachtbeobachtung mit Hilfe der Abklopfmethode bei der Grünen Tannenhoniglaus.

diesem Fall von der Himbeerblüte oder einer anderen Trachtquelle stammen. Auch ein räuberndes Waagstockvolk ist manchmal die Ursache einer Fehlwanderung, wenn nicht genau geprüft wurde, von wo die Zunahmen herrühren. Imker, die nicht in der Nähe von Tannentrachtgebieten wohnen, werden sich entsprechende vertrauenswürdige Kollegen suchen, die über Aussichten, Einsetzen der Tracht und über Waagstockergebnisse Auskunft geben können. Das Zurverfügungstellen von Waagstockvölkern erleichtert dem Trachtbeobachter die Arbeit.

Der richtige Zeitpunkt der Aufwanderung mit den restlichen Völkern erfolgte am 3.7.78. Die Gesamternte dieses Waagstockvolkes betrug 33,6 kg trotz immer wiederkehrender Schlechtwetterperioden.

Trachtverbesserung

Eine solche ist nach dem jetzigen Wissensstand bei den Honigtautrachten unserer Wälder vom Imker nicht zu beeinflussen und daher auch nicht zu verbessern. Das gleiche gilt bei der Rapstracht.

Trotzdem kann der Imker zur Verbesserung der Bienenweide wesentlich beitragen. Von ihm selbst ausgesäte Blumen oder angepflanzte Bäume und Sträucher werden in den seltensten Fällen zur Steigerung des Honigertrages beitragen, können aber vielfach zur zügigen Entwicklung der Völker im Frühjahr verhelfen, die Nahrungsgrundlage in trachtloser Zeit verbessern und sehr oft die Blütenstaubversorgung im Spätsommer und Herbst sichern. An den Standorten der Völker, im Haus- und Vorgarten und nicht zuletzt auf Grundstücken, die nicht landwirtschaftlich genutzt werden können, lassen sich solche Anpflanzungen vornehmen.

Weiden, Haselnußsträucher, Schlehen, Wildkirschen und auch der Weißdorn sind nicht nur trachtverbessernde Bienenweidepflanzen, sondern bieten als Hecken auch den notwendigen Windschutz. Nicht zu vergessen sind die verschiedenartigen Schneebeerensorten, die im Herbst sehr lange blü-

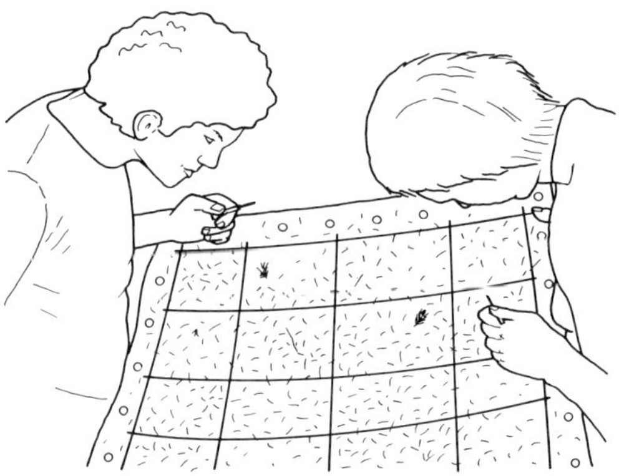

Abb. 11. b) Das Auszählen wird erleichtert, wenn das Tuch quadratische Markierungslinien aufweist.

Waagstockergebnisse 1978 in der Tannentracht

Datum	Uhrzeit	Gewicht kg	Veränderung kg	Bemerkungen
9. 6. 78	19.00	34,6		Aufstellen des Volkes
14. 6. 78	7.00	35,0	+ 0,4	
16. 6. 78	17.00	36,7	+ 1,7	
18. 6. 78	17.00	37,3	+ 0,6	
19. 6. 78	7.00	44,7	+ 7,4	Erweiterung des Volkes
1. 7. 78	7.00	45,9	+ 1,2	Schlechtwetterperioden
3. 7. 78	20.15	49,7	+ 3,8	Einsetzen Tanne
6. 7. 78	19.00	49,3	− 0,4	Regenwetter
12. 7. 78	19.00	53,3	+ 4,0	Tanne beflogen
13. 7. 78	18.00	55,6	+ 2,3	Tanne beflogen
14. 7. 78	18.00	58,6	+ 3,0	Tanne beflogen
16. 7. 78	18.30	61,2	+ 2,6	Tanne beflogen
17. 7. 78	18.45	64,0	+ 2,8	Tanne beflogen
18. 7. 78	19.00	64,0	± 0,0	
20. 7. 78	19.00	54,2	− 9,8	Schleuderung
22. 7. 78	19.00	53,0	− 1,2	Regenwetter
23. 7. 78	19.00	54,0	+ 1,0	Flugwetter
24. 7. 78	19.00	55,2	+ 1,2	Flugwetter
25. 7. 78	19.00	58,89	+ 3,6	guter Trachttag
26. 7. 78	18.00	61,0	+ 2,2	Regen seit 16.00 Uhr
29. 7. 78	19.00	65,2	+ 4,2	Regen dazwischen
30. 7. 78	19.30	66,6	+ 1,4	
31. 7. 78	16.30	67,7	+ 1,1	Regen seit 15.00 Uhr
5. 8. 78	16.00	66,0	− 1,7	lang anhaltender Regen
5. 8. 78		48,8	−17,2	Schleuderung
11. 8. 78	16.30	49,9	+ 1,1	Regentage dazwischen
20. 8. 78	19.00	50,9	+ 1,0	
23. 8. 78	7.00	52,0	+ 1,1	
24. 8. 78	7.30	53,4	+ 1,4	
25. 8. 78	18.00	54,0	+ 0,6	
26. 8. 78	18.00	54,2	+ 0,2	Trachtende
28. 8. 78		47,6	− 6,6	Schleuderung

hen und auch bei leichtem Nieselregen von den Bienen beflogen werden.
Im Haus- und Vorgarten ergeben sich viele Möglichkeiten, die Bienenweide vom Frühjahr bis in den Herbst zu verbessern: Krokusse, die die Rasenfläche verschönern, bieten ebenso Blütenstaub wie im Sommer die Sonnenblume. Der Blauquirl, auch Bartblume genannt, wird genauso intensiv von den Bienen beflogen wie die

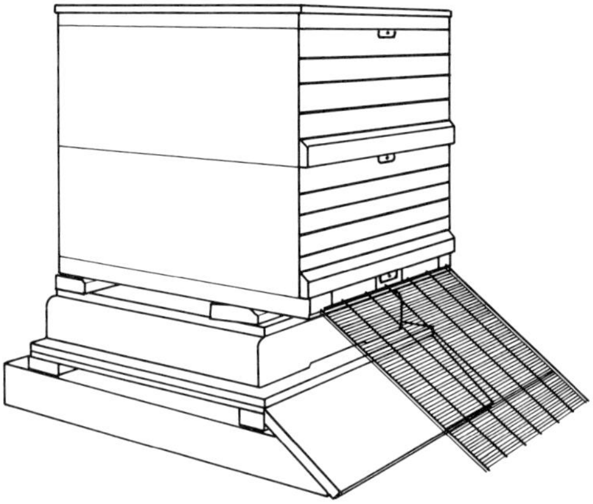

Abb. 12. Ein auf einer Stockwaage stehendes Volk. Als Anflugbrett dient ein Absperrgitter. Es erleichtert das Einlaufen der Bienen in die Flugöffnung der Beute.

Aralie. Daß in einem Hausgarten einheimische Obstgehölze nicht fehlen dürfen, ist eine Selbstverständlichkeit. Hecken und Spaliere aus Himbeer- und Brombeersträuchern bereichern den Garten. Die Bienen finden dort vor allem Nektar.

Auch aufgefüllte, ehemalige Müllhalden, Bahndämme, Straßenböschungen und Flußläufe eignen sich zur Anpflanzung von Bienenweide. Dabei ist dem Riesenhonigklee oder Bokkara-Klee der Vorzug zu geben. Als zweijährige Pflanze blüht er im Sommer sehr lange. Durch Ausfallen des Samens vermehrt er sich selbst. Bei Böschungen an schnell befahrenen Straßen und Autobahnen ist der Standort der anzupflanzenden Bienenweide genauestens zu prüfen. Zu nahe an der Fahrbahn befindliche Pflanzen verursachen durch den Fahrtwind Flugbienenverluste. Öffentliche Plätze in den Gemeinden und in den Städten eignen sich besonders zur Bienenweideverbesserung, wenn sie mit Bäumen bepflanzt werden. Die Linde, der Ahorn, die Kastanie und die Akazie sind solche Bäume, die auch in Friedhöfen zur Trachtverbesserung beitragen. (Bienenweidekatalog 1985.)

Das Bienenvolk

Seit mindestens 25 Millionen Jahren gibt es auf der Erde Honigbienen *(Apis mellifica)*. Diese staatenbildenden Insekten haben es verstanden, sich klimatisch unterschiedlichen Bedingungen und den daraus sich ergebenden verschiedenen Trachtverhältnissen anzupassen, um überleben zu können. So hat sich z. B. *Apis mellifica carnica* aufgrund der Trachtverhältnisse in den Alpenregionen im Laufe der Zeit so entwickelt, daß sie in verhältnismäßig kleiner Volksstärke überwintert, eine rasante Frühjahrsentwicklung durchmacht, Honig und Futtervorräte anlegt und dann sich durch Schwärmen vermehrt.

Dagegen unterscheidet sich die an die italienische Halbinsel angepaßte *Apis mellifica ligustica* (Italienerbiene) nicht nur durch die gelbe Panzerfärbung von *A. m. carnica*, sondern auch durch ihre starke Brutfreudigkeit und Schwarmträgheit (Zander/Böttcher 1979). Eine solche Anpassung an wärmere Klimazonen ist für eine Überwinterung in rauhen Gegenden problematisch. Wintergeschwächte Völker sind nosemaanfällig.

Als widerstandsfähiger gegen Krankheiten, jedoch schwarmfreudig und sehr oft auch stechlustig, muß die *Apis mellifica mellifica* (Deutsche oder auch Dunkle Biene) bezeichnet werden. Sie wird zunehmend von der *A. m. carnica* (Kärtner oder Krainer Biene), die durch züchterische Maßnahmen in den vergangenen Jahren weiterentwickelt wurde, verdrängt. Schon dem Liebhaberimker mit wenig Bienenvölkern wird nach gewisser Zeit auffallen, daß niemals auf einem Stande alle Völker in Stärke, Verhalten und Leistungsfähigkeit gleich sind. Ohne daß der Imker bestimmte Vorkehrungen trifft, würde sich ein Drittel der Völker schlecht, ein Drittel mittel und das restliche Drittel gut entwickeln, wie die Erfahrung zeigt. Zur ertragreichen Imkerei gehört als eine wichtige Voraussetzung, daß nur gute, leistungsfähige Völker gehalten werden. Allerdings wird es nicht hundertprozentig gelingen, daß alle Völker zur entsprechenden Jahreszeit immer die gleiche Stärke oder auch das gleiche Verhalten zeigen. Die Leistungsfähigkeit der Königin, Rassenzugehörigkeit, Flugbienenverluste oder auch nur Pollen- oder Futtermangel beeinflussen dabei dieses Bild entscheidend. Dennoch sollte der wirtschaftlich denkende Imker sich um annähernd gleichstarke und leistungsfähige Völker nachhaltig bemühen.

Volksstärke – Brutfreudigkeit

Aufgrund langjähriger Erfahrungen ergibt sich, daß ein Bienenvolk mit 40000 Arbeitsbienen in den Sommermonaten zur Trachtzeit eher einen Honigertrag einbringt, als 4 Völker mit jeweils 10000 Arbeitsbienen. Die erreichbare Stärke des Volkes, oder anders ausgedrückt, die Zahl der Arbeitsbienen zur Trachtzeit sind ausschlaggebend, wobei es natürlich auf die Zahl der vorhandenen Flugbienen ankommt.
Starke Völker mit viel Bienen ergeben sich u.a. bei einer brutfreudigen Bienenrasse, d.h. soviel, daß die Königin rassemäßig bedingt in der aufsteigenden Entwicklung viele Eier legt und die heranwachsende Brut dann auch entsprechend gepflegt und versorgt wird. Der erforderliche Raum an Wabenmaterial wird dem Volk vom Imker bereitgestellt, ebenso das notwendige Futter. Brutfreudige Bienen werden in der absteigenden Entwicklung bei weitem nicht so schnell mit dem Brutgeschäft aufhören, wie weniger brutfreudige. Diese Eigenschaft ist für Imker wichtig, die mit ihren Völkern Spättrachten, wie die der Tanne, nutzen wollen. Ein brutfreudiges Volk erreicht auch eine weitaus größere Einwinterungsstärke. Nicht nur problemlose Überwinterung ist die Folge, vielmehr ist auch bei einem starken Volk ein frühzeitiger Start im Frühjahr und damit eine zügige Entwicklung möglich. Nach Gewichtsmessungen von Bienenvölkern im Spätherbst ergaben sich Volksstärken von 10000 bis 15000 Bienen.

Sammeleifer und Findigkeit

Bienenvölker, die zwar brutfreudig sind, ihr Futter in Form von Kohlenhydraten und Eiweiß aber nur in Bienenmaterial umsetzen, sind nur bedingt brauchbar. Bestens geeignet sind sie als Pflegevölker zur Königinnenzucht und als Lieferanten von Brutwaben und Bienenmaterial zur Ablegerbildung. Man spricht von solchen Völkern mit Recht von Fleischvölkern, die bei Kontrollen im Sommer kaum Futterwaben oder Honigkränze aufweisen. Im Honigertrag liegen sie meistens unter dem Betriebsdurchschnitt. Brutfreudigkeit muß mit Sammeleifer gepaart sein. Er ist vorhanden oder ausgeprägt bei solchen Völkern, die an Trachttagen frühmorgens schon vor Sonnenaufgang zu fliegen beginnen und abends erst aufhören, wenn die Dunkelheit hereinbricht. Völker mit diesen Eigenschaften haben immer genügend Futter in den Waben und lassen auch Erträge erwarten. Ein weiteres Indiz für Sammeleifer ist ein zügiges Ein- und Ausfliegen der Flugbienen tagsüber, das nur zur Mittagszeit unterbrochen wird, da viele Trachtquellen wegen Feuchtigkeitsmangel in dieser Tageszeit versiegen. Statt dessen führen dann die angehenden Flugbienen ihr Vorspiel aus und orientieren sich in der näheren und weiteren Umgebung des Standplatzes. In den Monaten Juni und Juli kommt verstärkter Drohnenflug zu diesen Orientierungsflügen dazu. Bienenvölker mit ausgeprägtem Sammeleifer sind auch sehr findig. Diese Eigenschaft ist deutlich festzustellen, wenn auf einem Wanderplatz aufgestellte Völker ca. eine Stunde beobachtet werden. Das findige Volk wird nach kurzen Orientierungsflügen gleich zum Trachtfluge übergehen. Weniger findige Völker brauchen länger, bis der Orientierungsflug beginnt und auch länger, bis der Trachtflug einsetzt. Solche Beobachtungen sind aber nur an Völkern festzustellen, die bei der Wanderung nicht an Luftnot litten.

Ausgeprägte Findigkeit erschwert in trachtloser Zeit allerdings auch die Bearbeitung der Völker. Herumstehende Honig- oder Futterwaben werden insbesondere im Spätsommer und Herbst sogleich gefunden. Werden sie nicht sofort weggeräumt, ist eine beginnende Räuberei kaum noch zu unterbinden. Findige Bienenvölker suchen auch Schwächlinge am Standort, vor allem weisellose oder solche mit nicht mehr leistungsfähiger Königin; sie werden rigoros ausgeraubt.

Trotz dieser Nachteile ist das sammeleifrige und findige Volk vorzuziehen, wobei man geteilter Meinung sein kann, ob das Ausrauben von Schwächlingen für einen Betrieb als Nachteil angesehen werden muß. Man kann es auch als eine Art der natürlichen Auslese betrachten, sofern der Imker nicht vorher durch Vereinigen mit starken Völkern der Natur vorgreift.

Sammeleifrige, findige und brutfreudige Völker haben auch einen ausgeprägten Bautrieb, der bei der Wabenerneuerung zu gesunden, kraftstrotzenden Völkern führt.

Schwarmträgheit

Während noch vor 50 Jahren die Schwarmbetriebsweise in den meisten Imkereien gefördert wurde, geht der wirtschaftlich arbeitende Imker heute den umgekehrten Weg. Seine hauptberuflichen Tätigkeiten und der heute meist übliche Standort der Bienenvölker außerhalb des Wohnortes lassen es nicht mehr zu, daß er ganztägig überwiegend bei seinen Völkern sein kann; zu viele Schwärme würden verlorengehen. Auch ist der Zeitaufwand zum Fassen und Versorgen der Schwärme nicht unbeträchtlich, und außerdem wäre eine terminliche Planung der Bestandsergänzung über den Schwarm unmöglich.

Schwarmlose Betriebsweise verlangt an erster Stelle eine schwarmträge Biene, bei der kaum Schwarmstimmung aufkommen wird, wenn genügend Raum in Form von Waben vorhanden ist. Dennoch wird der Schwarmtrieb nicht ganz zu unterdrücken sein. Wenn 10% der Wirtschaftsvölker in Schwarmstimmung geraten, ist dies vertretbar. Aber auch schwarmverhindernde Maßnahmen, wie Bildung von Fluglingen, Feglingen oder auch nur Zwischenableger bei in Schwarmstimmung geratenen Völkern, bedeuten zusätzlichen Zeitaufwand, wobei nur der Abgang von Schwärmen verhindert wird. Selbst ohne diese Maßnahmen sind in Schwarmstimmung befindliche Völker nicht mehr trachtfähig.

Völker einer schwarmträgen Biene können zügig erweitert und müssen nicht geschröpft werden, d. h., gedeckelte Brutwaben brauchen nicht entnommen zu werden.

Die Harmonie in der natürlichen Volkszusammensetzung bleibt erhalten, was in der Nutzung einer Tracht wesentlich dem Honigertrag zugute kommt.

Leistungsfähige Königinnen

Sie tragen ebenfalls zur Unterdrückung einer aufkommenden Schwarmstimmung bei, jedoch bei weitem nicht so entscheidend, wie eine schwarmträge Biene. Es ist eindeutig erwiesen, daß Völker mit alten Königinnen eher in Schwarmstimmung geraten, als solche mit jungen und leistungsfähigen. Die stille Umweiselung eines Volkes wird sehr oft in Verbindung mit dem Abgang eines Schwarmes vollzogen, wobei der abgehende Schwarm bereits eine junge Königin aufweist.
Leistungsfähige Königinnen bewirken zügige Frühjahrsentwicklung, sichern die Trachtstärke den Sommer über und gewährleisten eine einwinterungsfähige Volksstärke. Geschlossene und über ganze Waben sich erstreckende Brutnester zeigen dies an. So liefert eine beidseits voll bebrütete Zanderwabe ca. 6000 Arbeitsbienen.
Brutnester einer leistungsfähigen Königin in der aufsteigenden Entwicklung im Frühjahr sind durch konzentrische, gleichaltrige Brutkreise zu erkennen. In der Regel beginnt sie in der Mitte der Wabe mit der Eiablage, wobei sich das Brutnest nach außen hin zunehmend vergrößert. Da die Bestiftung solcher Brutkreise nicht an einem Tag erfolgt, sondern sich über 2–3 Wochen erstrecken kann, findet sich in der Mitte bereits schlüpfende Brut, während zu den Randzonen der Wabe hin über gedeckelte und offene Zellen bis zu frisch gelegten Eiern alle Brutstadien anzutreffen sind. Nicht vollwertige oder bereits abgewirtschaftete Königinnen lassen Unterbrechungen der Brutkreise auf einer solchen Wabe erkennen oder weisen sehr viele nicht bestiftete Zellen auf.
Leistungsfähige Königinnen sind durch natürliche Aufzuchtmethoden, vollwertige Begattung und Einweiselung in den Ableger zu erhalten. Der Umweg über Schlupf- und Zusetzkäfige, sowie über Begattungskästchen führt zu Aufzuchtschäden und damit zu minderwertigen Königinnen.
Leistungsfähige Königinnen sind in gut genährten Völkern in den Sommer- und Herbstmonaten durch ihren langen und dicken Hinterleib zu erkennen, wobei solche vollwertigen Geschlechtstiere Legeleistungen von 1000 bis 2000 Eier pro Tag ohne weiteres vollbringen. Sie können in diesem Zustand nicht fliegen. Bei unvorsichtigem Umgang mit der Wabe, auf der die Königin sitzt, fällt sie leicht herunter.
Es erhebt sich auch die Frage, ob eine Auswechselung der Königinnen in allen Wirtschaftsvölkern nach ein-, zwei- oder dreijährigem Rhythmus starr nach dem Kalender erfolgen soll? Das heißt, daß noch leistungsfähige Königinnen vom Imker ausgetauscht würden, wobei dieses Verfahren mit viel Arbeit verbunden wäre. Die Praxis zeigt, daß die Leistungsfähigkeit der Königinnen, auf das Aufzuchtjahr bezogen, sehr unterschiedlich ausfallen kann. Es ist besser, eine Königin solange im Volk zu belassen, bis ihre Legefähigkeit erschöpft ist. Dagegen muß man jedoch auch den Mut haben, schlechte Königinnen zu ersetzen.

Sanftmut und Wabenstetigkeit

Die Bearbeitung der Völker verlangt in vielen Situationen rasches und zügiges Handeln, insbesondere auch um die Eingriffe, die Störungen der Harmonie im Volke bedeuten, so kurz wie möglich zu halten. Zügiges Arbeiten verlangt eine sanftmütige Biene. Stechlustige Bienen dagegen verlangen vom Imker volle Konzentration, um Stiche erfolgreich abzuwehren. Vieles wird dabei zu hastig erledigt, manches übersehen und in ganz krassen Fällen gar nicht erst in Angriff genommen. So lassen sich Völker mit stechlustigen Bienen trotz Schutzkleidung und Rauch nur erschwert bearbeiten, wobei Handschuhe zwar bis zu einem gewissen Grade Stiche an den Händen verhindern, das Herausnehmen der Waben jedoch erheblich erschweren. Sanftmütige Bienenvölker dagegen können mit wenig Rauch, ohne Handschuhe und bei kleinen Eingriffen auch ohne Schleier bearbeitet werden.

Sehr oft ist Sanftmut mit Wabensteitigkeit verbunden. Das heißt soviel, daß beim Ziehen und Betrachten der Waben die darauf befindlichen Bienen sitzen bleiben. Dies erleichtert das Finden der Königin und vor allem das Suchen nach Eiern in den Zellen. Wabenstetige Bienen bleiben auch beim kurzzeitigen Wegstellen einer Wabe darauf sitzen. Sie können ohne Probleme beim Zurückhängen der Wabe ins Volk gebracht werden. Dadurch gibt es auch weniger zerdrückte Bienen, was wiederum die Sanftmut fördert. Verletzte Bienen dagegen strömen Bienengift aus, das die Aggressivität noch steigert.

Widerstand gegen Krankheiten

Brutfreudige Bienen in kraftstrotzenden Völkern sind in der Regel gegen Faktorenkrankheiten wie Nosema und Tracheenmilbe weniger anfällig, obwohl die Erreger und die Parasiten überall und in jedem Volk vorhanden sind. Die Abwehrkräfte sind dann so ausgeprägt, daß diese Krankheiten nicht seuchenhaft auftreten können und damit die Leistungsfähigkeit der Völker erhalten bleibt. Bienengemäßer Standort, einwandfreier Wabenbau und nicht zuletzt eine Versorgung der Völker mit einwandfreiem Futter sind weitere Faktoren, die dazu verhelfen, daß solche Krankheiten nicht zum Ausdruck kommen. Trotzdem muß rassemäßig eine gewisse Widerstandsfähigkeit gegen Krankheiten vorhanden sein (Bruder Adam 1982).

Frühtrachtbiene und Spättrachtbiene

Jahrelanger Umgang mit Bienenvölkern wird zeigen, daß bestimmte Völker im Frühjahr rechtzeitig und verstärkt mit dem Brutgeschäft einsetzen, dafür aber schon im Juli zu rückläufigen Brutnestern tendieren. Andere Völker dagegen lassen die Frühjahrsentwicklung zögernd angehen. Die Folge davon ist, daß im August und September noch ausgiebige Brutwaben vorhanden sind.

Während bei der erstgenannten Gruppe durch den zügigen Volksaufbau Frühtrachten wie Löwenzahn oder Raps eher genutzt werden können, eignen sich Völker mit zö-

Oben links: Eine mit Bienen gefüllte Wanderfront nach einem 14stündigen Transport in einem geschlossenen Auto. Sie verhindert ein Verbrausen des Volkes.
Oben rechts: Lücken und Reizfütterung im Frühjahr mit festem Futterteig, der jedoch Honig enthalten soll.
Unten links: Solche ausgewinterten Völker im Februar/März sind erfolgversprechend.
Mitte rechts: Eingehängte und bebrütete Drohnenwaben in guten Völkern sorgen für eine entsprechende Zahl von leistungsfähigen Drohnen zur Begattung der jungen Königin.
Unten rechts: Normaler Totenfall eines verjüngt eingewinterten Volkes. Die Reinigung der Böden nach einem Reinigungsflug ist unbedingt notwendig.

gernder Frühjahrsentwicklung zur Spättrachtnutzung, wie z.B. der der Weißtanne.
Frühtrachtbienen sind allzuoft auch schwarmfreudiger als Spättrachtbienen. Dagegen setzen Spättrachtbienen Frühtrachten sehr oft in Bienenmaterial um, insbesondere wenn es sich um mäßige Trachten handelt.
Beide Varianten sind durch jahrelange Anpassung an die jeweilige Trachtgegend vorwiegend bei stationären Imkereien entstanden. Mit zunehmender Wanderintensität mit den Völkern haben sich die Eigenschaften vermischt, so daß der wirtschaftlich arbeitende Imker heute eine Biene zur Verfügung hat, mit der er mehrere Trachten zu nutzen vermag. Die künstliche Besamung der Bienenköniginnen hat es ermöglicht, daß durch Auslese und gezielte Paarung solche Bienen zu erhalten sind. Die Möglichkeit der Kreuzung verschiedener Rassen, wie z.B. bei der **Buckfast-Biene** geschehen, ist eine weitere Variante, um zu leistungsfähigen Bienen zu kommen (Lampeitl 1984). Ihre Schwarmträgheit und besonders ihr Durchbrüten auch in trachtloser Zeit in den Sommermonaten sind zwei Eigenschaften, die in ertragreich geführten Imkereien von großer Bedeutung sind. Schwarmverhindernde Maßnahmen brauchen dann nicht durchgeführt zu werden. Dadurch ermöglichen intakt gebliebene Bienenvölker, deren natürliche Zusammensetzung erhalten bleibt, die wirtschaftliche Nutzung mehrerer Trachten im Laufe eines Jahres.
Eindeutig muß die Behauptung widerlegt werden, daß die Paarung zwischen Buckfast Königinnen und Carnica-Drohnen oder umgekehrt zu stechlustigen Bienen führt. (Schundau 1983) Eine über fünfzehnjährige eigene Erfahrung mit Buckfast-Völkern in einem Gebiet mit überwiegendem Carnica-Anteil bestätigt dies. Dagegen führt eine Kreuzung der Buckfast oder Carnica mit der noch oft weitverbreiteten dunklen Nordischen Biene, die als Landrasse bezeichnet wird, oft zu stechlustigen und schwarmfreudigen, nicht brauchbaren Bienenvölkern.

Oben links: Eine Biene an der Rapsblüte, die nicht nur Nektar spendet, sondern auch hochwertigen Blütenstaub.
Oben rechts: Die Edelkastanie. Eine nicht zu unterschätzende Trachtpflanze sowohl als Nektar- als auch Pollenlieferant.
Unten: Bienenvölker zur Rapstrachtnutzung stehen am besten windgeschützt inmitten der blühenden Pflanzen. Ab 1987 werden nur noch erucasäurefreie und glycosinolatarme Sorten angebaut.

Beuten

Größere und wirtschaftlich arbeitende Imkereien werden an die Betriebsmittel, Einrichtungen und Gebäude andere Maßstäbe anlegen als der Liebhaberimker. So ist es bei diesem weniger problematisch, wenn er seine geringe Völkerzahl in einer Beute hält, die zur Bearbeitung viel Zeitaufwand erfordert. In wirtschaftlich geführten Betrieben sind jedoch an die Beuten besondere Maßstäbe in bezug auf Investition, Brauchbarkeit, geschickte und schnelle Arbeitsweise und nicht zuletzt an ihre Haltbarkeit anzulegen. Durch den in den letzten Jahren vollzogenen Übergang von der Hinterbehandlungsbetriebsweise zur Oberbehandlung hat sich das Magazin als Beute mehr und mehr durchgesetzt, auch beim Anfänger. Die Hinterbehandlungsbeute mit ihren Nachteilen, z.B. dem begrenzten Raum fürs Bienenvolk, ist zwar noch vielfach anzutreffen, wird jedoch künftig nicht mehr die dominierende Rolle spielen. Mit dem Heranwachsen einer jüngeren Imkergeneration wird neben der Hinterbehandlungsbeute auch das Bienenhaus zur Unterbringung der Völker verdrängt.

Oberbehandlungsbeute

Das typische und entscheidende Merkmal dieser Beutenart ist die Aufteilung in Magazin oder Zarge mit losem Boden und Deckel. Durch die Austauschbarkeit der Einzelteile während des laufenden Betriebes wird Flexibilität erreicht. Das Abnehmen des Deckels ermöglicht das Aufsetzen weiterer Zargen, so daß die Beutengröße der jeweiligen Volksstärke angepaßt werden kann. Dies ist ein wesentlicher Faktor beim Transport, auf der Wanderung und auch bei der Austauschbarkeit der einzelnen Zargen eines Volkes, da meist zu wenig Transportfläche auf Fahrzeugen vorhanden ist.
Während es bei stationären Imkereien auf die Verbindung zwischen Deckel und Zarge und Zarge und Boden nicht so ausschlaggebend ankommt, spielt sie beim Wanderbetrieb eine entscheidende Rolle. Das Be- und Entladen der Beuten mit den Völkern und der Transport mehrerer Magazine übereinander in einem Pkw-Anhänger wird bei schnell funktionierender Verbindung wesentlich erleichtert und auch sicherer gemacht. Bewährt hat sich die Anbringung eines Außenfalzes und eine zusätzliche Verbindung mit Hilfe von Fensterverriegelungsschlößchen größerer Bauart. Sie können in Sekundenschnelle mit dafür konstruierten Schlüsseln geschlossen und geöffnet werden, so daß die Magazine fest miteinander verbunden sind, wobei Wabendiebstahl aus den Völkern zwar nicht verhindert, aber erschwert wird.
Der Außenfalz erleichtert nicht nur die Herstellung der Verbindung zwischen den losen Teilen z. B. beim Aufsetzen weiterer Magazine, sondern verhindert auch das Eindringen von Wasser in die Beute. Außenfalz und vorhandene Verkittung durch die Bienen an den Nahtstellen ermöglichen ein Hin- und Herschieben der Beuten auf Fahrzeugen und beim Aufstellen auf Paletten, selbst wenn einmal ein Schlößchen geöffnet ist.
Die Herstellung einer sicheren Verbindung bei fehlendem Falz und Schlößchen kann auch durch Anbringen von Gurten mit Schließvorrichtungen erfolgen. Das sorgfältige Anlegen der Gurte erfordert jedoch erhöhten Zeitaufwand, insbesondere wenn die Beuten eng aneinandergerückt aufgestellt sind. In größeren Betrieben ist außerdem die erhöhte Kapitalinvestition zu berücksichtigen, vor allem wenn mit viel Völkern pro Transport gewandert wird, da pro Volk ein Gurt notwendig ist.

Fütterung

Genauso wie die Bearbeitung des Volkes in der Magazinbeute und die Bereitstellung zur Wanderung schnell und rationell vor sich gehen muß, sind auch bei der Fütterung die gleichen Maßstäbe an das Gerät anzulegen.
Zur Frühjahrsreizfütterung mit Futterteig oder zur Lückenfütterung eignet sich die Futtertasche. In doppelt breiter Ausführung (ca. 60 mm breit) und im Zandermaß kann sie 2 bis 3 kg Futterteig aufnehmen. Beidseitig mit Hartfaserplatten beschlagen und dicht verleimt, ist sie ein Gerät zur Fütterung, das wenig kostet und leicht zu handhaben ist. Eingehängt wird sie immer in der untersten Zarge, wo sich überwiegend die Flugbienen aufhalten. Futterta-

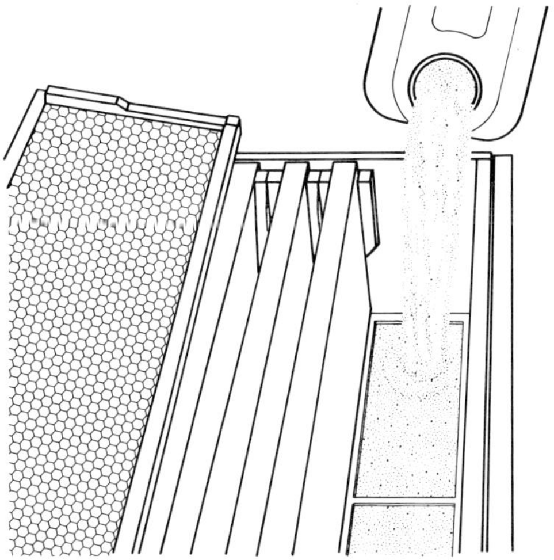

Abb. 13. Die Fütterung von flüssiger Zuckerlösung durch Einschütten in eine wasserdichte Futtertasche, die sich in der untersten Zarge befindet. Dazu werden zwei Waben in der oberen Zarge gezogen und zur Seite gelegt.

schen können auch als Trennschiede oder Abschluß bei nicht mit Waben voll aufgefüllten Zargen Verwendung finden, so bei der Ablegerbildung.
Zur raschen Futtergabe, z.B. bei der Einfütterung mit Zucker, bedarf es eines Gerätes, das flüssiges Futter aufnehmen kann, oder in dem durch das Absaugen durch die Bienen die Auflösung erfolgt. Als Futtereimer läßt sich ein Kunststoffeimer mit Dekkel verwenden, der ein feinmaschiges Sieb mit einem Durchmesser von 60 mm in der Mitte aufweist. Ein solcher Eimer kostet etwa DM 5,– und läßt sich einfach reinigen. Mit Kittharz verklebte Siebe säubert man am besten mit Hilfe der kleinen Flamme einer Lötlampe. Zargen, die 11 Zanderwaben fassen, können 2 Eimer gleichzeitig aufnehmen. Zur Fütterung werden in die Abdeckfolie oder oben zwei Löcher mit einem Durchmesser von ca. 80 mm geschnitten. Die Futtereimer werden auf 10 bis 20 mm hohe Holzleisten gestellt, die notwendig sind, um den Bienen die Möglichkeit zu geben, an das Sieb zu gelangen, da der Deckel nach außen gewölbt ist. Wenn man die Holzleisten wegläßt, liegt das Sieb auf den Rähmchenoberteilen auf, so daß sich die Absaugfläche wesentlich verkleinert. Eine zügige Futteraufnahme wäre dabei nicht mehr gewährleistet. Zum Schutze vor Witterungseinflüssen wird eine leere Zarge aufgesetzt. Der Deckel bildet den Abschluß.
Entsprechend konstruierte Futterdeckel ermöglichen es den Bienen, 8 bis 10 l flüssiges Futter zügig aufzunehmen, allerdings hat dies im Herbst oftmals eine Einengung des Brutnestes zur Folge. Nicht zu vergessen ist die hohe Investition von 60 bis 80 DM pro Deckel. Futterdeckel können nicht das ganze Jahr über aufgesetzt bleiben. Nicht bewährt haben sich Futterdeckel, die gleichzeitig eine Lüftungseinrichtung zur Wanderung enthalten. Abgesehen von der gerin-

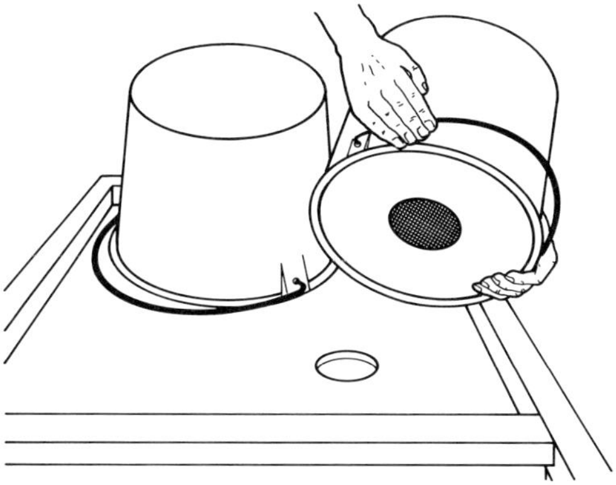

Abb. 14. Die Fütterung mit dem Eimer. Zargen, die 11 Zander-Waben aufnehmen können, fassen pro Fütterungsvorgang zwei Eimer. Eine auf die Waben aufgelegte Hartschaumplatte mit 20 mm Stärke und Bohrungen von ca. 80 mm Durchmesser an der Stelle der Eimer sichern eine schnelle Abnahme des dargereichten Futters.

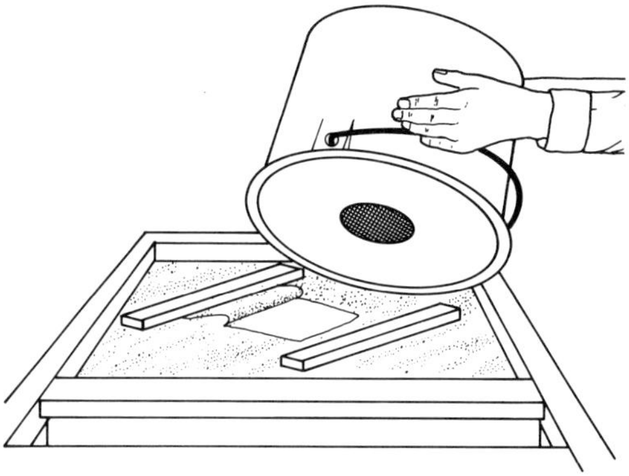

Abb. 15. In eine aufgelegte Folie wird eine Öffnung so hineingeschnitten, daß durch Einlegen von ca. 10 mm starken Holzkeilen den Bienen die Möglichkeit gegeben ist, an das Sieb des Eimers zu gelangen. Ein Aufsetzen einer Leerzarge mit Deckel schützt vor Witterungseinflüssen.

gen Aufnahmemöglichkeit von höchstens 1 bis 2 l Futter sind solche Deckel wärmedurchlässig.

Freiaufstellung

Jahrelange Erfahrung beim Umgang mit Oberbehandlungsbeuten hat gezeigt, daß sie sich nach wie vor am einfachsten im Freien aufstellen lassen. Damit entfallen Investitionen für Bauwerke und Unterstellungsmöglichkeiten, die sehr hoch ausfallen würden, da Magazinbeuten wegen der Oberbehandlung nicht gestapelt werden können. Da sich für ein Volk bereits eine Bauwerkslänge von mindestens 0,5 m ergibt, wäre für 30 Völker eine Gebäudelänge von 15 bis 18 m notwendig. Freiaufstellung ermöglicht außerdem eine gelockerte Plazierung der Völker.
Bienenvölker, die angelehnt an Hecken oder am Waldrand frei aufgestellt werden, lassen sich leichter bearbeiten. Abfliegende Bienen gehen zwar nach allen Seiten weg, durch den etwas dunkleren Hintergrund gegen die Hecke oder den Wald werden sie mehr und mehr vom Imker weg abziehen, wenn er hinter oder seitlich der Beute steht.
Frei aufgestellte Völker verlangen eine entsprechende Unterlage an Boden. Fehlt diese, ist die Haltbarkeit der Magazinböden beschränkt und heranwachsendes Gras kann die Fluglöcher verstopfen. Wenn die Völker 90 bis 100 cm über dem Boden aufgestellt werden, ist dieses Problem gelöst. Allerdings kommt es dann zu Flugbienenverlusten durch abfallende Bienen. Bei windigem Wetter und gutem Trachtfluge läßt sich dies sehr leicht beobachten.
Die Aufstellung der Völker auf Paletten, die mit einem Anflugbrett versehen sind, hat sich bewährt. Bei einer Höhe der Palette von ca. 20 cm ist eine bequeme Bearbeitung der Völker in 2 oder 3 Zargen möglich. Ableger und Völker in einer Zarge können in etwas gebückter Haltung durchgesehen werden. Auf einer Palette mit ca. 1 m Breite haben 2 Völker Platz. Während eines bearbeitet wird, können auf dem da-

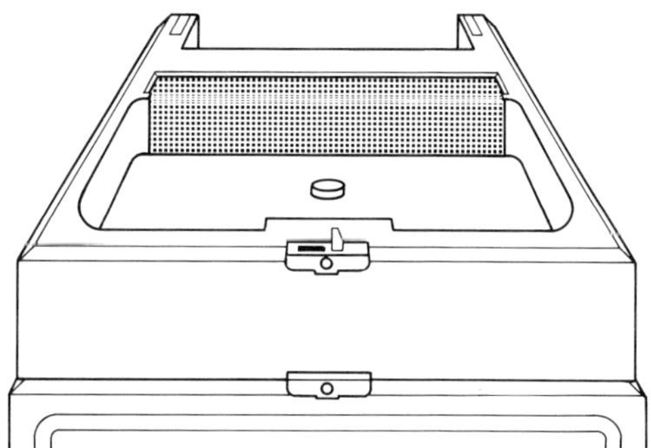

Abb. 16. Der aufgesetzte Futterdeckel der Apitherm III. Er faßt 8 l Lösung.

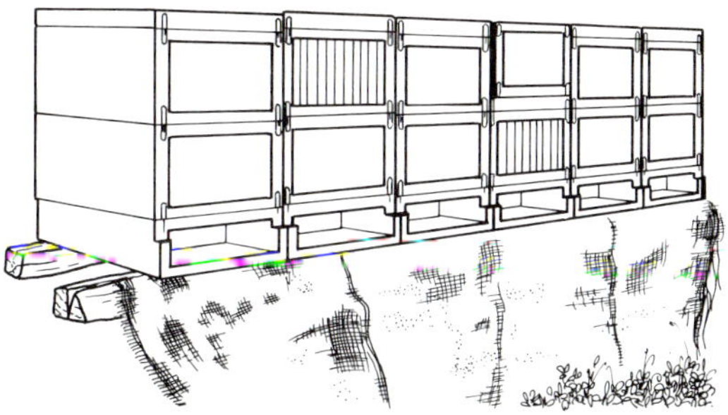

Abb. 17. Anflugerleichterungen durch Auslegen von Jute-Säcken an den Fluglöchern.

nebenstehenden die notwendigen Gerätschaften griffbereit abgelegt werden oder eine abgehobene Zarge läßt sich darauf abstellen.
Paletten mit den Außenmaßen 100 × 80 cm und einer Höhe von 20 cm können bei einer Wanderung leicht auf dem Fahrzeug, in Zwischenräumen oder auf den Beuten untergebracht werden. Am Wanderplatz ermöglichen sie eine leichtere und schnellere Aufstellung als wenn man mit Hilfe von 2 bis 3 m langen Balken ein Lager erstellen muß. Selbst auf unebenem Untergrund lassen sich die Paletten ohne weiteres mit Hilfe von Steinen und Ästen an den Ecken unterlegen. Selbst unter ungünstigen Verhältnissen haben solche Paletten eine Lebensdauer von ca. 5 Jahren.

Konstruktion einer Magazinbeute

Die Vielfalt der am Markt angebotenen und vom Imker selbst gebauten Magazinbeuten läßt selbst eine Beschreibung nur eines Teiles der vorhandenen Ausführungen nicht zu, zumal auch ein Großteil für den wirtschaftlich arbeitenden Imker unbrauchbar ist.
Diese Beschreibung bezieht sich auf eine Ausführung, die sich seit 15 Jahren in der Praxis bewährt hat und die in der Zwischenzeit von vielen Betrieben übernommen wurde. Sie stellt im Moment eine Lösung dar, die sicher nicht vollkommen ist, trotzdem aber nach dem heutigen Wissensstand wesentliche Vorteile bietet.

Magazin und Zarge

Von der Größe des Wabenraumes hängt im wesentlichen die Entwicklungsmöglichkeit eines Bienenvolkes ab. Bei einem Rauminhalt von 42 l ist diese Voraussetzung gegeben. Im Zandermaß (42 cm × 22 cm) kann die Zarge dann 11 Waben aufnehmen, so daß eine fast quadratische Grundfläche des Wabenraumes entsteht. Beobachtungen ergaben, daß Völker in solchen Zargen mit ungerader Wabenzahl gute Entwicklungstendenzen zeigen. Vielleicht liegt es an der Mittelwabe. Ein Bienenschwarm, der frei seinen Wabenbau errichten kann, wird zuerst eine Wabenzunge als Mittelwabe errichten und dann links und rechts daran, wenn diese Mittelwabe eine gewisse Größe erreicht hat, jeweils weitere Waben dazubauen (Lampeitl 1984).

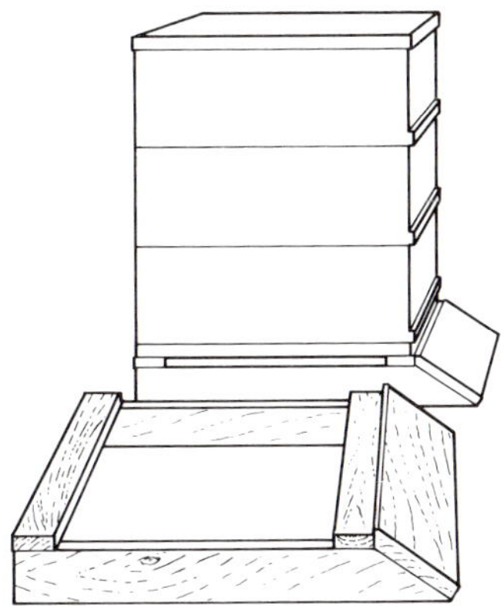

Abb. 18. Eine aus Brettern zusammengenagelte Palette mit Anflugbrett.
Kosten ca. 5,– DM. Lebensdauer 5 Jahre.

Falsch wäre es, wenn die Breite des Wabenraumes genau auf den Platzbedarf von 11 Waben ausgerichtet würde. Das Ziehen der ersten Wabe wäre mit zunehmender Belagerungszeit durch das Volk kaum möglich oder sehr schwierig. Da die Rähmchenseitenteile untereinander sowie zu den Zargenwänden verkitten, ist viel Kraftaufwand nötig, um sie zu lösen. In schlimmen Fällen geht vorher das Rähmchen kaputt, wenn mit Hilfe von Schraubenzieher oder Stockmeißel versucht wird, die Randwabe zu lösen. Bei einem Abstand von 15 bis 20 mm zur Beutenwand, von der Randwabe aus gemessen, kann die Wabe durch seitliches Verschieben leicht gelöst und dann nach oben entnommen werden.

Wanderfront

Sie besteht aus einem ca. 6 bis 7 cm tiefen Anbau vorne am Wabenraum. Durch die Flugöffnung am Boden können die Bienen in diesen Raum gelangen, wenn die Beute verschlossen ist. Eine Luftzufuhr über Schlitze und Drahtgitter versorgt während einer Wanderung die Bienen mit Sauerstoff. Die Lüftungsschlitze sind durch speziell zugeschnittene Holzleisten so gestaltet, daß sie zum Drahtgitter hin breiter werden. Enge Schlitze von 1 mm bis 2 mm an der Außenwand verhindern das Eindringen von Licht in die Wanderfront; bei breiteren Schlitzen würden die Flugbienen versuchen, über den Lichtspalt ins Freie zu gelangen. An ähnlich konstruierten Belüftungen konnte beobachtet werden, daß die Bienen stundenlang versuchen, durch diese mit Drahtgitter verschlossenen Öffnungen abzufliegen.

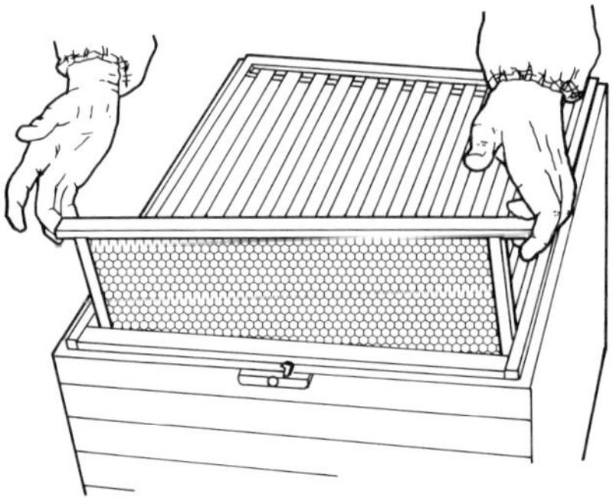

Abb. 19. Die Wanderfront dient auch zum Aufnehmen der erstgezogenen Wabe bei einer Bearbeitung des Volkes.

Die Belüftung eines eingeschlossenen Volkes über eine Wanderfront ist so gut, daß der Transport über 12 bis 15 Stunden im Sommer auch bei Volksstärken von 33 oder 44 mit Bienen besetzten Zanderwaben ohne Probleme durchgeführt werden kann. Daß die in der Wanderfront befindlichen Bienen nicht an Luftnot leiden, zeigt sich beim Öffnen nach dem Transport: Nur vereinzelt fliegen Bienen ab. Bei Luftnot würden die Völker sofort herausstürzen. Und selbst wenn die Flugöffnung nach außen verschlossen wäre, hat das Volk eine Überlebenschance. Es verbraust nur dann, wenn zum Wabenraum hin die Öffnung sich mit toten Bienen verschließt. Je nach Jahreszeit und Volksstärke kann dies erst nach einer Woche geschehen.

Bei der Bearbeitung des Volkes zeigt sich ein weiterer Vorteil der Wanderfront. In ihr kann die erstgezogene Wabe eingehängt werden. Abfallende Bienen oder auch die Königin gelangen sogleich ins Volk zurück. Bei Zargen ohne Wanderfront muß diese erstgezogene Wabe seitlich ins Gras oder an nebenstehende Völker angestellt werden.

Der dritte Vorteil der Wanderfront ist für größere Betriebe sehr wesentlich. Eine mit leeren Waben vollgefüllte Zarge kann mit einer Hand getragen werden, wenn man sie an der äußeren Leiste der Wanderfront festhält. Beim Fehlen der Wanderfront sind

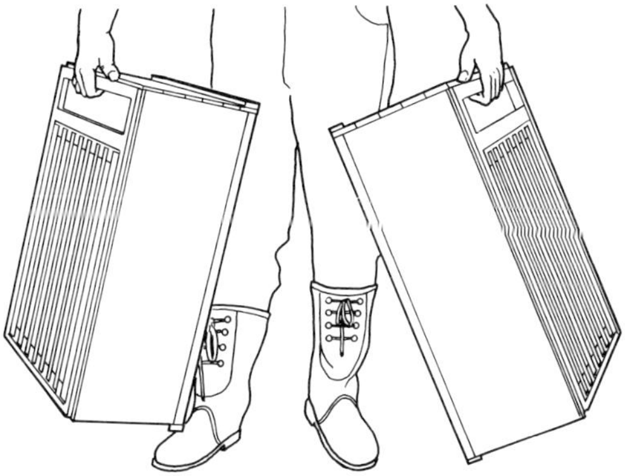

Abb. 20. Eine an den Wabenraum der Zarge angebaute Wanderfront ermöglicht das Forttragen der Zarge mit einer Hand, auch wenn sie mit Leerwaben gefüllt ist. Pro Gang können somit zwei Zargen mitgenommen werden.

dazu beide Hände notwendig, da in den Wabenraum nicht hineingegriffen werden kann. Es können somit pro Gang zwei Zargen weggetragen werden.

Aufbau – Isolation

Zargen in dieser Größe mit Wanderfront in Vollholzausführung wären zu schwer und damit zu unhandlich. Eine leichtere Bauweise ist daher notwendig, selbst wenn sie bei der Herstellung der Zarge aufwendiger ist. Eine Rahmenkonstruktion mit Streben bietet sich an. Die Zarge besteht aus einem oberen und unteren Rahmen mit den entsprechenden Falzen, sechs Streben, die die Rahmen miteinander verbinden und als Abschluß nach außen an der Wanderfront die Lüftungsleisten.

Der Wabenraum wird nach außen hin mit Hartfaserplatten nach allen vier Seiten abgeschlossen. Dadurch erhalten die beiden Rahmen der Zarge zusätzlichen Halt. Hartfaserplatten mit einer Stärke von 4 mm machen die Zarge gegen Stoß und Druck unempfindlich.

Als Isolationsmaterial im Inneren des Wabenraums finden Hartschaumstoffe Verwendung. Sie sind leicht und haben einen hohen Isolationswert. Obwohl sie bei weitem nicht so druck- und stoßunempfindlich sind wie Hartfaserplatten, können sie im Innenraum einer Zarge ohne weiteres Verwendung finden, Beschädigungen durch Druck und Stoß treten dort kaum auf. Die glatte Oberfläche bietet den Bienen keinen Angriffspunkt zum Benagen, so daß ein weiterer Schutz durch Folien oder Platten sich erübrigt.

Ausschlaggebend ist der im Vergleich zu Holz hohe Isolationswert, der sich bei der Frühjahrsentwicklung des Volkes günstig auswirkt. Nachteilig dagegen ist Schwitzwasser, da diese Stoffe keine Feuchtigkeit aufnehmen. Rahmenkonstruktion, großes Flugloch und nicht zuletzt starke Völker bewirken, daß in den Frühjahrsmonaten die entstehende Feuchtigkeit sich nicht nachteilig auswirkt. Bei aufgelegter Folie decken die Bienen einen Teil ihres Wasserbedarfes an den Tröpfchen, die außerhalb des Bienensitzes auf der Folie entstehen.

Die Temperaturmessungen wurden mit Fernthermometern in zwei gleichstarken

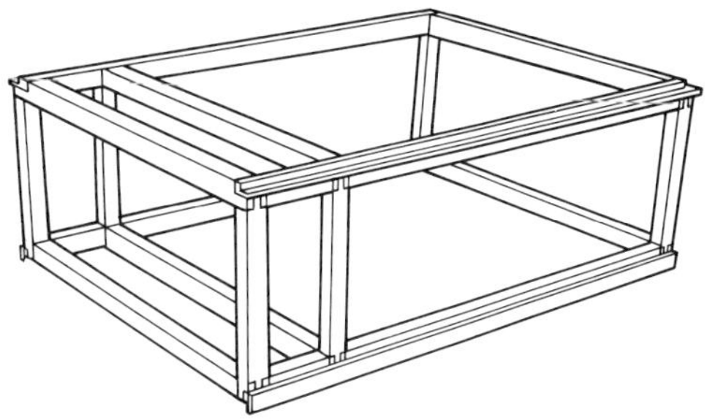

Abb. 21. Eine Rahmenkonstruktion mit sechs stehenden Streben ist zwar bei der Herstellung der Zargen aufwendiger als einfache Bretterkonstruktion, jedoch ermöglicht sie Leichtbauweise und damit geringes Gewicht der Zarge.

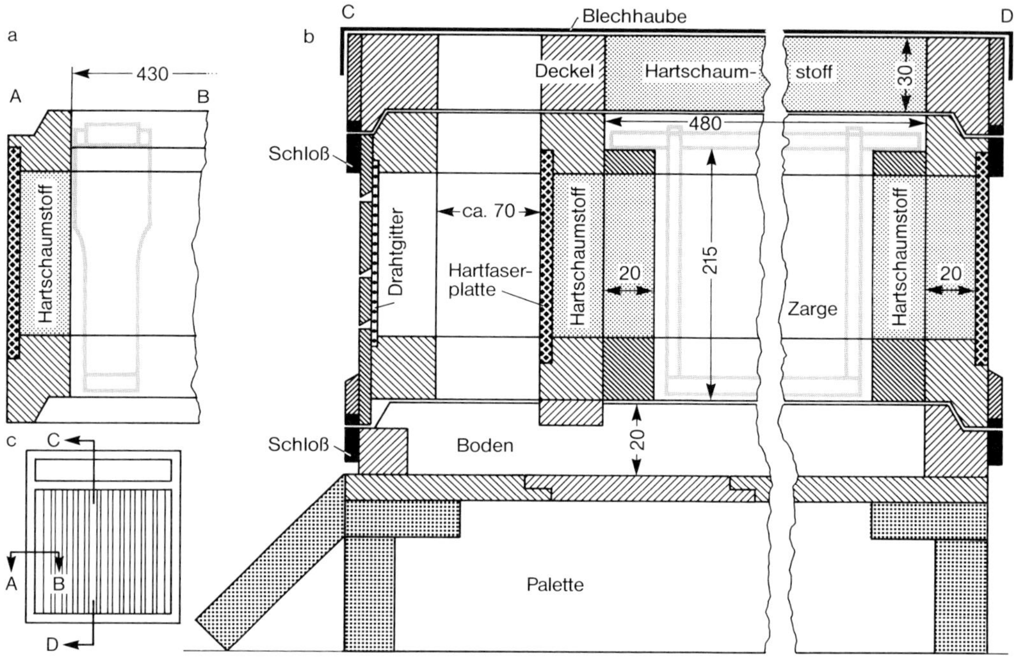

Abb. 22. Schnittzeichnungen schematisch durch eine schaumstoffisolierte Beute mit Deckel, Zarge, Boden und Palette.

Völkern durchgeführt. Die Fühler der Fernthermometer befanden sich in der zweiten Wabengasse hinten rechts, also nicht in der Wintertraube.

Selbst bei Minus-Außentemperaturen betrug der Unterschied von Schaumstoffisolation zu Holz 4 bis 9°C. Der Temperaturunterschied wird noch höher, wenn die Außentemperatur in den Wärmebereich steigt und wechselhaftes Wetter sich einstellt. Unterschiede von 10 bis 15°C sind keine Seltenheit.

Auf das Bienenvolk im Holzkasten bezogen bedeutet dies, daß es sich bei Außentemperaturen von +2 bis 7°C wieder stärker zur Wintertraube zusammenzieht, als

Gewichtsgegenüberstellung von Holz zu schaumstoffisolierten Zargen

	Gewicht kg	Anzahl der Waben im Zandermaß	Gewicht/Wabe kg	Bemerkungen
Holz	5,4	10	0,54	ohne Wanderfront
Schaumstoff-isolation	5,1	11	0,46	mit Wanderfront

WÄRMEDÄMMUNG (Beutenwandisolation) mit **Hartschaumstoff** (Roofmate, Styrodur) bzw. **Holz** für die Frühjahrsentwicklung und die „trockene Überwinterung"

Datum 1985	Außen-temperatur in °C	(Beuten-) Innen-emperatur in °C Styrodur	Holz	Temperatur-differenz in °C Styrodur – Holz	Bemerkungen (Wetter)
01.02.	+ 8	+ 6	+ 4	+ 2	wolkig, leicht windig
05.02.	+ 12	+ 9	+ 10	– 1	wolkenlos, windstill
06.02.	+ 10	+ 10	+ 6	+ 4	wolkig, leicht windig
07.02.	+ 5	+ 9	+ 4	+ 5	wolkig, windstill
08.02.	+ 2	+ 5	+ 2	+ 3	wolkig, windstill
09.02.	+ 8	+ 8	+ 5	+ 3	REGEN, windstill
10.02.	– 5	+ 5	– 4	+ 9	SCHNEEFALL, windstill
11.02.	– 6	+ 3	– 3	+ 6	wolkenlos, windstill
12.02.	– 5	+ 4	– 2	+ 6	sonnig, windstill
14.02.	– 1	+ 3	– 1	+ 4	SCHNEEFALL, leicht
15.02.	– 7	+ 4	– 4	+ 8	wolkenlos, windstill
17.02.	– 7	+ 2	– 4	+ 6	wolkenlos, windstill
19.02.	– 6	+ 6	– 2	+ 8	wolkenlos, windstill
20.02.	0	+ 5	+ 1	+ 4	wolkig, windstill
24.02.	+ 8	+ 20	+ 10	+ 10	starker FLUG, sonnig
25.02.	+ 8	+ 25	+ 12	+ 13	starker FLUG, sonnig
26.02.	+ 10	+ 25	+ 10	+ 15	starker FLUG, wolkig
27.02.	+ 11	+ 25	+ 13	+ 12	starker FLUG, wolkig
28.02.	+ 2	+ 25	+ 5	+ 20	wolkig
01.03.	+ 8	+ 18	+ 12	+ 6	starker FLUG, wolkig
02.03.	+ 6	+ 16	+ 7	+ 9	REGEN, windstill
03. 03.	+ 4	+ 12	+ 3	+ 9	NEBEL
07.03.	+ 8	+ 13	+ 5	+ 8	wolkig, windstill
12.03.	+ 2	+ 9	+ 2	+ 7	wolkig, windstill
17.03.	+ 1	+ 6	+ 1	+ 5	SCHNEE, wolkig
19.03.	+ 2	+ 6	+ 1	+ 5	SCHNEEFALL
21.03.	+ 6	+ 10	+ 5	+ 5	SCHNEE, windstill
22.03.	+ 8	+ 12	+ 12	0	starker FLUG, wolkig
23.03.	+ 7	+ 25	+ 10	+ 15	wolkenlos, windstill
28.03.	+ 1	+ 20	+ 3	+ 17	SCHNEEFALL, windig
31.03.	+ 10	+ 20	+ 9	+ 11	REGEN, windig
05.04.	+ 15	+ 28	+ 20	+ 8	starker FLUG, sonnig
06.04.	+ 11	+ 25	+ 15	+ 10	REGEN leicht, wolkig
07.04.	+ 15	+ 26	+ 20	+ 6	FLUG, wolkig, windstill
11.04.	+ 10	+ 20	+ 10	+ 10	wolkig, windig

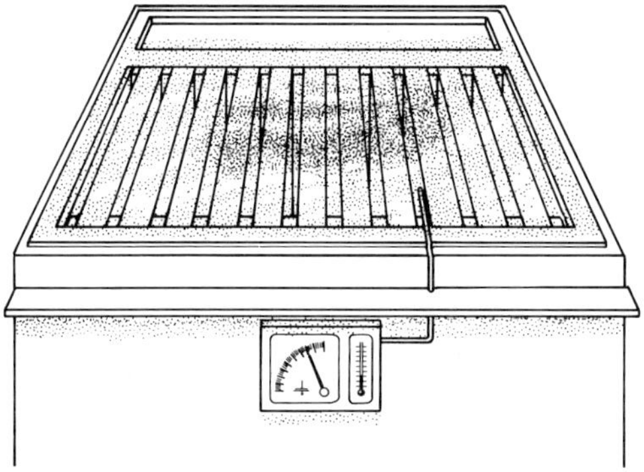

Abb. 23. Schema der Temperaturmessungen mit Hilfe eines Fernthermometers. Der Fühler befindet sich nicht in der Wintertraube oder im Sommer im Brutnest.

das Volk in der schaumstoffisolierten Beute. Das Zusammenziehen zur Wintertraube bedeutet aber auch, sich verzögernde Frühjahrsentwicklung und langsames Erstarken.

Boden

Als abnehmbares, aber schnell mit der Zarge zu verbindendes Teil bildet er den Abschluß der Beute nach unten und enthält das Flugloch. Gleichzeitig muß er die Möglichkeit bieten, daß man ihn bienendicht abschließen kann und sich ein Mäusekeil einlegen läßt.

Als äußerer Aufbau dient ein Rahmen mit Außenfalz, in den eine Hartfaserplatte eingeschoben wird, die den Abschluß nach unten bildet. Zur Verstärkung dienen vorne, hinten und in der Mitte aufgenagelte Bretter und Leisten, die auch ein Verziehen der Hartfaserplatte verhindern.

Bei aufgesetzter Zarge ist ein Abstand zwischen Rähmchenunterteil und Hartfaserplatte von 25 bis 30 mm ausreichend. Ein kleinerer Abstand bewirkt schlechtere Belüftung des Wabenraumes durch die Bienen; größerer Abstand veranlaßt das Volk, an die Rähmchenunterteile einen Drohnenbau zu errichten. Wenn man bei dieser Konstruktion die aufgesetzten Zargen hinten hochhebt, läßt sich eine Windel oder auch eine solche mit Gitterrahmen ohne Schwierigkeiten einlegen.

Der Fluglochverschlußkeil ist absichtlich als loses Teil ausgebildet. Er muß die Ge-

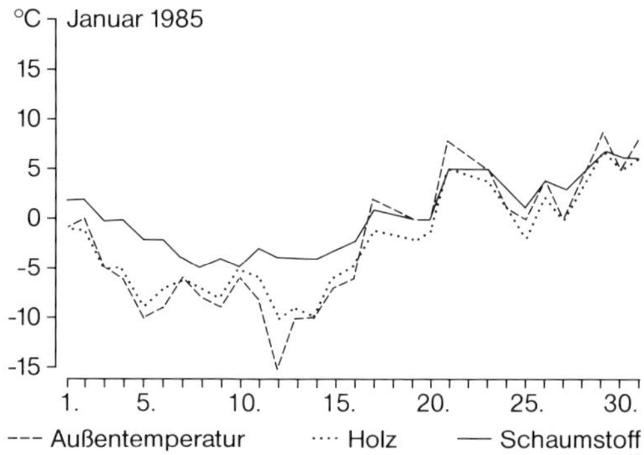

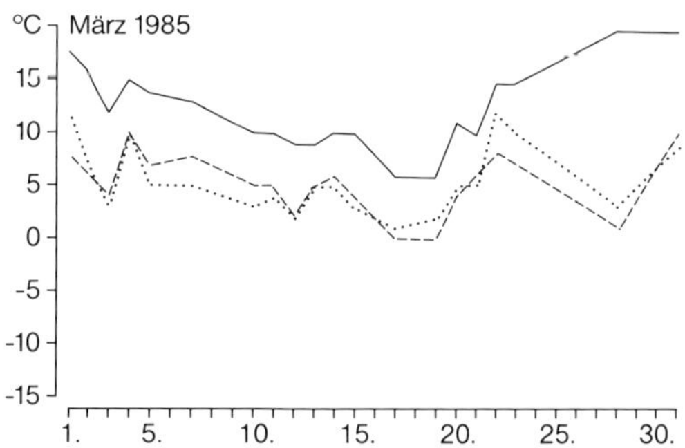

Abb. 24 a) Temperaturkurven
Die Temperaturkurven bei Vergleichsmessungen Außentemperatur – einfachwandige Holzbeute – schaumstoffisolierte Beute.
Zu Januar 1985: Die Kurven liegen eng beieinander.
Zu März 1985: Das Brutgeschäft hat eingesetzt. Auffallend die fast identischen Kurven von Außentemperatur und Holz, was im Zusammenziehen des Volkes bei 0°C bis +10°C bedeutet. Bei Schaumstoffisolation erfolgt dies nicht, somit kein stagnierendes Brutgeschäft und damit jetzt schon Schwarmvorbeuge.

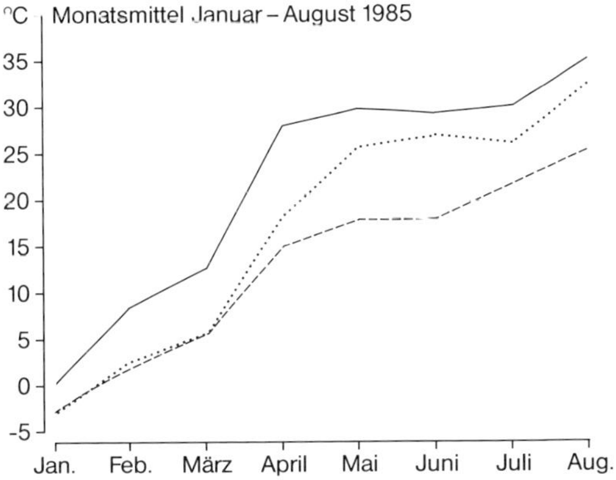

Abb. 24 b) Monatsmittel Januar – August 1985. Erst ab April liegt die Holzkurve höher als die Außentemperatur.

währ bieten, daß damit die Beute bienendicht außen an der Wanderfront verschlossen werden kann. Eine zusätzliche Sicherung ist durch Anbringung von Wiener Vorreibern oder auch durch Anheften mit kurzen Nägeln möglich. Das Verschließen des Flugloches mit Hilfe eines losen Verschlußkeils hat sich bewährt. Er wird nach dem Aufstellen der Beute auf dem Standplatz weggeräumt. Ein mutwilliges Verschließen des Flugloches ist nicht möglich.
Durch einen Mäuseeinlegekeil wird das Flugloch an der Wanderfront auf 6 bis 8 mm verkleinert. So können keine Mäuse mehr eindringen, die Bienen aber ungehindert abfliegen.
Der Übergang vom Wabenraum zur Wanderfront erstreckt sich über die ganze Breite des Bodens und auf eine Höhe von 20 mm. Diese Öffnungsgröße gewährleistet intensiven Luft- und Feuchtigkeitsaustausch vom Wabenraum nach außen und ebenso auch intensiven Flugbetrieb an guten Trachttagen.
Der Aufbau des gesamten Bodens als abnehmbares Teil ermöglicht nicht nur die Austauschbarkeit der einzelnen Zargen, sondern erleichtert auch die Reinigung im Frühjahr.

Deckel
Als Abschluß nach oben soll er nicht nur das Bienenvolk vor Witterungseinflüssen schützen, sondern auch bei entsprechender Isolation dafür sorgen, daß die Wärme in der Beute dem Volke erhalten bleibt. Untersuchungen in den vergangenen Jahren ergaben, daß er das bestisolierte Bauteil der Beute sein muß. Entsprechend isolierte Deckel bewirken, daß vor allem im Frühjahr die notwendige Innentemperatur von 35 °C trotz wechselnder Temperaturstürze annähernd konstant bleibt. Dadurch wird die Futteraufnahme reduziert und die Entwicklung des Volkes gefördert.

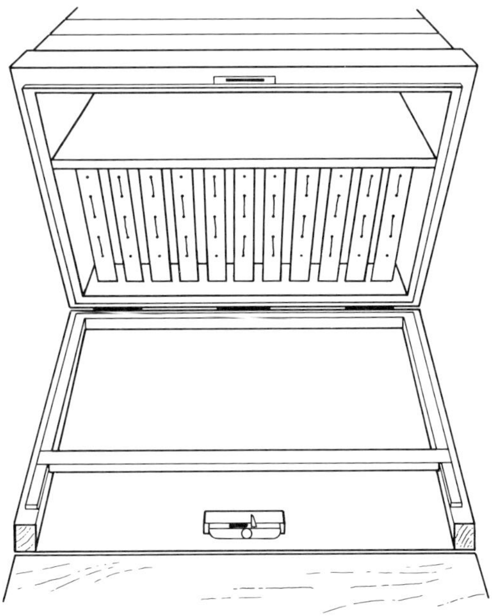

Abb. 25. Beim Abkippen der Zarge ergibt sich auch ein Blick auf den Boden des Volkes.

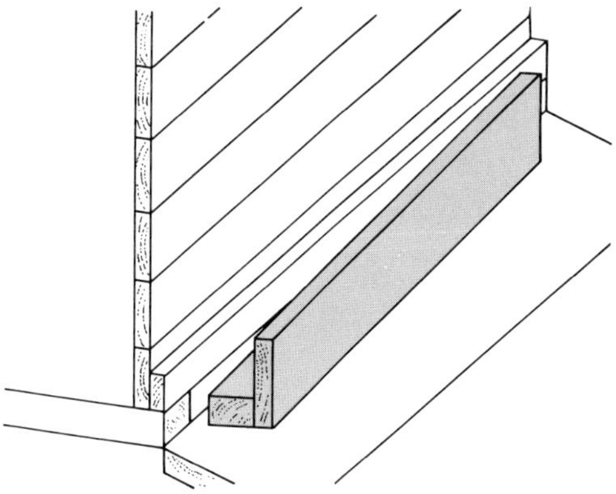

Abb. 26. Lose, passende Fluglochverschlußkeile, die nicht am Beutenboden befestigt sind, erschweren Frevel.

Gut isolierte Deckel sorgen auch dafür, daß in Völkern in der prallen Sommersonne die Innentemperatur nicht wesentlich über 35 bis 38 °C ansteigt. Bei einer solchen Temperatur bleiben die Völker intakt und ihre Flugaktivitäten werden nicht nur zur Herbeischaffung von Wasser zur Kühlung eingesetzt.

Die Konstruktion der Beute mit einem stabilen, an den Ecken verschraubten Rahmen mit entsprechendem Falz und die Verwendung von 30 mm starkem Hartschaumstoff als Isolation über dem Wabenraum ermöglicht Leichtbauweise. Eine darübergestülpte und festgemachte Blechhaube vervollständigt den Deckel. Weitere Abdekkungen – zumindest in den Sommermonaten – erübrigen sich damit. So sind auch schnelle Stichproben und Kontrollen der Völker ohne großen Zeit- und Arbeitsaufwand möglich.

Bedarf an Zargen

Leistungsstarke Bienenvölker brauchen genügend Raum, insbesondere zur Trachtzeit. Er ist vorhanden, wenn entsprechendes Wabenmaterial zur Brutaufzucht und Lagerung von Pollen, Honig und Futter zur Verfügung steht. Nach den heutigen Erkenntnissen sind 30 bis 40 Zanderwaben pro Volk notwendig, die mit Bienen belagert, trachtfähige Völker ergeben.

Zur Aufnahme von 40 Zanderwaben sind 4 Zargen zu erstellen. Im Winter befindet sich das Volk in zwei Zargen. In den übrigen Zargen werden Leerwaben aufbewahrt. Im Sommer benötigt das Volk mindestens drei, oft vier Zargen.

Eine einheitliche Zarge für alle Völker erleichtert die Arbeit wesentlich, wobei Halbzargen mit Halbrähmchen für jedes Volk gerade noch tragbar sind, die Austauschbarkeit der Waben jedoch nicht ermöglichen. Austauschbarbeit muß auch bei den Böden und beim Deckel gewährleistet sein. Es gibt nichts Schlimmeres, wenn in einem Betrieb mehrere Typen von Zargen, Böden und Deckeln verwendet werden. Ebenso wenn noch zusätzlich zweierlei oder dreierlei Rähmchenmaße in Gebrauch sind. Der Arbeitsablauf wird dann so erschwert, daß eine Wirtschaftlichkeit nicht mehr gegeben ist.

Zügiges Arbeiten ist sichergestellt, wenn nicht nur pro Volk vier Zargen, ein Boden und ein Deckel bereitstehen, sondern wenn zusätzlich noch Ersatz vorhanden ist. Trotz

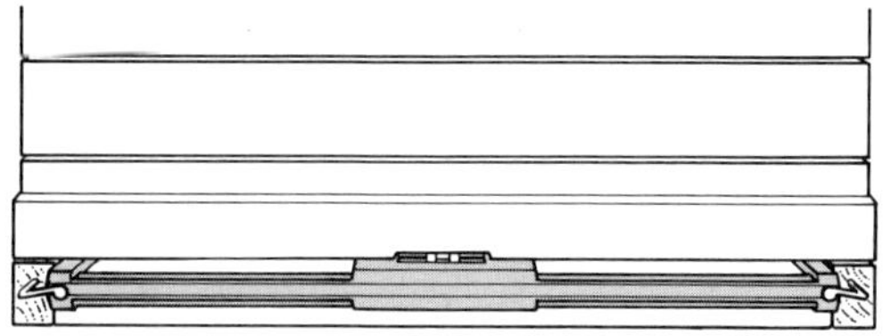

Abb. 27 a) Mäusesicherungskeile verhindern das Eindringen von Mäusen, jedoch muß eine 6 mm große Spalte das Abfliegen der Bienen ermöglichen.

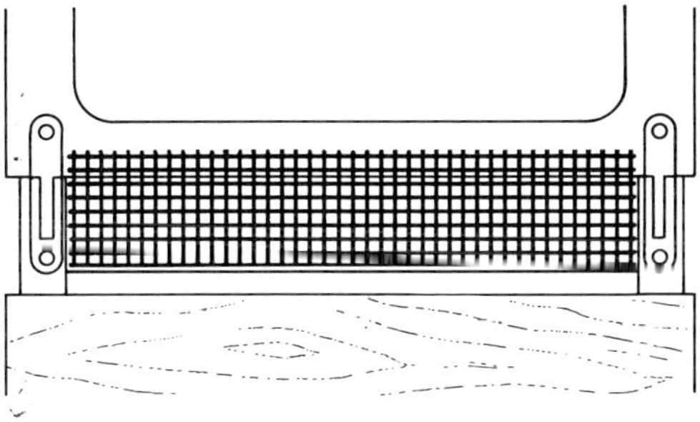

Abb. 27 b) Mäusesicherung mit Hilfe eines Drahtgitters, Maschenweite 6 mm.

stabiler Bauweise wird es nicht ausbleiben, daß zwischendurch Reparaturen notwendig sind, die oftmals erst in den Wintermonaten durchgeführt werden können.

Für die Wirtschaftsvölker sollten für solche Fälle mindestens 5 % der Böden und Deckel als Ersatz bereitstehen. Bei den Zargen empfiehlt es sich, mindestens 10 % in Reserve zu halten. Diese Zahl erscheint zunächst hoch. Wenn jedoch die Zarge zusätzlich auch als Transportkiste für Honigwaben verwendet wird, ist sie angebracht.

Ablegerkästen und Begattungskästchen

Im Zusammenhang mit der Beute für die Wirtschaftsvölker muß auch die Unterbringungsmöglichkeit der Ableger gesehen werden, die in gut geführten Betrieben eine Quote von 30 bis 50 % der Wirtschaftsvölker erreichen. Die Ablegerkästen sollten dann im Standmaß erstellt werden. Ausnahmen sind möglich, wenn solche Ableger für den Verkauf bereitgestellt werden oder der Kunde bestimmte Wünsche äußert.

Von der Wirtschaftlichkeit aus betrachtet – insbesondere von der Investition her gesehen – ist es am sinnvollsten, wenn zur Unterbringung der Ableger die gleiche Zarge, der gleiche Boden und Deckel wie für die Wirtschaftsvölker Verwendung findet. Dadurch wird der universelle Einsatz des Betriebsmittels Beute unterstrichen, die Lagerung vereinfacht und nicht zuletzt werden bei der Be- und Verarbeitung des Ablegers Vorteile erzielt.

Da Ablegerkästen oft nur drei oder vier Waben aufnehmen können, ist man mit Zargen im Standmaß unabhängiger, wenn sich der Ableger besonders stark entwikkelt. Zur notwendigen Erweiterung braucht der Ableger dann nicht sofort in eine andere Beute umgehängt zu werden, da bei der Umweiselung oder einer Verstärkung der Wirtschaftsvölker die Zarge mit dem Ableger nur aufgesetzt wird, nachdem der Boden zuvor entfernt wurde. Bei der Ablegerbildung fungiert die notwendige Futtertasche als Trennschied. Der einzige Nachteil besteht darin, daß für die Ableger mehr Transportraum und Aufstellungsmöglichkeiten geschaffen werden müssen.

Da die Beweiselung des Ablegers vorwiegend über die schlüpfreife Weiselzelle stattfindet, sind Begattungskästchen überflüs-

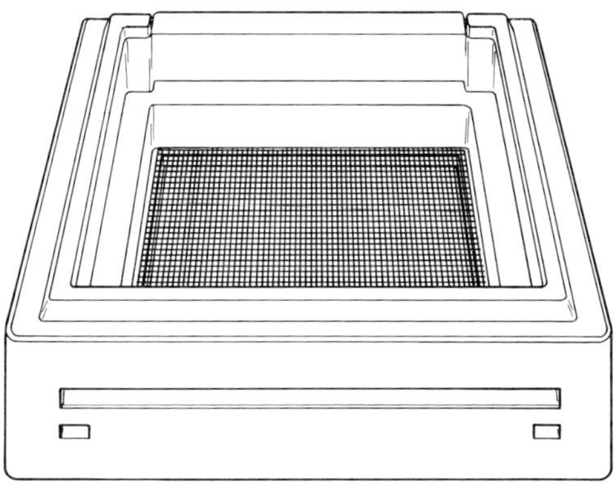

Abb. 28. Der Boden der Segeberger Kunststoff-Magazinbeute mit Gittereinsatz. Er verhindert ein Schimmeln der Waben in den Wintermonaten, muß aber zur Frühjahrsentwicklung verschlossen werden.

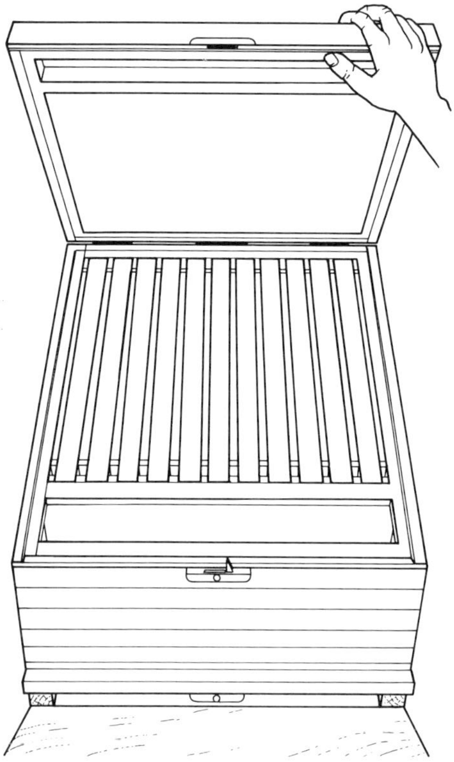

Abb. 29. Das Abheben des Deckels erlaubt bei eingelegter Folie einen schnellen Überblick über den Sitz und die Stärke des Volkes.

sig. Außerdem erspart diese Methode den Umweg über Schlüpf- und Zusetzkäfige, und auch die Zeitersparnis ist enorm.

Begattungskästchen haben jedoch ihre Berechtigung bei der Unterbringung der Königinnen, die künstlich besamt werden sollen. Der Vorteil liegt darin, daß die Königin in diesen kleinen Kästchen leichter gefunden wird. Bei einem mehrmaligen Herausfangen ist dieser Gesichtspunkt nicht ohne Bedeutung, vor allem bei Reihenbesamungen, bei denen auch die geringe Masse an Bienen für ein solches Kästchen zu Buche schlägt. Wichtig ist, daß nach einsetzender Eiablage die besamte Königin in einem starken Volk weiterverwendet wird. Bewährt und durchgesetzt in der Praxis hat sich das Kirchhainer Begattungskästchen. Es zeichnet sich durch leichte Handhabung und enorm hohe Wärmeisolation aus.

Trogbeuten

In Imkereien, in denen die Völker nur stationär gehalten werden, sind Trogbeuten eine nicht zu unterschätzende Alternative. Es sind Beuten, bei denen die Waben von oben zu ziehen sind und die einen trogartigen Brutraum aufweisen, der 14 Waben im Querbau aufnehmen kann. Meistens handelt es sich um Rähmchenwaben (260 × 370 mm), wobei ein halbhoher Aufsatz, der

Abb. 30 a) Ein intaktes Begattungsvölkchen im Kirchhainer Kästchen.

Abb. 30 b) Aufstellung solcher Kästchen im Hausgarten. Gute Erfolge werden auch mit Taunus Apidea-Begattungskästchen erzielt.

auch mit Dickwaben ausgestattet werden kann, als Honigraum dient. Der Aufsatz deckt jedoch nur die vordere Hälfte der Beute ab.

Der Vorteil dieser Beutenart ist darin zu sehen, daß bei der Bearbeitung der Völker kaum Aufsätze bewegt werden müssen. Das Ziehen der Waben ist leicht zu bewerkstelligen. Da diese Beuten unhandlich und als Abdeckung der Waben Brettchen Verwendung finden, eignen sie sich kaum zur Wanderung und Freiaufstellung; die Unterbringung in einem Bienenstand ist daher notwendig. Bei einer Anschaffung von Trogbeuten ist der anteilige Preis des Bauwerkes oder einer Schutzhütte zusätzlich zu berücksichtigen, die jedoch gegenüber Witterungseinflüssen weitaus länger haltbar als Magazinbeuten in Freiaufstellung sind.

Einfachste Magazinbeuten

Da die Tendenz zunimmt, die Beutenherstellung in den Wintermonaten selbst vorzunehmen, wird eine einfache Magazinbeute eher gefallen finden, als eine solche, die auf einer schwierigen Konstruktion beruht. Eine einfache Ausführung kann der Imker auch dann noch selbst herstellen, wenn ihm

Abb. 31 a) Ein Bienenstand mit Trogbeuten, die bereits den halbhohen Aufsatz haben. Die Fenster an der Flugfront erleichtern das Abfliegen von Bienen bei der Bearbeitung der Völker.

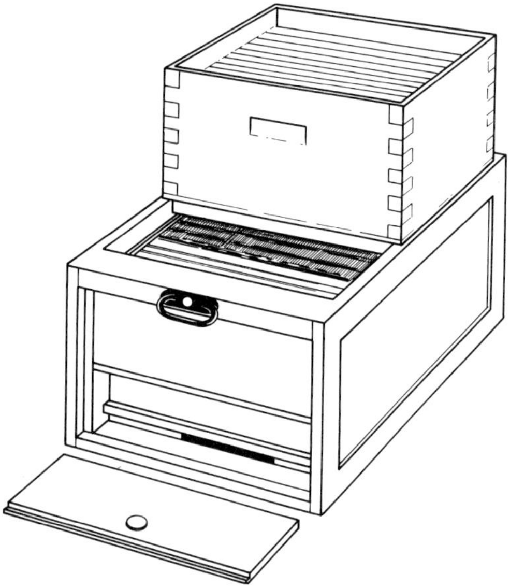

Abb. 31 b) Eine typische Trogbeute mit nach hinten geschobenem Aufsatz und eingelegtem Absperrgitter. Solche Beuten brauchen Schutzhütten und eignen sich schlecht zur Wanderung.

nur eine Kreissäge zur Verfügung steht. Jedoch müssen die Bretter beim Kauf dann bereits auf die notwendige Stärke beidseitig gehobelt werden.

Die Zarge einer solchen Beute besteht nur aus vier zusammengenagelten Brettern mit einer Stärke von 25 bis 28 mm. Die beiden kürzeren Teile erhalten bei Längsbau die Rähmchenauflageleisten. Ohne Falz ist damit eine einfachste Zarge schnell zusammengebaut, bei der die Verbindungen durch Nageln und Leimen hergestellt werden. Das Anbringen von zwei Griffleisten ermöglicht ein sicheres Abheben und Transportieren der Zarge.

Der Boden einer solchen Magazinbeute besteht nur aus einem Rahmen aus drei Leisten mit einer Höhe von 30 bis 40 mm und einer Stärke von 25 bis 28 mm. Als Abschluß nach unten können Bretter mit 25 bis 20 mm Stärke aufgenagelt werden. Die Fluglochverkleinerung und der Fluglochverschluß erfolgt mit passenden Holzkeilen.

Als Deckel dient eine Blechhaube aus verzinktem Eisenblech, der innen als Isolation eine Einlage aus Styropor oder entsprechendem Hartschaumstoff erhält. Diese ist jedoch so einzupassen, daß sie beim Abheben des Deckels in der Blechhaube einen festen Halt hat.

Für solche einfachen Beuten ist zum Transport unbedingt ein gut funktionierender Wandergurt erforderlich. Ohne einen solchen ist der Transport eines Volkes, das drei Zargen mit Bienen belagert, nicht möglich, da die Verbindung vom Boden zur Zarge und der Zargen untereinander fehlt.

Die Fütterung des Volkes erfolgt mit Hilfe des Futtereimers oder über einen Futterdeckel. Es ist jedoch nicht ganz einfach, diese Futtergeräte selbst herzustellen, da dazu Aufstiegsschlitze für die Bienen und passende Gitter, die ein Ertrinken der Bienen im Futter verhindern, notwendig sind. Wichtig ist es auch, daß sie absolut dicht sind und sich gründlich und schnell säubern lassen.

Oben links: Überwinterte Eier der Grünen Tannenhoniglaus, die an der Unterseite der Nadeln im Herbst abgelegt werden.
Oben rechts: Die Rotbraun bepuderte Fichtenrindenlaus an einem jungen Maitrieb. An dem guten Honigjahr 1987 war sie wesentlich beteiligt.
Mitte links: Zu Massentrachten können auch die Fichtenquirlschildläuse beitragen.
Unten links: Bei ausgiebigen Fichten- und Tannentrachten sind Völkermassierungen möglich, jedoch mit Rücksicht auf die ortsansässigen Imker nur solange Tracht herrscht.
Unten rechts: Die Wiesentracht im Gebirge ist vielfältig und liefert geschmackvollen Honig.

IMKER

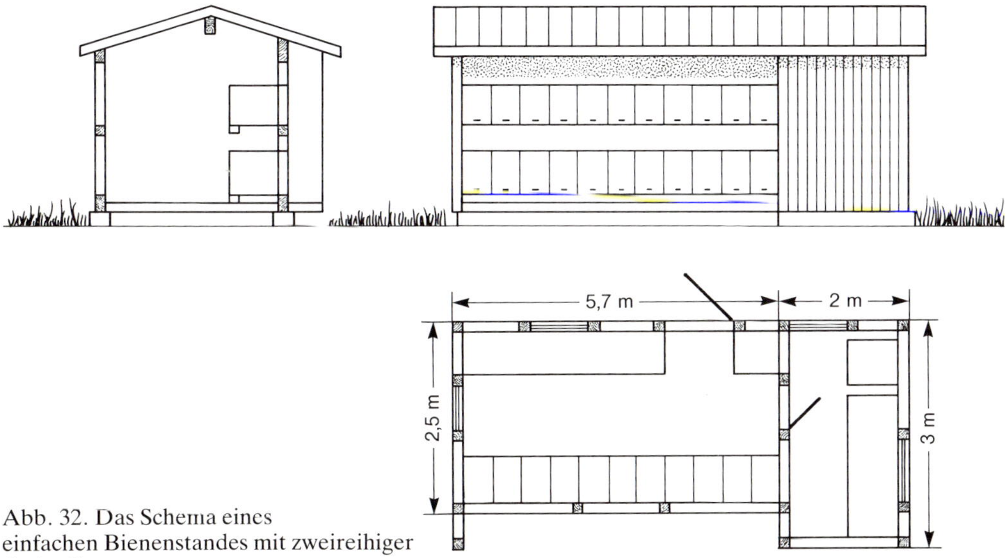

Abb. 32. Das Schema eines einfachen Bienenstandes mit zweireihiger Aufstellung.

Als Baumaterial für die Beutenselbstherstellung bewährt sich Weymouth-Kiefern-Holz. Im getrockneten Zustand verzieht es sich kaum. Außerdem ist es im Vergleich zu Fichten-, Tannen- oder Kiefernholz wesentlich leichter. Eine Gewichtsersparnis von bis zu 30% bei Verwendung von astreinen Brettern ist möglich.

Als schützender Beutenanstrich darf auf keinen Fall ein porenschließender Lack verwendet werden. Angesichts der porösen Holzstruktur des Weymouth-Kiefern-Holzes würde er einen schnellen Austausch der Feuchtigkeit vom Beuteninneren nach außen verhindern. Beim Fachhandel erhält man entsprechende Lackprodukte, die auch keine bienentötenden Substanzen enthalten.

Oben links: Bienenvölker auf einer Gebirgswiese. Das abfallende Gelände verhindert Kaltluftstau vor den Fluglöchern.
Oben rechts: In Hausgärten und Neubausiedlungen blüht im Spätsommer und Herbst manche Trachtpflanze.
Mitte rechts: Naturschutzgebiete mit alten, verschiedenartigen Weidenbeständen stellen gute Frühjahrsstandorte dar, jedoch nur, wenn entsprechend dem Angebot Völkermassierungen vermieden werden.
Unten links: Blühende männliche Weiden liefern hochwertigen Blütenstaub, der wesentlich zum Volksaufbau beiträgt.
Unten rechts: Der am Wohnhaus gelegene Ablegerstandort des Verkaufszüchters Sulzer in Marling in Südtirol erleichtert wesentlich die Arbeit.

Gebäude

Obwohl die Bienenvölker in wirtschaftlich geführten Betrieben überwiegend in Freiaufstellung gehalten werden, sind Räumlichkeiten für die anfallenden Arbeiten und zur Aufbewahrung der Gerätschaften notwendig. Je nach Funktion können sie im

Abb. 33 a) oben, b) S. 57 unten. Ein Lastenaufzug, mit dem nicht anfahrbare Wirtschaftsräume verbunden sind, erleichtert wesentlich die Arbeit. Eine automatische Abdeckung verhindert Unfälle und bewährt sich im Betrieb Sulzer in Marling in Südtirol.

Innenbereich, z. B. im oder am Wohnhaus, oder auch im Außenbereich am Überwinterungsstandort der Völker liegen. Eine funktionsgerechte Gestaltung und Bauweise ist ebenso notwendig wie der Standort, der auch mit Fahrzeugen leicht erreichbar sein sollte.

Geräteraum oder Schuppen

Insbesondere im Winter ist eine Lagerraum für die nicht bei den Völkern im Einsatz befindlichen Zargen notwendig. Auch die vorrätigen Böden, Deckel, Futtereinrichtungen, eventuelle Begattungskästchen und Waben müssen darin Raum finden. Für Werkzeug und Kleingeräte ist ein Regal vorhanden. Als Arbeitsplatz sollte ein Tisch mit Sitzgelegenheiten vorhanden sind. Nicht notwendig ist die Aufstellung von Wabenschränken, da Vorratswaben und Rähmchen in den Zargen bei entsprechender Sortierung übersichtlicher aufbewahrt werden müssen.

Sollte sich die Gelegenheit bieten, wird es sinnvoll sein, diesen Raum dort zu schaffen, wo der größte Teil der Völker überwintert wird – meist also im Außenbereich, so daß das entsprechende Material wie Waben und Zargen im Herbst und Frühjahr gleich griffbereit in der Nähe der Völker steht. Lagerräume im Innenbereich, z. B. in Garagen, eignen sich zwar ebenso, sie verlangen aber, daß das zur Arbeit notwendige Material und Gerät stets auf den Fahrten zu den Völkern mitgenommen werden muß, damit man sich unnötige Wege erspart. In diesem Fall muß auch das notwendige Werkzeug zur Bearbeitung der Völker grundsätzlich in einer Kiste bei jeder Fahrt zu den Völkern im Wagen sein.

Wichtig ist, daß der Geräte- und Lagerraum so angelegt wird, daß er ein schnelles und zügiges Arbeiten ermöglicht. Dazu gehört eine doppelt breite Tür von mindestens 1,6 m Breite. Das Hinein- oder Heraustragen der Zargen wird dadurch wesentlich erleichtert. Da die Zargen im Raum übereinandergestapelt werden, kann man weitgehend auf Fenster verzichten, da sie ohnehin nur zugestellt würden. Nur in der Nähe des Arbeitstisches ist ein Fenster notwendig. Wenn im Raum keine Arbeiten ausgeführt werden, genügen als Beleuchtung sogenannte Lichtbänder unter dem Dachvorsprung. Bei einer Raumhöhe von 2 m bis 2,2 m lassen sich dann ausreichend Zargen übereinanderstapeln, ohne daß die Lichtbänder verdeckt werden. Dazu sollten die Lichtbänder sich beidseitig über die gesamte Länge des Raumes in einer Breite von ca. 20 cm hinziehen. Lichtbänder machen einen Geräteschuppen auch etwas einbruchsicherer, da erfahrungsgemäß Bau-

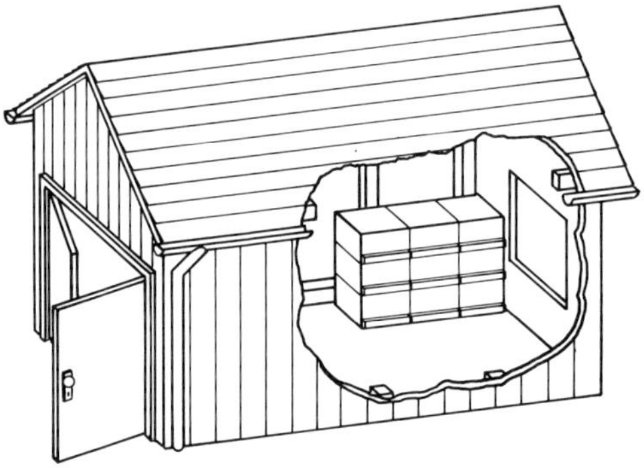

Abb. 34. Eine einfache Hütte zur Unterbringung von Gerätschaften für eine Imkerei mit ca. 20 Völkern. Abmessungen von 5 × 3 m und ein breites Tor sind notwendig.

werke mit Fenstern trotz der Läden eher aufgebrochen werden; ein Einsteigen durch hochliegende, schmale Lichtbänder unter dem Dach ist kaum möglich.

Funktionsgerecht ist ein solcher Raum, wenn er sich als bienen- und ungezieferdicht erweist. Bienendicht muß er sein, da in ihm auch honigfeuchte Waben und vorübergehend manchmal auch Futter oder Honig aufbewahrt werden. Andernfalls käme es sonst zumindest im Spätsommer oder Herbst zu größeren Räubereien mit erheblichen Verlusten an Flugbienen. Ein ungezieferdichter Lagerraum verhindert das Eindringen von Mäusen und Ratten, die insbesondere die Waben benagen und damit großen Schaden anrichten können. Dichte Holzschalung, gut gebaute und gedeckte Dächer mit Dachziegeln oder Welleternitplatten sowie gut schließende Türen und Fenster sind in beiden Fällen wichtige Voraussetzungen. Ein betonierter Fußboden ergibt ein festes Fundament für die Holzkonstruktion, verhindert das Eindringen von Ungeziefer und hält den Raum trocken, so daß die aufbewahrten Waben nicht zu schimmeln beginnen.

Bei der Gestaltung – insbesondere im Außenbereich – spielt auch die landschaftsgerechte Form- und Farbgebung eine wichtige Rolle. Die Erstellung in Holzausführung ist dazu bereits ein erster Schritt. Satteldächer mit 20 bis 30° Dachneigung in rotbrauner Welleternit- oder Ziegeldeckung fügen sich wesentlich besser in das Landschaftsbild ein als Bauwerke mit Pultdächern. Satteldächer haben zudem den Vorteil, daß im Dachraum Platz für seltener gebrauchtes Gerät vorhanden ist. Das Braun der Holzschutzmittel fügt sich eher in das Landschaftsbild ein als Schuppen, die in grellen Farben gestrichen sind. Bauten treten im Landschaftsbild übrigens auch viel weniger in Erscheinung, wenn sie unmittelbar neben Hecken oder Bäumen errichtet werden, und zusätzlich stehen sie in den Sommermonaten dann im Schatten, so daß es sich im Inneren angenehmer arbeiten läßt.

Bei der Konstruktion ist auf leichte Zerlegbarkeit zu achten. So lassen sich notwendige Standortveränderungen leichter bewältigen, auch bei doppelwandiger Schalung, wenn die einzelnen Bauelemente nicht zu groß gestaltet werden.

Die Größe des Bauwerkes richtet sich nach der im Betrieb gehaltenen Völkerzahl. Pro Volk sind mindestens zwei Zargen, pro Ableger eine Zarge, aufzubewahren. Bei 30 Wirtschaftsvölkern und 10 Ablegern ergibt dies 70 Zargen. Rechnet man die Reserve von mindestens 10 % dazu, so sind 80 Zargen unterzubringen. Dies ergibt 10 Stapel mit je 8 Zargen.

Flächenbedarf des Bauwerkes

Grundfläche des Beutenstapels mit Zwischenräumen 0,5 m × 0,77 m	= 0,35 m^2
10 Stapel	= 3,5 m^2
Böden/Deckel	= 2,0 m^2
Tisch/Stühle	= 3,0 m^2

Sonstiges	= 1,5 m^2
Bewegungsabläufe, Arbeitsabläufe	= 8,0 m^2
	18,0 m^2

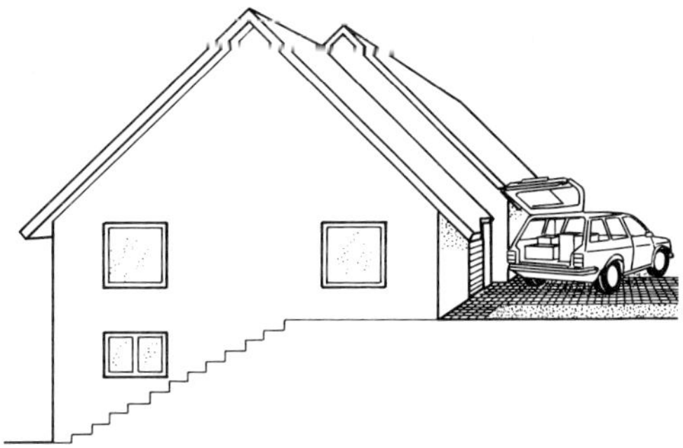

Ein Flächenbedarf also von 0,6 m^2 je Volk. Diese Zahl ist bei 20 bis 50 Völkern realistisch. Bei einer höheren Zahl von Völkern wird mehr Lagerraum pro Volk notwendig sein, da bei der genaueren Sortierung der Zargen mit den Waben und durch zusätzliche Gerätschaften für die Verkaufsablegerbildung mehr Platz für die Bewegungsabläufe benötigt wird. Der Flächenbedarf pro Volk wird auf 1 m^2 ansteigen. Dann lohnt sich bereits die Überlegung, ob solche Bauwerke nicht besser im Innenbereich oder in Gewerbegebieten in Verbindung mit Schleuderraum und Werkstatt zu erstellen sind.

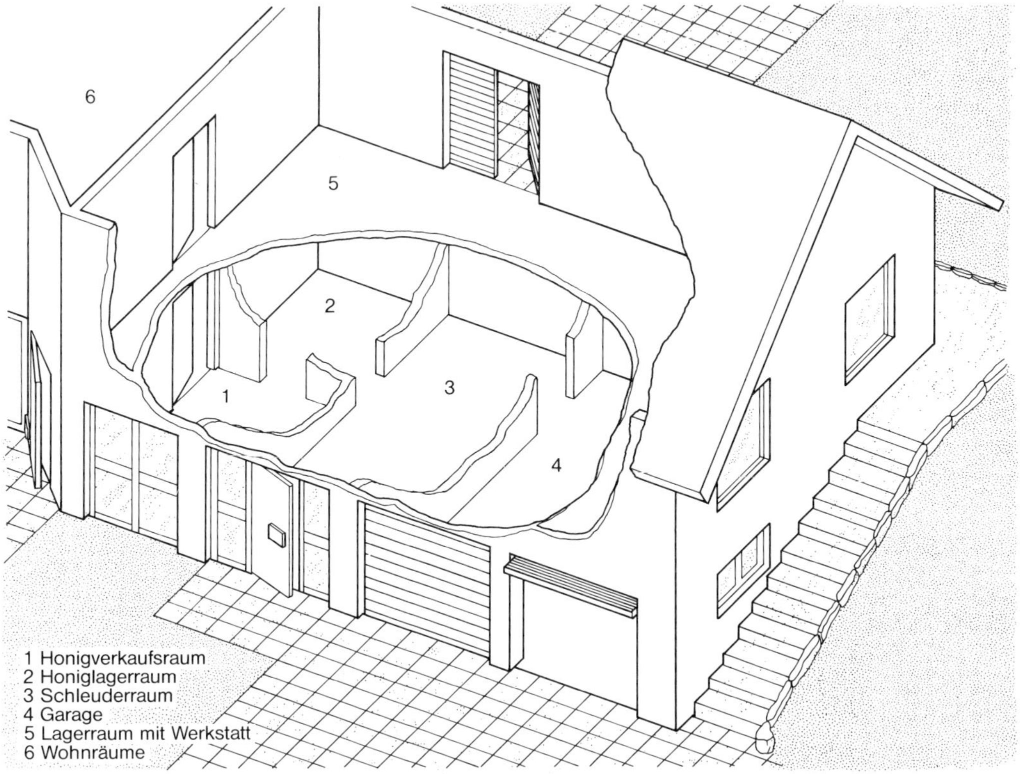

Abb. 35 a), b) Ein an das Wohnhaus angebautes Wirtschaftsgebäude von Rudolf Weber in Alfdorf. Die Hanglage ermöglicht ein Befahren der unteren und oberen Wirtschaftsräume.

Schleuderraum

Die Trennung des Honigs von den Waben verlangt nicht nur die dafür notwendigen Geräte, sondern auch einen entsprechend eingerichteten Raum. Aus Gründen der Hygiene erfolgt zunehmend die Schleuderarbeit nicht mehr im Außenbereich bei den Bienenvölkern in Zelten, Schleuderwägen oder in an Bienenstände angebaute Räumlichkeiten, sondern im Wohnhaus. Stromanschluß und das Vorhandensein von fließendem Kalt- und Warmwasser erleichtern die Schleuderarbeit wesentlich. Selbst wenn die Honigwaben von den Standorten der Völker nach Hause transportiert werden müssen, wird dieser Nachteil aufgehoben, wenn im Schleuderraum z. B. die Imkersfrau die Arbeit alleine verrichten kann. Notfalls läßt sich dort auch in den Abend- und manchmal auch in den Nachtstunden schleudern, wenn keine andere Zeit dazu zur Verfügung steht. Im Außenbereich fehlt es dazu sehr oft an der Beleuchtung.

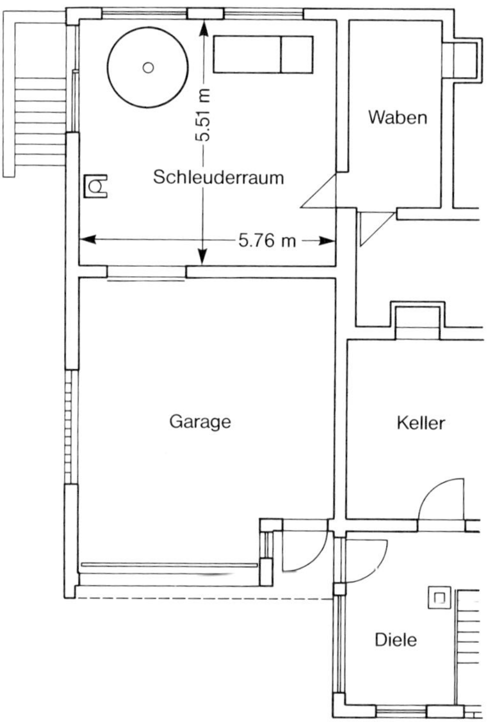

Abb. 36. Angebauter Schleuder- und Wabenraum an die Garage im Betrieb Gekeler in Münsingen ermöglicht leichtes Be- und Entladen der Fahrzeuge und kurze Transportwege.

Neben Strom- und Wasseranschluß braucht ein Schleuderraum saubere Wände und einen ebenso leicht waschbaren Fußboden, da trotz aller Vorsicht es nicht ausbleiben wird, daß Honigreste und Wachsteile auf den Fußboden gelangen. Diese Honigreste müssen sich leicht aufwischen und abwaschen lassen. Es gibt nichts schlimmeres, als wenn durch notwendiges Umherlaufen Schuhe und Kleider mit Honig verklebt werden. Wände und Böden, die mit Keramikplatten ausgelegt sind, können mühelos gereinigt werden und machen einen solchen Raum auch ansehnlich.

Wenn man mit Fahrzeugen bis zur Türe des Raumes fahren kann, erleichtert dies den Transport der schweren Honigzargen wesentlich. Längere, ebene Wege können mit Transportkarren überwunden werden. Selbstverständlich müssen auch im Innenbereich die Schleuderräume bienendicht sein. Bewährt hat sich bei Neubauten der direkte Anbau an die Autogarage. Bei Hanglagen, die von Süden her eine Zufahrt haben, läßt sich dies ohne weiteres verwirklichen. Schleuderräume in Wohnhäusern haben den Vorteil, daß sie leichter zu heizen sind.

An Einrichtungsgegenständen muß neben der elektrischen Schleuder der Entdeckelungstisch, ein Arbeitstisch und an der Wand eine Spüle oder ein Spültisch Platz finden. Genügend Stellmöglichkeiten für Zargen mit vollen und leeren Honigwaben sind genauso wichtig wie der notwendige Bewegungsraum zur Bedienung der Geräte.

Sollte die Möglichkeit bestehen, in einem Neubau oder durch Umbau in einem Altbau einen solchen Schleuderraum zu schaffen, ist eine Größe von mindestens 15 m^2 anzustreben. Steht eine größere Fläche zur Verfügung, lassen sich zusätzlich noch die Futterteigknetmaschine und die entsprechenden Honigsieb- und Kläreinrichtungen unterbringen.

Schleuderräume, die aus bestimmten Gründen im Außenbereich errichtet werden müssen, sind in Holzbauweise zu planen. Der Grund, den Außenbereich zu wählen, mag darin liegen, daß in Mietshäusern, Eigentums- oder Stadtwohnungen oft kaum die Möglichkeit besteht, die Räume entsprechend zu finden oder einzurichten. Bei Entfernungen von mehr als 50 km zwischen Wohnort und Hauptstandort der Völker ist es ohnehin zweckmäßiger, den Schleuderraum am Standort zu erstellen und ihn eventuell an den bereits vorhandenen Lagerraum anzubauen. Vielfach wird jedoch auch der Lagerraum in den Sommermonaten zum Schleuderraum umfunktioniert, wenn ohnehin nur ein geringer Teil der Lagerfläche benötigt wird.

Honiglagerraum

Honig kann bei entsprechender Lagerung über Jahre hinweg ohne Qualitätseinbußen aufbewahrt werden, wenn der Lagerraum bestimmte Voraussetzungen erfüllt. Er muß trocken, nicht zu warm, dunkel und ohne Fremdgerüche sein. Räume, die das Jahr über Durchschnittstemperaturen von +10 °C aufweisen, eignen sich dafür. Dabei spielt jedoch auch die relative Luftfeuchtigkeit in diesen Räumen eine entscheidende Rolle. Honig nimmt Wasser auf, wenn die Luft

bei	10°	20°	30°	34°	40° C	
mehr als	54 %	60 %	70 %	75 %	55 %	relative

Luftfeuchtigkeit enthält (Böttcher 1973). In solchen Räumen aufbewahrter Honig wird je nach Sorte früher oder später kristallisieren und auch im festen Zustand verbleiben. Dies ist nicht der Fall, wenn der Raum zu warm ist. Bühnenräume unter dem Dach eignen sich deshalb genausowenig als Lagerräume für Honig wie Bienenstände im Außenbereich oder die dort befindlichen Geräteräume. Wenn im Wohnhaus ein Teil des Untergeschosses für Lagerzwecke abgetrennt wird, so erfüllt bei der heutigen Bauweise ein solcher Raum die notwendigen Anforderungen als Honiglagerraum, und auf Heizung und Fenster kann verzichtet werden. Größenmäßig sollte er eine durchschnittliche Jahresernte aufnehmen können, wobei moderne Honiglagergefäße gut zu stapeln sind.

Verkaufsraum

Während in den Gerätelager-, Schleuder- und Honiglagerraum die Besucher und Kunden kaum einmal Einblick wünschen, ist der Honigverkaufsraum um so mehr das Aushängeschild einer Imkerei. Der Kunde muß von hier einen guten Eindruck gewinnen und sich während seines Besuchs im Verkaufsraum wohlfühlen. Dazu gehört, daß er an einem geeigneten, hübschen Tisch, auf dem sich auch Werbematerial befinden kann, Platz nimmt. Die Abfülleinrichtung muß nicht nur sauber sein, sondern sich auch im Blickfeld des Kunden befinden, da er ja sehen will, welchen Honig er in seine Gefäße abgefüllt bekommt; im Großmarkt hat er diese Möglichkeit nicht. Der Verkaufsraum soll auch den Wärmeschrank aufnehmen können. So kann der Kunde auf einem Außenthermometer feststellen, wie stark Honig zur Verflüssigung erwärmt wird. Er gewinnt Vertrauen in das zu kaufende Produkt und wird bei Bedarf wiederkommen. Bereits in Gläser abgefüllter Honig, einige Bilder aus dem Leben der Biene und nicht zuletzt ein gut sichtbares Preisschild runden die Aufmachung und Einrichtung eines solchen Verkaufsraumes ab, der so gelegen sein sollte, daß er vom Treppenhaus aus zu erreichen ist. Normale Zimmertemperatur ist nicht nur für den Kunden angenehm, sondern sie hilft auch, daß der Honig in den Verkaufs- und Abfüllgefäßen länger flüssig bleibt.

Werkstatt

Bei der Planung einer Werkstatt für einen größeren Imkereibetrieb kommt es grundsätzlich darauf an, ob man auch die Herstellung der Beuten selbst übernehmen will. Entschließt man sich dazu, muß dies beim Bau und bei der Einrichtung der Werkstatt besonders berücksichtigt werden. Holzbearbeitungsmaschinen, wie Kreissäge und Hobelmaschine – eventuell kombiniert – sind dann ebenso notwendig wie das übrige Spezialwerkzeug. Keinesfalls darf eine solche Werkstatt dann mit dem Gerätelagerraum oder gar mit dem Schleuderraum kombiniert werden; die Beeinträchtigung durch Schmutz und Staub wäre nicht tragbar. Wer seine Beuten selbst herstellen möchte, sollte auch im Vergleich mit den erforderlichen Investitionen die Kosten überprüfen, die Schreinereien und Zimmereien für Maschinenarbeiten bei der Beutenherstellung berechnen.
Aber auch für diejenigen, die ihre Beuten nicht selbst herstellen, ist eine Werkstatt notwendig, in der kleinere Reparaturen an den Beuten und Geräten und die notwendigen Arbeiten an den Rähmchen beim Zusammenbau und Drahten in den Wintermonaten ausgeführt werden können. Und das gilt ebenso für die Arbeiten zur Herstellung der Zuchtrahmen für die Königinnenzucht und eventuell für die Mittelwandherstellung.
Zur Einrichtung der Werkstatt gehören daher in jedem Fall eine Werkbank mit Schraubstock und Werkzeug sowie eine Bohrmaschine mit Ständer. Ein gut beleuchteter Arbeitsplatz erleichtert die Arbeit ebenso wie die Möglichkeit, den Raum in den Wintermonaten heizen zu können. Aus diesen Gründen ergibt sich, daß man die Werkstatt am besten im Wohnhaus oder in dessen Nähe unterbringt.

Geräte zur Honiggewinnung

Qualitätshonig setzt heute zunächst einmal eine Trennung des Honigs von den Waben und dann eine Säuberung von darin befindlichen Wachs- und Schaumteilchen voraus. Die Trennung des Honigs von den Waben geschieht durch Schleudern. Zuvor müssen die Waben entdeckelt werden.

Entdeckelung

Reifer Honig muß einen gewissen Verdekkelungsgrad aufweisen. Da er mindestens bei 30% der Wabenfläche liegen soll, ist das Entdeckeln, d.h. das Abheben der Wachsschicht auf den mit Honig gefüllten Zellen eine nicht zu unterschätzende Arbeit. Trotz den verschiedenen Geräten und auch Maschinen, die eine Erleichterung dieser mühseligen Arbeit erbringen sollten, hat sich nach wie vor das Entdeckeln mit der Entdeckelungsgabel bewährt. Es han-

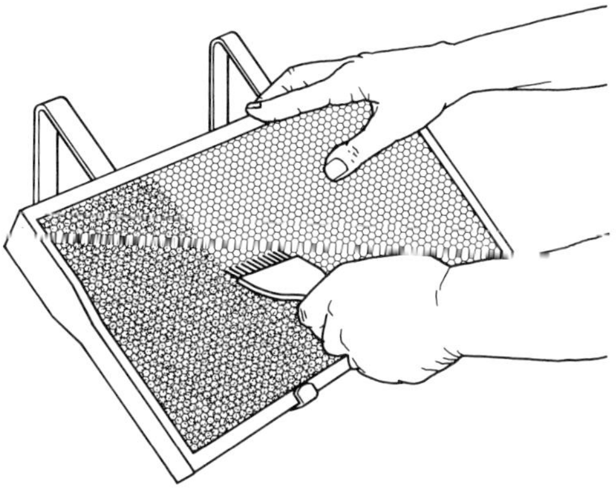

Abb. 37. Entdeckeln von Honigwaben mit Hilfe der Entdeckelungsgabel.

delt sich um ein handliches, etwa 200 g schweres Gerät, das leicht in der Hand liegt und daher schnelles Arbeiten ermöglicht. Entdeckelungsmesser sind bei weitem nicht mehr so handlich, da sie normalerweise entweder mit Dampf oder elektrischem Strom beheizt werden müssen.

Bei der von Menger herausgebrachten und von der Firma Fritz, Mellrichstadt, gebauten Entdeckelungsmaschine werden die Waben an rotierenden Schlagmessern vorbeigeführt, wobei die Zelldeckel auf- und abgeschlagen werden. Wachsteile und abtriefender Honig sammelt sich in einem Behälter. Da jedoch die Honigwaben sehr oft unterschiedliche Zellhöhen aufweisen, wird ein Nachentdeckeln mit einer Gabel oder einem Messer bei manchen Waben unausbleiblich sein (Böttcher 1981).

Die von der Firma Graze entwickelte Entdeckelungsmaschine »Hetterfix« bedient sich des »Roll«-Schneide-Prinzips. Beim Durchführen der Wabe zwischen zwei mit Rundmessern bestückten Wellen erhält die gedeckelte Zelle mindestens zwei senkrechte Schnitte, die es ermöglichen, daß der Honig beim Schleudervorgang austreten kann, ohne daß der Zelldeckel abgehoben wird. Nach Werksangaben dauert der Arbeitsvorgang 3 bis 5 Sekunden. Eine Wanne nimmt den abtropfenden Honig auf.

Da vielfach der Schleudervorgang länger dauert als das maschinelle Entdeckeln der Waben, sind Abstellmöglichkeiten für die entdeckelten Waben notwendig. Aber auch beim Entdeckeln mit Gabel und Messer können sie notwendig sein, vor allem dann, wenn zu zweit gearbeitet wird.

Entdeckeln mit Gabel oder Messer verlangt, daß die Waben in bequemer Arbeitshöhe so abgestellt und gehalten werden, daß mit einer Hand die Gabel geführt wird und die andere Hand eventuell auf der zu entdeckelnden Wabe ruht. Dafür gibt es besondere Entdeckelungstische, die dies ermöglichen. Bei einer Wannengröße von 100 × 50 cm können auf ihnen bis zu 16 entdeckelte Waben untergebracht werden, wobei durch zwei Wabenhalterungen ein doppelter Arbeitsplatz möglich ist. Ein Siebeinsatz läßt den im Deckelwachs befindlichen Honig leicht abtropfen, der danach durch einen Abflußhahn abgelassen werden kann.

Schleudern

Tangential- und Radialschleudern sind im Laufe der Jahre aus verschiedenen Varianten entstanden. Beide Schleudertypen sind für den wirtschaftlich arbeitenden Betrieb brauchbar, wobei ein elektrischer Antrieb mit Stufen- oder stufenloser Regelung unentbehrlich ist. Genauso sind Kessel und Drehkorb aus rostfreiem Material im Schleuderbau heutzutage nicht mehr wegzudenken. Zwar verteuern sich damit die Geräte um ca. 20 bis 25 %, sind aber wesentlich besser zu reinigen und besitzen eine längere Haltbarkeit.

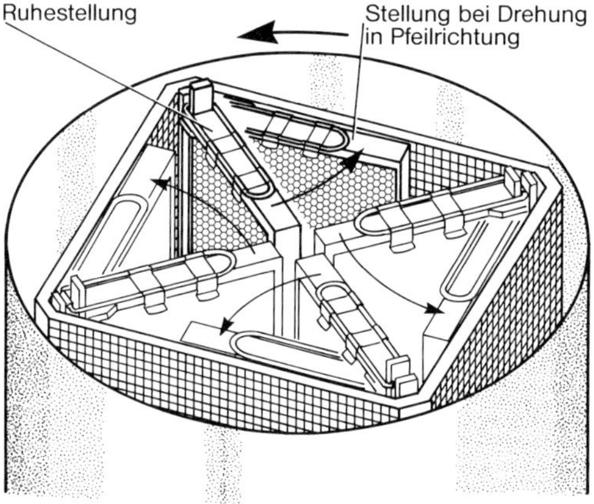

Abb. 38. Das Schema der Selbstwendeschleuder mit 4-Wabenkorb. In Ruhestellung sind die Waben zentrisch zur Mitte ausgerichtet. Bei Drehung des Korbes legen sich die Waben tangential an das Gitter des Korbes an. Je nach Drehrichtung können beide Wabenseiten ausgeschleudert werden, ohne die Waben zu wenden.

Bei der Radialschleuder stehen die Waben im drehbaren Korb sternförmig, d.h. im Radius zur Mitte ausgerichtet. Je nach Kesseldurchmesser können die Körbe 18, 24 oder auch 42 Waben aufnehmen. Bei diesem Schleudertyp wird die Fliehkraft nur teilweise wirksam. Der in den Zellen befindliche Honig wird durch den starken Luftzug ausgesaugt, der bei der Drehung zwischen den eng gestellten Waben entsteht. Über die Wabenfläche gleitet er nach unten. Erst am Rähmchenträger wird er von der Fliehkraft erfaßt, die allerdings erst in einem Abstand von mindestens 20 cm von der Drehachse entfernt voll wirksam wird. Zu schnelle Drehung verursacht Wabenbrüche, insbesondere bei zähen Honigsorten und nicht bebrüteten Waben. Die Schleuderzeit zur Entleerung der Waben dauert 20 bis 25 Minuten. Erfahrungsgemäß werden die Waben in den Radialschleudern nicht so sauber entleert wie in den Tangentialschleudern, in denen die Ausbeute um 2% größer ist. Zu weniger Wabenbrüchen kommt es, wenn bei den Radialschleudern sogenannte Pendelkörbe Verwendung finden. Da die Waben in den Pendelkörben in beweglichen Gelenken stehen, können sie sich je nach Füllung entsprechend genau einpendeln, so daß der seitliche Druck auf die vollen Honigwaben vor allem beim Anfahren und Bremsen geringer wird (Böttcher 1979).

Die Tangentialschleuder ist aus verschiedenen Gründen weit verbreitet. In ihr stehen die Waben im Korb beim Schleudervorgang wie Tangenten im Drehkreis. So ist eine optimale Entleerung der Zellen gewährleistet. Wenn je nach Kesseldurchmesser 4 oder 6 Waben-Körbe mit Selbstwendeeinrichtung Verwendung finden, brauchen die Waben nicht mehr von Hand gewendet werden, was eine wesentliche Arbeitserleichterung darstellt. Bei der Beschickung werden die Waben zunächst mit Hilfe eines Federzuges in Radialstellung gehalten und ausgerichtet. Im sich drehenden Korb legen sie sich je nach Drehrichtung einmal links oder rechts an den Gitterrahmen des Korbes an. Langsames Anschleudern und mehrmaliges Wenden schont vor allem nicht bebrütete Waben. Verstellbare Rähmchenhalterungen erlauben es, verschiedene Wabengrößen zu schleudern.

Die Ausstattung des Kessels mit zwei Auslaufhähnen empfiehlt sich ebenso wie eine stabile Halterung und ein Festschrauben der Schleuder am Boden. Durch den zweiten Auslaufhan läßt sich der Kessel schneller entleeren. Eine auf dem Boden festverankerte Schleuder kann während des Betriebes über die Auslaufhähne, die als Quetschhähne ausgeführt sein sollten, entleert werden. Dabei sollte die Aufstellung so erfolgen, daß sich die Aufnahmegefäße (mit Doppelsieb) ohne weiteres unterstellen lassen.

Klären

Frisch gewonnener Honig, wie ihn die Schleuder liefert, enthält noch sehr viele Wachsteile. Eine Trennung, d. h. eine Säuberung und Klärung ist notwendig.
Die einfachste Art erfolgt durch Zwischenschalten eines Doppelsiebes zwischen Auslaufhahn der Schleuder und Aufnahmegefäß. Während im oberen Sieb mit einer Maschenweite von 1,8 mm grobe Wachsteile festgehalten werden, ermöglicht das untere Sieb mit einer Maschenweite von 0,2 mm das Aussieben kleinster Wachsteile. Beide Siebe sind so gebaut, daß sie ineinandergesteckt und mit einer Haltevorrichtung auf den Honigeimer aufgelegt werden können. Da sie verhältnismäßig schnell verstopft sind, ist die Anschaffung von mindestens zwei Sieben notwendig. Werden Schleudern mit zwei Auslaufhähnen in Betrieb genommen, so werden vier Doppelsiebe gebraucht. Ausführungen aus nicht rostenden Materialien sind empfehlenswert.
Ungesiebter Honig kann auch mit Hilfe eines Siebkorbes, der in Schleuderkessel mit 75 und 60 cm Durchmesser und Unterantrieb paßt, geklärt werden. Vor allem gilt dies für Heidehonig oder Melezitosehonig, die mit Hilfe von Doppelsieben kaum zu reinigen sind, da diese sehr schnell verstopfen.

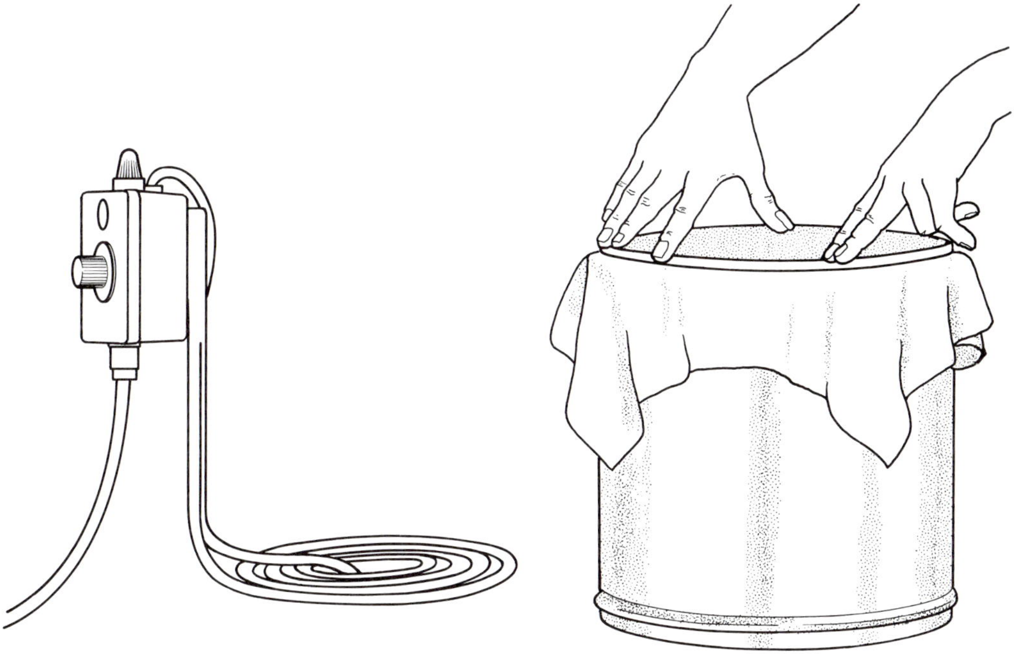

Abb. 39. Honigklärung mit Hilfe des Melitherms nach Spürgin. Das Einlegen des Seihtuches geht einfach vor sich. Links: Die Heizspirale samt einstellbarem Thermostat.

Honigklärung erfolgt einwandfrei und sicher mit dem Gerät Melitherm nach Spürgin. Es handelt sich um ein elektrisches Honigauftau- und Siebgerät, dessen Kessel auf den Abfüllkübel aufgestellt wird. Der eingefüllte, nicht geklärte Honig wird durch eine elektrische Heizung, die regelbar ist, verflüssigt und dann durch ein Seihtuch geleitet. In diesem Seihtuch (nach **Schundau**) bleiben feinste Wachsteilchen oder nicht lösbare Kristalle hängen und es ergibt sich ein einwandfrei geklärter Honig.

Honigaufbewahrung und Verkauf

Da Honig hygroskopisch, d. h. wasseranziehend ist, sollten für die Lagerung nur Gefäße mit einem dicht schließenden Deckel verwendet werden, wobei absolute Dichtheit kaum zu erreichen ist. Bewährt haben sich in den letzten Jahren Gefäße aus lebensmittelverträglichen Kunststoffen, die einen Deckel zum Überstülpen haben. Solche Gefäße sind sehr stabil und bei gründlicher Reinigung des Wulstes am Gefäß und des Falzes am Deckel nahezu dicht. Sie werden zur Zeit vom Handel in Ausführungen für 12,5 kg und 40 kg angeboten, die sowohl stapelbar sind als auch durch ihre konische Form leer ineinander gestellt werden können. Leichte Reinigung, unempfindliche Oberflächen innen und außen und ein annehmbarer Preis sind Eigenschaften, mit denen sie sich auch gegenüber den beschichteten Blecheimern auszeichnen. Nachteilig ist bei der 40-kg-Ausführung, daß sie in vollem Zustand nur noch schwer zu handhaben sind.

Über längere Zeit gelagerter Honig ist vom flüssigen in den kristiallinen Zustand übergegangen. Zum Verkauf an den Endverbraucher muß er wieder flüssig gemacht werden, damit man ihn in die entsprechenden Gefäße abfüllen kann. Ein Wärmeschrank mit Temperaturregelung eignet sich bestens dafür. Meist handelt es sich um ein Kühlschrankgehäuse, das anstatt des Kühlaggregats eine Heizspirale oder eine 60- bis 100 Watt-Glühbirne als Heizung besitzt. Die Wärme kann durch einen Thermostat auf eine bestimmte Temperatur eingestellt und geregelt werden. Ein stabiler Rost ermöglicht die Aufnahme von 40-kg-Gefäßen. Durch Einschieben eines zweiten Rostes lassen sich bis zu 50 Gläser mit Honig gleichzeitig verflüssigen. Empfehlenswert ist die Anbringung eines Thermometers, mit dem die Innentemperatur außen abgelesen werden kann. Es gibt sogar Honigwärmeschränke zu kaufen, die zusätzlich noch ein Gebläse haben. Dagegen ist die Verflüssigung von Honig im Wasser-

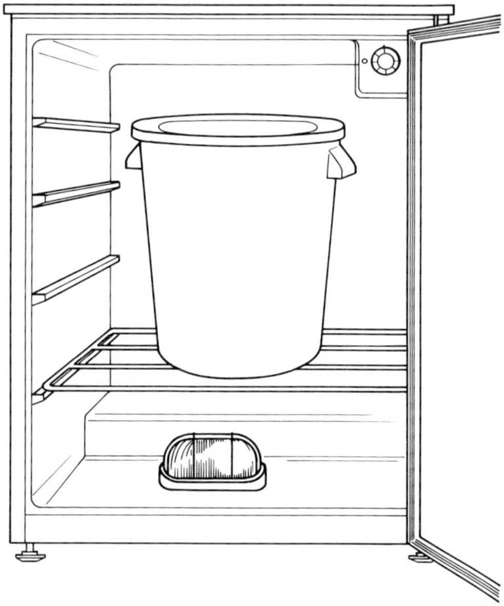

Abb. 40. Ein umgebauter Kühlschrank zur Verflüssigung von Honig. Mit Hilfe eines einstellbaren Thermostates wird die Temperatur geregelt. Die Wärme wird durch eine 60 W-Glühbirne erzeugt.

bad, womöglich in Waschkesseln, nicht mehr zu empfehlen.
Flüssiger Honig läßt sich beim Direktverkauf mit Hilfe von Abfüllkübeln leicht auch in jeden beliebigen Behälter des Kunden abfüllen. Notwendig ist jedoch, daß solche Kübel einen Quetschhahn besitzen, der ca. 1 bis 2 cm über dem Boden des Kübels angebracht ist. So läßt sich der Honigstrom gut regeln. Auf einer Waage stehende Gefäße können aufs Gramm genau gefüllt werden. Solche Abfüllkübel haben einen mit Klammern dicht verschließbaren Deckel und fassen 25, 30 oder auch 80 kg. Ebenso wie beim Schleuderkessel ist eine Ausführung in nichtrostendem Material zu empfehlen.
Die Größen der Verkaufsgebinde richten sich nach der Marktsituation. Üblich ist es, Honig in 0,5 kg-, 1 kg-, 2,5 kg-und 5 kg-Gebinden anzubieten. Bewährt und auch durchgesetzt hat sich das Einheitsglas mit 0,5 kg Inhalt des Deutschen Imkerbundes (DIB). Mit dem dafür geschaffenen Gewährstreifen hat es nicht nur einen enormen Marktanteil erobert, sondern bietet auch eine Möglichkeit zur Qualitätskontrolle. Der Honigkunde hat die Gewähr, daß das im Glas befindliche Produkt einwandfrei ist. Ständige Kontrollaufkäufe und Untersuchungen an den Überwachungsstellen des DIB sorgen dafür, daß der hohe Qualitätsanspruch an Deutschen Honig gewahrt bleibt. Der Vorteil der Abfüllung und des Verkaufes von Honig im 0,5 kg-Glas liegt noch darin, daß es von der Hausfrau direkt auf den Tisch gebracht werden kann. Auch mit den 1 kg-Gebinden ist dies noch möglich. Sie werden überwiegend in Becherform aus Kunststoffen vom Fachhandel angeboten, wobei der Gedanke der Einwegverpackung im Vordergrund stand.
Verkaufsgebinde mit 2,5 kg und mehr Inhalt werden in beschichteter Blechausführung angeboten. Ein gut und dicht verschließbarer Deckel ist ebenso wichtig wie ein Drahtbügel zum Tragen. Solche Gebinde sind für mehrmaligen Gebrauch bestimmt. Sofortiges Reinigen nach der Entleerung ist genauso wichtig wie die Aufbewahrung danach in offenem Zustand. Grundsätzlich sollte Honig nicht in Gefäßen aufbewahrt oder verkauft werden, die vorher anderweitig genutzt wurden. Honigaufbewahrungs- und verkaufsgefäße müssen sich in jedem Fall in einwandfreiem, nicht rostendem Zustand befinden. Das gilt insbesondere für Gefäße aus Blech.

Geräte zur Wachsgewinnung und -verarbeitung

Gut geführte Imkereien erneuern immer wieder ihren Wabenbau. Dabei sind Überlegungen anzustellen, ob die Altwaben ausgeschnitten und im Fachhandel gleich gegen Mittelwände eingetauscht werden, oder ob das Auslassen des Wachses ohne Ausschneiden der Altwaben durchgeführt werden kann.
Das Ausschneiden der Altwaben verlangt ein erneutes Drahten der Rähmchen. Ein Auslassen der ausgeschnittenen Altwaben geschieht mit Dampfwachsschmelzern oder auch mit dem Sonnenwachsschmelzer. Nachteilig wirkt sich beim Sonnenwachsschmelzer die Abhängigkeit von der unterschiedlichen Sonneneinstrahlung aus. Dampfwachsschmelzer herkömmlicher Bauart mit Spindelpresse verlangen ausgeschnittenes Wabenmaterial und einen entsprechenden Raum mit einem Herd oder mit Elektroheizung. Deswegen hat sich das Ausschmelzen der Altwaben in vielen Be-

Abb. 41. Der Dampfwachsschmelzer (System Thomas).

trieben bisher nicht so recht durchgesetzt, zumal es auch noch mit viel Schmutz verbunden ist.

Dampfwachsschmelzer

Eine wesentliche Verbesserung und Erleichterung der mühevollen Arbeit des Auslassens der Altwaben erbringt der Dampfwachschmelzer System Thomas, da bei ihm ein Ausschneiden der Altwaben entfällt. Er wird mit Propangasheizung betrieben, so daß er auch im Freien aufgestellt werden kann, ist jedoch auch mit elektrischer Heizung lieferbar.
Das Gerät besteht aus einem doppelwandigen Kessel mit flachem Boden, an dem sich ein Einfüllstutzen für Wasser und eine Ausflußöffnung befindet. Auf einem herausnehmbaren Siebeinsatz, auf den eine dünne Schicht Holzwolle gelegt wird, können je nach Größe des Kessels 15 bis 25 Altwaben im Zandermaß gestellt werden. Dann wird der Kessel angeheizt und mit einem Deckel mit Sicherheitsventil dicht verschlossen. Der entstehende Dampf durchdringt das Altwachs und bringt es zum Schmelzen. Durch die Ausflußöffnung kann das flüssige Wachs entweichen und in einem Gefäß aufgefangen werden. Der Trester (Wabenreste) bleibt auf der Holzwolle liegen, die eine weitgehende Säuberung und Klärung des geschmolzenen Wachses bewirkt. Bei Verwendung von Nirostadraht brauchen die Rähmchen nur einmal gedrahtet zu werden, müssen jedoch nach Entnahme aus dem Dampfwachsschmelzer zur endgültigen Säuberung in heißes Wasser getaucht werden. Gegenüber herkömmlichen Dampfwachsschmelzern stellt dieses Gerät, das komplett aus rostfreiem Stahl hergestellt ist, eine wesentliche Verbesserung

Gewonnene Daten nach zwei Schmelzvorgängen mit dem Richtomat

	Gewicht kg
44 Altwaben mit Zargen	39,0
44 Rähmchen mit Zargen	30,5
Altwachs	8,5
Trester	4,9
gewonnenes Reinwachs	3,7
Gewicht einer gegossenen Zandermittelwand bei 13 Stck/kg	0,076
44 Mittelwände	3,38
Wachsgewinn	0,32

Abb. 42. Der Richtomat bei einer Vorführung. Anhaftende Tresterreste an den Rähmchen werden mit einem Messer abgestreift.

und Erleichterung der Wabenerneuerungsarbeiten dar. Die Dauer des Schmelzvorganges beträgt 30 bis 45 Minuten je nach Füllung.
Auf dem gleichen Prinzip des Schmelzens des Wachses durch heißen Wasserdampf beruht das Gerät der Firma Richter aus Speyer (Lampeitl 1986). Es ist jedoch vollisoliert, mit einer elektronischen Temperaturregelung ausgestattet, aber nur mit einer elektrischen Heizung lieferbar. Der Richtomat faßt 22 Zanderwaben. Der Schmelzvorgang dauert nach erfolgter Aufheizung für diese Wabenzahl 30 Minuten. Das Gerät liefert mit Wasser vermischtes einwandfrei sauberes Bienenwachs, das über einen Auslaufstutzen in einem Auffangbehälter gesammelt werden kann. Die Ausbeute ist gut. Der Energieverbrauch infolge guter Isolation nur gering.

Sonnenwachsschmelzer

Obwohl dieses Gerät mehr in kleineren Liebhaberimkereien verwendet wird, soll es hier nicht unerwähnt bleiben. Es kann im Laufe des Sommers die anfallenden kleinen Wachsstücke aufnehmen und in brauchbares Reinwachs umwandeln. Durch Sonnenenergie entstehen unter der doppelten Glasscheibe im aufklappbaren Deckel Temperaturen von bis zu 120°C je nach Sonneneinstrahlung. Das schmelzende Wachs sammelt sich auf einer gut isolierten Schieferplatte. Von der schräg angebrach-

Abb. 43. Fast reines Wachs, etwas vermischt mit Wasser, läuft in ein konisches Gefäß aus.

Abb. 44. Geländegängige Fahrzeuge bewähren sich in unwegsamen Geländen, sind aber sehr teuer.

ten Platte fließt das Wachs rasch in einen konisch geformten Auffangbehälter, aus dem der Wachsblock dann leicht entnommen werden kann.

Mittelwandherstellung

Dazu ist eine Mittelwand-Gußform notwendig, die aus einer Zinkwanne besteht, in der eine Kupferprägeplatte mit den genau gearbeiteten Zellenprägen fest angebracht ist. Als Gegenstück dient eine herausnehmbare, mit gleicher Prägung versehene zweite Platte. Ein aus Holz zurechtgeschnittener Handgriff schützt vor Verbrennungen beim mehrmaligen Gießvorgang. Da die Zellprägungen sehr fein und genau eingearbeitet sind, ist vorsichtiges Arbeiten mit den empfindlichen Kupferplatten angebracht, und ebenso sollten sie nach Gebrauch zusammengeschlossen werden.
Von der Firma Graze wird in den letzten Jahren eine Mittelwand-Gießform mit Wasserkühlung vertrieben. Ihre besonderen Vorteile liegen darin, daß kein Lösungsmittel mehr gebraucht wird, da die Zellschrift der Prägeplatten mit einem Spezial-Kunststoff beschichtet sind. Außerdem ermöglicht die Verbindung des Ober- und Unterteils mit Hilfe eines Scharnierbandes ein Abkippen durch Drehen des Oberteiles. Die Wasserkühlung verkürzt die Schließdauer der Form. Überschüssiges Wachs fließt in einen angebauten Wassertrog. Die Gußform läßt sich auf die jeweilige Mittelwandgröße genau auslegen, so daß sich ein Zuschneiden erübrigt. Durch das Abkippen des Oberteils wird eine genaue Prägung und gleichbleibende Dicke der Mittelwand erzielt.

Fahrzeuge

Eine gut geführte, wirtschaftlich arbeitende Imkerei ist dann vorhanden, wenn auch das Transportproblem zur Zufriedenheit gelöst ist. Dies ist um so mehr notwendig, je mehr Außenstandorte vorhanden sind und je mehr gewandert wird. Ein reiner Personenwagen, womöglich ohne oder mit nur kleinem Kofferraum, eignet sich genauso wenig wie Fahrzeuge mit schwachem Motor und hoher Reparaturanfälligkeit.

Kombifahrzeuge

Mehr und mehr bewähren sich Kombifahrzeuge mit einem großen Laderaum, der durch Umklappen der Rücksitze noch zu

---

Oben: Schleuderreife Völker nach einer guten Tannentracht.
Unten: Eine Wabe mit nicht schleuderbarem Melezitosehonig (Zementhonig). Im Frühjahr leistet sie als Futterwabe gute Dienste.

MIELE
NATURALE

Abb. 45. Ein voll beladener Anhänger. Die Sicherung der darauf befindlichen Beuten ist oberstes Gebot vor Antritt der Wanderung.

vergrößern ist. Er sollte mindestens 10 Zargen aufnehmen können, da dann bei Außenstandorten mit 20 Völkern mindestens die Hälfte bereits bei einer Fahrt erweitert werden kann. In solchen großen Laderäumen lassen sich auch 3 oder 4 Völker bei der Wanderung unterbringen, je nach Höhe des Raumes Völker mit mindestens zwei oder sogar drei Zargen. Nach der heutigen Bauart und technischen Ausrüstung erlauben diese Fahrzeuge die Zuladung der Zargen und Völker, ohne daß man mit dem zulässigen Gesamtgewicht in Schwierigkeiten gerät. Daß die Fahrzeuge in einem technisch einwandfreien Zustand sein müssen, ist selbstverständlich. Vor allem kommt es auf gute Bereifung an, da es nicht ausbleiben wird, Wiesengrundstücke auch bei Regenwetter zu befahren. Wenn wichtige Arbeiten rasch bewältigt werden müssen, gibt es nichts Unangenehmeres, als wenn man durch unerwartete Pannen aufgehalten wird. Größere, aufschiebbare Reparaturen, die oft mehrere Tage in Anspruch nehmen, sollten in den Wintermonaten vorgenommen werden.

Zur Grundausrüstung eines Fahrzeuges, das in einer Imkerei eingesetzt wird, gehört eine stabile Anhängerkupplung, bei der auch die dazugehörige elektrische Ausrüstung funktioniert.

Anhänger

Da größere Transportfahrzeuge für Imkereien mit bis zu 100 Völkern wegen zu geringer Auslastung und zu hohen Unkosten vielfach nicht in Frage kommen, ist die Anschaffung eines Anhängers ein brauchbarer Kompromiß. Er kann bei Bedarf eingesetzt werden und verursacht auch an Steuer und Versicherung nicht zu hohe Kosten. Wenn dem Finanzamt gegenüber der Status eines Sonderfahrzeuges nachgewiesen werden kann, erhält man ihn meist steuerfrei zugelassen.

Bei der Anschaffung eines Anhängers kommt es vor allem darauf an, die Ladefläche auf die Grundfläche der Beute abzustimmen, und zwar so, daß auf das Ladegewicht bezogen so viel wie möglich Zargen oder Bienenvölker transportiert werden können. Spezialausführungen ermöglichen die Aufnahme von 10 bis 12 Völkern, die auf der Ladepritsche ohne langes Verschnüren mit Stricken oder Drähten sicher untergebracht werden können.

Sonstige Geräte

Geräte zur Rähmchenherstellung

Neben der Honiggewinnung sind die Arbeiten zur Rähmchenherstellung sehr zeitaufwendig, so daß auch hierbei entsprechende Geräte nützlich sein können.

Oben links: Entdecklungswachs wird in lauwarmem Wasser gewaschen und ergibt so nach Ablaufen und Trocknen fast reines Bienenwachs.
Oben rechts: Ein gut eingerichteter sauberer Schleuderraum mit großem Entdecklungstisch.
Unten links: Die Entdecklungsmaschine der Firma Fritz.
Unten rechts: Ablage der entdeckelten Waben auf einem Rondell. Vorne eine Radialschleuder.

Bereits das Zusammennageln der Rähmchen wird mit einer **Nagelform** oder Lehre erfolgen, sofern die Rähmchen nicht fertig gekauft werden. Stabile Ausführung und leichte Handhabung bereits beim Einlegen der Einzelteile erleichtern die Arbeit.
Zum Lochen der Rähmchen für das Einziehen der Drähte gibt es zunächst den einfachen **Rähmchenlocher,** dann den Mehrfachlocher und schließlich das Mehrfach-Bohraggregat. Gebohrte Löcher haben gegenüber gestanzten Löchern, wie sie mit den Rähmchenlochern hergestellt werden, den Vorteil, daß sich die Drähte besser einziehen lassen, da sie keinen Stanzgrat besitzen. Das Einfädeln und Durchziehen der Drähte durch die gestanzten Löcher ist wesentlich schwieriger, ja manchmal sogar unmöglich.
Beim **Mehrfach-Bohraggregat** werden über eine Bohrmaschine vier oder fünf Bohrköpfe gleichzeitig angetrieben und beim Dagegenschieben des Rähmchens die Löcher zuerst am Oberteil und dann am Unterteil gebohrt. Solche Aggregate stellen eine wesentliche Arbeitserleichterung dar, zumal die Löcher im gleichen Abstand und auch mittig gebohrt werden.
Fertig gedrahtete Rähmchen verlangen oft ein Nachspannen der Drähte. Mit Hilfe des **Drahtspanners,** bei dem zu lasch eingezo-

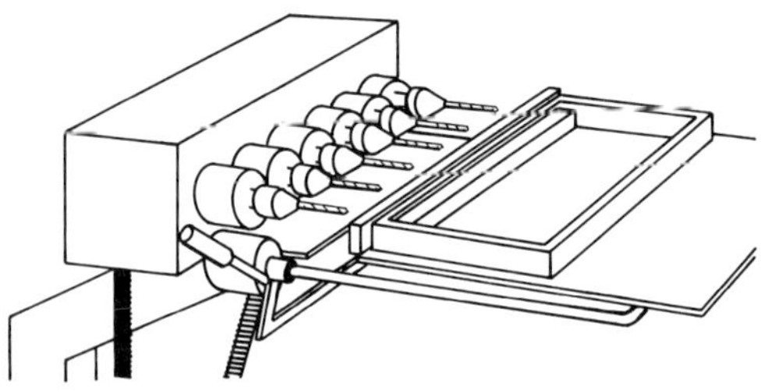

Abb. 46. Das Bohraggregat leistet gute Dienste, wenn sehr viele neue Rähmchen gedrahtet werden müssen.

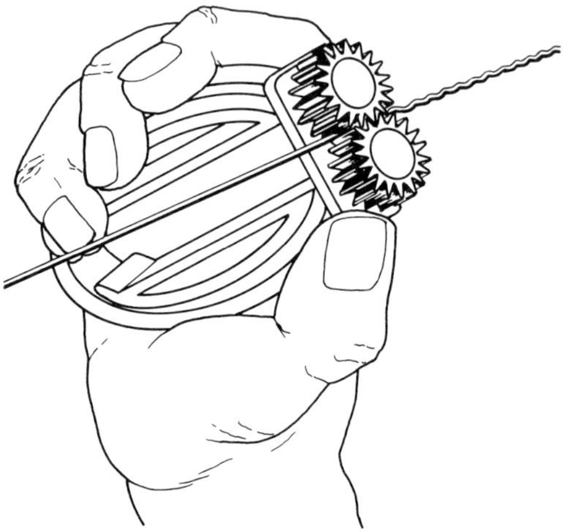

Abb. 47. Ein Drahtspanner, der sich zur Spannung lockerer Drähte nach dem Ausschmelzen der Waben gut bewährt. Die entstehenden Wellen verhindern ein Abrutschen der eingelöteten Mittelwand (Graze-Katalog 1985).

gene Drähte gewellt werden, können auch Drähte an Rähmchen nachgespannt werden, die nach Ausschmelzen der Altwabe eine Wiederverwendung erfahren. Die Wellung verhindert zudem ein Abrutschen der eingelöteten Mittelwand.
Das Einlöten der Mittelwände kann zwar auch mit einem **Rillrädchen** erfolgen, jedoch ist das Verfahren mit einem elektrischen **Trafolöter** vorzuziehen. Dabei wird das gedrahtete Rähmchen als elektrischer Widerstand in den Stromkreis des Trafos eingeschaltet. Die Drähte erwärmen sich dabei. Eine aufgelegte Mittelwand erfährt durch das Eigengewicht eine Verbindung mit dem sich erwärmenden Draht.

Geräte zur Königinnenzucht

Die Königinnenzucht verlangt einige Spezialgeräte, ohne die eine rationelle Aufzucht der weiblichen Geschlechtstiere kaum möglich ist.

Zunächst sind die aus Holz hergestellten **Weisel- oder auch Zuchtpfropfen** zu nennen. Sie können die aus Wachs gegossenen oder aus Kunststoff hergestellten Weiselbecher in einer ausgeformten runden Vertiefung aufnehmen. Die gegenüberliegende Seite sollte eben und ohne Erhöhungen sein, damit sie mit flüssigem Wachs leichter festkleben. Die heute noch übliche konische Form rührt vom früher üblichen Aufstecken in Zuchtlatten mit Bohrungen von 17,5 mm Durchmesser her. Diese Methode hat sich nicht bewährt, da beim Herausziehen des Pfropfens aus der Bohrung mit Wachs übergebaute und größer ausgezogene Weiselzellen beschädigt werden.

Finden Weiselbecher aus Wachs Verwendung, so ist ein **Formholz** notwendig. Es sollte einen Durchmesser von 9 mm und eine glatte Oberfläche haben. Die Herstellung aus Hartholz ist daher notwendig.

Die mit den Weiselbechern versehenen Weiselpfropfen werden auf dem **Zuchtrahmen** befestigt. Er stellt ein Rähmchen im Standmaß dar, auf dem zusätzlich in der Längsrichtung zwei Latten drehbar angebracht sind. Darauf werden die Weiselpfropfen mit flüssigem Wachs festgeklebt. An beiden Latten finden zusammen 20 bis 25 Weiselpfropfen Platz.

Das Umlarven geschieht mit dem **Umlarvlöffel.** Er stellt einen aus Metall oder Holz hergestellten kleinen Löffel mit einer Breite von ca. 1 mm dar. Eine glatte Oberfläche ermöglicht ein leichtes Abstreifen der daraufliegenden kleinen Made. Eine gekröpfte Formgebung des Löffels erleichtert es, die Made aus der Zelle herauszuheben, wobei die Zelle mit der gegenüberliegenden geraden Seite des Löffels etwas abgetragen und aufgeweitet wird. Umlarvlöffel, an denen eine Lupe mit 2,5facher Vergrößerung befestigt ist, erleichtern das Herausnehmen der kleinen Maden aus den Zellen, insbesondere bei nachlassender Sehkraft.

Schlupfkäfige sind notwendig, wenn die schlüpfreifen Weiselzellen nicht gleich in Ablegern verwendet werden können. Sie haben den Zweck, die Weiselzellen vor dem Zugriff bereits geschlüpfter Jungköniginnen zu schützen. In der Größe sollten sie so ausgebildet sein, daß die Zelle und einige Bienen darin Platz finden.

Zur Aufnahme der mit den Weiselzellen versehenen Schlüpfkäfigen dient der **Hürdenrahmen,** sofern die Zellen zum Schlüpfen ins Pflegevolk zurückgebracht werden. Er stellt ein Rähmchen dar, auf dem die Schlüpfkäfige auf Leisten nebeneinandergestellt werden können und Halt finden.

Der Verkaufszüchter wird sich zum Schlüpfen seiner Königinnen sogenannte **Brutapparate oder Brutboxen** zulegen. Es sind Geräte, mit denen die notwendige Temperatur und Luftfeuchtigkeit genau eingestellt und geregelt werden kann. Sie haben den Vorteil, daß die geschlüpften Königinnen einzeln entnommen werden können, ohne daß man das Pflegevolk immer wieder öffnen muß. Ein elektrischer Anschluß am Aufstellungsort ist jedoch notwendig.

Zum **Zeichnen** der frisch geschlüpften Königinnen sind neben den Zeichnungsplättchen mit Nummern Nagellack in den jewei-

Abb. 48. Umlarvspatel.

ligen Jahresfarben und ein Stäbchen notwendig, mit dem der Lack auf das Bruststück der Königin aufgebracht werden kann. Der erfahrene Imker wird zum Zeichnen die Königin zwischen Daumen und Zeigefinger halten.

Geräte für die Fütterung und zur Futterteigherstellung

Futterdeckel, passend zur Zarge, sowie Futtereimer sind bereits bei der Beschreibung der Beute erläutert worden. Zur Auflösung des Zuckers, insbesondere wenn es sich um größere Mengen handelt, sind **Behälter** mit Fassungsvermögen von 100 bis 200 l notwendig. Ideal ist es, wenn diese Behälter auf Pkw-Anhänger fest montiert oder gleich als Spezialfahrzeuge oder Anhänger ausgeführt werden können. In Verbindung mit solchen Behältern ist auch die Anschaffung einer Pumpe notwendig, mit der über einen Schlauch das flüssige Futter direkt in den Futterdeckel gepumpt werden kann. Diese Methode der Fütterung setzt jedoch voraus, daß man nahe an die Völker heranfahren kann, da bei der Leistungsfähigkeit solcher Pumpen nur begrenzte Schlauchlängen möglich sind. Die Pumpe muß über die Autobatterie angetrieben werden.

Für die Herstellung größerer Mengen Zuckerlösung sind entsprechende **Rührspiralen, Rührhaken oder auch Rührflügel** notwendig. Sie werden mit elektrischen Handbohrmaschinen angetrieben und beschleunigen die Auflösung des Zuckers im Wasser.

Die **Futterteigherstellung** in größeren Mengen erfolgt vor allem durch Verkneten von Puderzucker mit erwärmtem Honig. Hierzu leistet eine beim Bäcker ausgediente Teigknetmaschine gute Dienste. Mit ihr können 30 bis 50 kg Futterteig ohne großen Kraftaufwand leicht verarbeitet werden. Da es sehr sinnvoll ist, den Jahresbedarf an Futterteig auf einmal herzustellen, werden Aufbewahrungsgefäße benötigt. Sie sollten jedoch mindestens 10 kg aufnehmen können und einen einigermaßen dicht schließenden Deckel haben.

Bienenstockwaagen

Fehleinschätzungen der Tracht und damit Fehlwanderungen werden vermieden, wenn vor dem Aufwandern eine intensive Trachtbeobachtung erfolgt. Aufschluß über Ergiebigkeit und damit eventuell einer Fortdauer der Tracht kann nur über Waagstockergebnisse erzielt werden. Das heißt soviel, daß ein Bienenvolk im Trachtgebiet täglich zur gleichen Zeit, nach Einstellung des Fluges, gewogen werden muß. Mit Federzugwaagen oder Plastikwaagen ist dies nur zum Teil möglich, da sie vor allem bei geringen Tageszunahmen zu ungenau sind, so daß Fehlergebnisse zustande kommen.

Genaue und sichere Ergebnisse liefern Ganzmetall-Bienenstockwaagen. Durch hohe Tragkraft bis zu 100 kg und stabile Ausführung lassen sich mit solchen Waagen bei bestimmten Ausführungen bis auf 5 g genau die Gewichtsveränderungen eines Volkes feststellen. Die stabile Tragplatte in einer Größe von ca. 40 × 50 cm kann sämtliche heute gängigen Beuten aufnehmen. Bei Beuten mit größerem Boden helfen zwei ebene Holzleisten oder Bretter auf der Tragplatte, die Stellfläche zu vergrößern. Auf die Waagstockergebnisse haben sie keinen Einfluß, da ja nur die Veränderungen registriert werden, wenn das Volk über den gesamten Meßzeitraum auf den Leisten stehenbleibt. Taralaufgewicht und Eichung vervollständigen das Gerät. Eine festzustel-

lende Arretierung ermöglicht sicheren Transport.
Beim Aufstellen ist eine feste und ebene Unterlage notwendig. Sollte die Waage im Freien zum Einsatz kommen, schützt eine darübergelegte, genügend überstehende, unter dem Volk befindliche Plastikfolie vor Regen und Feuchtigkeit.

Die Grundausrüstung des Imkers

Ohne entsprechende Ausrüstung und Handwerkszeug wäre ein sinnvolles und planmäßiges Arbeiten an Bienenvölkern kaum möglich oder sehr erschwert. Für diejenigen, die wirtschaftlich imkern wollen, spielt daher auch die Grundausrüstung eine nicht unerhebliche Rollle.
Schutz vor Bienenstichen bieten Imkeranzug, Schleier, eventuell Handschuhe und auch der Rauchapparat, mit dem die Bienen beim Öffnen der Beute besänftigt und vertrieben werden.
Imkeranzüge aus weißem Stoff, die als Abschluß der Hosenbeine und Ärmel Gummizüge besitzen, haben sich am besten bewährt. Da Hose und Jacke in einem Stück gefertigt sind, kann man in einem Imkeranzug in passender Größe stundenlang bequem an den Bienenvölkern arbeiten. Und selbst im Auto fährt es sich angenehm im Imkeranzug. Das notwendige Kleinwerkzeug läßt sich in den verschiedenen Taschen des Anzuges unterbringen. Ein langer Reißverschluß ermöglicht leichtes An- und Ausziehen.
Der **Schleier** schützt Kopf und Gesicht vor Bienenstichen. Er muß auch bei etwas windigem Wetter fest auf dem Kopf sitzen, damit man ungestört im Freien an den Bienenvölkern arbeiten kann. Es ist sehr störend, wenn einem der Schleier während der Bearbeitung der Völker immer wieder vom Kopfe geblasen wird und neu aufgesetzt werden muß. Luftdurchlässiger Stoff, der im Augenbereich durch ein schwarzes, feinmaschiges, leichtes Drahtgeflecht optimale Sicht bietet, verhindert zu starkes Schwitzen. Eng anliegende Gumischlaufen an den Armen und ein Gummizug im Brust- und Rückenbereich verhindern ein Eindringen von Bienen. So ist man mit Schleier und im Imkeranzug zumindest im Kopfbereich optimal geschützt. Schutz vor Kopfstichen bietet auch ein Kombi-Schlüpfschleier mit angenähtem Hut. Durch seine elastische Ausführung ist er durch Abstreifen nach hinten leicht und schnell abzunehmen; der Schleier mit Hut hängt dann am Rücken.
Wenn die Hände vor Stichen geschützt werden sollen, sind **Handschuhe** aus weichem Leder in passender Größe notwendig. Die Beweglichkeit der Finger und damit auch ein gewisses gefühlvolles Arbeiten bleiben in gewissem Maße erhalten; wenn keine Allergie gegen Bienenstiche besteht, ist es unbedingt vorzuziehen, die Bienenvölker ohne Handschuhe zu bearbeiten.
Eingriffe in ein Bienenvolk sind grundsätzlich mit sanften Rauchstößen einzuleiten. Der **Smoker** ist das dafür ideale Gerät. Ein Rauchstoff-Innenbehälter ermöglicht guten und lang anhaltenden Brand des Rauchmaterials. Ein Schutzgitter mit Aufhängehaken verhindert Verbrennungen beim unvorsichtigen Anfassen und erlaubt ein Aufhängen des Smokers am Zargenrand, so daß an der entsprechenden Stelle ständig ein leichter Rauchzug über das geöffnete Volk zieht. Durch den Blasebalg aus Kunstleder können die Rauchstöße dosiert werden, was auch für den Imker ein angenehmes Arbeiten bedeutet; er raucht dadurch nicht mit. Edelstahlausführungen sind zwar nicht wesentlich teurer als Geräte

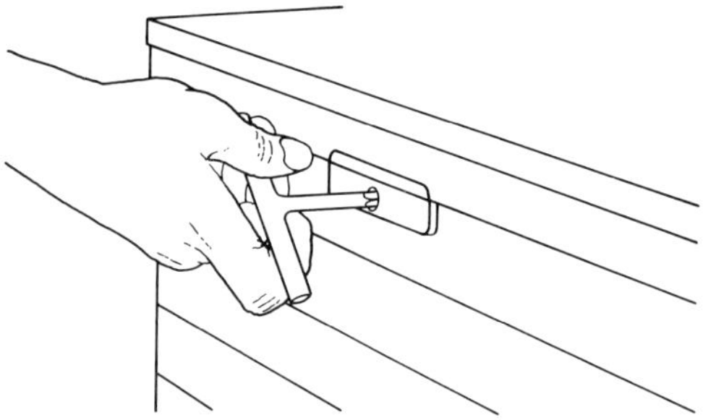

Abb. 49. Ein stabiler Beutenschlüssel. Zum rationellen Arbeiten muß er in den Taschen der Kleidung aufzubewahren sein.

aus verzinktem Stahlblech, dafür aber länger haltbar. Eine mindestens jährliche Reinigung hält den Smoker dauernd betriebsbereit. Festsitzende Teerbeläge an Kessel, Deckel und Rauchstoff-Innenbehälter sind durch Abbrennen mit einer Lötlampe und anschließendes leichtes Abkratzen zu entfernen. Dadurch die allgemeine Verbreitung des Smokers und dessen leichte Handhabung sind Rauchgeräte wie Pfeife – auch Rauchbläser genannt – und der Vulkan mit dem Uhrwerk-Gebläse nicht mehr so gefragt. Das ständige Halten der Pfeife zwischen den Zähnen ist auf Dauer hinderlich, vor allem wenn noch während der Bearbeitung gesprochen werden muß. Der Selbstraucher »Vulkan« liefert keine dosierten Rauchstöße. Um ihn zu halten und ingangzusetzen sind beide Hände notwendig; andere Werkzeuge müssen dabei weggelegt werden.

In der Praxis werden die verschiedenartigsten **Rauchmaterialien** verwendet. Sie müssen leicht entzündbar sein, eine lange Brenndauer besitzen und angenehmen Rauch abgeben. Bewährt haben sich Materialien wie morsches Holz, Tabak, Fichtennadeln, alte Jutesäcke und nicht zuletzt Birnentrester. Auch der Fachhandel bietet ein gut sortiertes Sortiment von Rauchstoffen an. Der Verbrauch an Rauchmaterial kann eingeschränkt werden, wenn während des Nichteinsatzes des Smokers bei der Bearbeitung der Völker die Luftzufuhr in dem Innenbehälter dosiert, oder am Deckel der Rauchabzug verringert wird. Ein Holzstekken im Rauchabzug des Deckels leistet gute Dienste. Auch ein leicht zu betätigender Riegel an der Luftzufuhr am Kessel erfüllt den gleichen Zweck.

Der handliche **Stockmeißel,** ein Schraubenzieher zum Lösen der festgekitteten Waben und ein stabiler **Beutenschlüssel** sind genauso wichtige Werkzeuge. Eine gut geordnete Werkzeugkiste mit Hammer, Zange, Nägeln, Schrauben, Spachteln, Abkehrbesen, Wasserzerstäuber usw. ermöglicht ein sicheres und schnelles Arbeiten.

Eine im Werkzeugkasten befindliche Dose Bienenabwehrspray dient weniger als Ersatz für den Smoker, bewährt sich jedoch beim Vertreiben von Bienen aus leeren Zargen und auch bei der Wanderung zum Öffnen der Fluglöcher.

Betriebsaufwand in der Imkerei

Während Gebäude, Beuten, Maschinen und Geräte mehr oder minder als langfristige Investitionen zu sehen sind, spielen auch die laufenden Kosten als Betriebsaufwand eine wichtige Rolle. Dazu zählen z.B. all die Futtermittel, mit denen die Bienenvölker im Winter über am Leben erhalten werden und die daher als Verbrauchsgüter gelten. Wer in seinem Betrieb wirtschaftlich arbeiten möchte, wird diesem Kostenfaktor sein besonderes Augenmerk schenken, um den Aufwand für die Winterfütterung möglichst niedrig zu halten. Dabei darf aber nicht so weit gegangen werden, daß im Hinblick auf die Reduzierung des Betriebsaufwandes der Erfolg des Betriebes in Frage gestellt wird. So wird in diesem Kapitel nicht nur auf die einzelnen Kostenfaktoren eingegangen, sondern auch auf die Möglichkeiten, aber auch die Grenzen und Gefahren von Kostensenkungen hingewiesen.

Futterbedarf

Wenn ein Bienenvolk dem Imker Ertrag bringen soll oder wenn zumindest der Weiterbestand in trachtloser Zeit gesichert sein soll, hängt dies entscheidend von der Nahrungsgrundlage ab. Wie bei keinem anderen Lebewesen finden wir beim Bienenvolke eine ausgeprägte Trennung von Kohlenhydrat- und Eiweißnahrung (Lampeitl 1984). Bienenvölker, die genügend Kohlenhydrate in Form von Honig oder auch Winterfutter in den Zellen ihrer Waben gespeichert haben, denen aber kein Eiweiß in Form von Blütenstaub zur Verfügung steht, werden genauso eingehen, als wenn der umgekehrte Fall eintritt.

Da in der Natur niemals das ganze Jahr über diese beiden Nahrungskomponenten in ausreichender Menge vorhanden sind, muß der Imker regulierend und helfend eingreifen. In einer ertragreichen Bienenhaltung ist dies um so wichtiger, weil einerseits die Leistungsfähigkeit der Völker aufrechterhalten werden muß, andererseits die Wirtschaftlichkeit der Fütterung zu beachten ist. Auch die Möglichkeit der Verfälschung der Honigqualität über unnötiges Füttern ist zu bedenken.

Energienahrung

In den Monaten des Jahres, in denen die Natur Nektar oder Honigtau bietet, ist die Versorgung der Völker mit Kohlenhydraten bis auf Ausnahmen gesichert. Im Normalfalle ist davon ein Überschuß vorhanden, so daß das Volk zur Speicherung in den Waben übergeht, um einen Vorrat für den Winter anzulegen. Ein zusätzliches Angebot an Energienahrung in Form von Zukker erübrigt sich daher und sollte insbesondere wegen der Gefahr der Honigverfälschung vermieden werden. Eine Ausnahme von dieser Regel ist nur dann gegeben, wenn längere, naturbedingte Trachtlücken auftreten. Dann ist ein Eingreifen des Imkers notwendig, um einmal die Völker vor dem Verhungern zu bewahren und ande-

rerseits Brutunterbrechungen zu vermeiden.
Das Energienahrungsmittel Honig entnimmt der Imker zu einem wesentlichen Teil in den Sommermonaten als Ernte. Eine restlose Entnahme und nachfolgende trachtlose Zeit würde den Zusammenbruch des Volkes infolge Hungers bedeuten. Ein solcher Honigrest – überwiegend sind es die Honigkränze der Brutwaben – ist in wirtschaftlich geführten Betrieben mit eine Grundlage, gesunde und starke Völker zu erhalten. Anders ist es jedoch im Spätsommer nach Beendigung der Honigtrachten, dann ist der Honig restlos zu entfernen. Er enthält so viele unverdauliche Rückstände, daß sie insbesondere nach lang anhaltenden, strengen Wintermonaten im Bienenvolk die Ruhr auslösen können.
Messungen und Schätzungen über den Bedarf an Kohlenhydratnahrung eines Volkes pro Jahr gehen weit auseinander. Realistisch sind Werte, die bei 30 bis 50 kg liegen, je nach Volksstärke und anfallender Ernte, die im Durchschnitt in der Bundesrepublik Deutschland bei 15 kg/Volk und Jahr liegt. Wenn dem Volk diese Menge an Nahrung entzogen wird, muß ihm als Ersatz gleichwertiges Futter geboten werden.

Winterzehrung

Monat	Durchschnittl. Außentemp. °C	Flugtage	Verbrauch an Futter kg
Dez. 1983	+ 4,0	2	1,7
Jan. 1984	+ 2,0	–	0,9
Feb. 1984	+ 1,7	1	1,5
März 1984	+ 6,3	11	2,9
April 1984	+ 8,3	19	2,9

Diese Werte sind in Weissach-Flacht an einem warmen Südhang ermittelt worden bei Völkern, die auf 20 Zander-Waben einwinterten.

Winterfutter

Seit etwa hundert Jahren hat sich bei uns der Rohrzucker, auch Haushaltszucker genannt, als Winterfutter bestens bewährt. Die Bienen nehmen ihn in gelöster Form auf, invertieren ihn und lagern ihn in die Waben ein. In den Wintermonaten zehren sie dann von diesen Vorräten, um die lebensnotwendige Temperatur der Wintertraube aufrechtzuerhalten.
Wenn nur soviel Winterfutter angeboten wird, daß es gerade für die Zehrung in den Monaten Dezember bis März/April ausreicht, wäre dies zu wenig. Gerade in der aufsteigenden Entwicklung nimmt der Verbrauch zu. Einsetzendes Brutgeschäft, Auflösung der Wintertraube und Erwärmung des Bienensitzes auf 35 °C verlangt zusätzliches Futter. Zudem bietet die Natur in diesen Monaten kaum oder zu wenig Nahrung in Form von Nektar, so daß genügend Futter in invertierter Form für die Bienen leicht erreichbar vorhanden sein muß. 15 kg Zucker reichen als Futtervorrat bei gut isolierten Beuten aus. Was im Herbst mehr eingefüttert wird, muß im Frühjahr entnommen werden, da sonst die Gefahr der Honigverfälschung gegeben ist.
In den letzten Jahren wird von den Zuckerfabriken ein fertiges Bienenfutter angeboten, das dem Volke so dargeboten wird, wie es im Behälter zur Auslieferung kommt. Es ist unter dem Namen »Apifonda« bekannt geworden und stellt eine teigähnliche, pastöse Masse dar, die Saccharose, Traubenzucker, Malzzucker, Fruchtzucker und andere Zuckerarten enthält. Die Bienen nehmen es gerne auf. Bestechend ist, daß kein Auflösen im Wasser

notwendig ist, allerdings muß der höhere Preis gegenüber Kristallzucker berücksichtigt werden. Inwieweit es sich zur Winterfütterung als Ersatz für Kristallzucker in den kommenden Jahren durchsetzen wird, muß die Praxis zeigen, wobei noch zuwenig Erfahrungen vorliegen, ob sich eine gleich gute Überwinterung der Völker wie bei Kristallzucker ergibt. Als Futtermittel für den Ableger hat es sich bewährt.

Reizfuttermittel und Futterteig

In gut geführten Imkereien fällt das Jahr über genügend Honig an, der sich nicht zum Verkauf eignet. Es ist Schaumhonig vom Abschöpfen der Honiggefäße oder es sind Reste, die im Honigabfüllkübel oder Behälter zurückbleiben. Diese Reste eignen sich bestens zur Reizfütterung und zur Herstellung von Futterteigen, die auch Zuckerteige genannt werden.

Sie stellen eine Mischung von Puderzucker und Honig in einem bestimmten Verhältnis dar. Anstelle von Honig kann auch ein käufliches Invertiermittel Verwendung finden. Bei der Herstellung größerer Mengen dieses Futterteigs mit der Knetmaschine nimmt man vier Teile Puderzucker und einen Teil flüssigen Honig. Diese teigähnliche feste Masse, die in dichten Behältern lange haltbar ist, eignet sich bestens zur Fütterung der Ableger. Auch zur Frühjahrsreizfütterung läßt sich ein solcher Futterteig auf einfachste Art und Weise verwenden, indem er ganz einfach auf die Rähmchenoberteile am Bienensitz als Fladen aufgelegt wird.

Futterteig läßt sich auch nach dem Durchdringungsverfahren herstellen. Dabei wird die Eigenschaft des Durchdringens oder langsamen Vermischens von invertiertem Zucker mit Rohrzucker genutzt. Zur Herstellung eines solchen Futterteiges wird 1 kg Honig in 1 Liter warmen Wasser aufgelöst und auf 10 kg Puderzucker in einem gut verschließbaren Gefäß verteilt. Ausgediente Honigeimer eignen sich dafür. Der Nachteil dieses Herstellungsverfahrens liegt darin, daß das Durchdringen ca. 14 Tage dauert, so daß die Herstellung des Teiges zeitig geplant werden muß. Nach dem Durchdringungsverfahren hergestellte Futterteige sind auch etwas dünnflüssiger im Vergleich zu gekneteten Teigen, so daß es sich empfiehlt, sie dem Bienenvolk in der Futtertasche anzubieten.

Der Fachhandel hat in den letzten Jahren einen Spezialzucker zur Futterteigherstellung angeboten. Dieser Futterteigzucker, der das gleiche Aussehen wie Puderzucker hat, enthält ein Invertierungsmittel, so daß zur Herstellung eines Futterteiges nur noch Wasser nach Gebrauchsanweisung zugemischt werden muß. Außerdem wird ein solcher Futterteigzucker auch bei längerer Aufbewahrung niemals hart; er verbleibt in pulvrigem Zustand. Langjährige Erfahrungen zeigen, daß Futterteige, die mit Honig hergestellt sind, vom Volke besser aufgenommen werden und bessere Wirkungen – vor allem als Reizfutter – zeigen. Pro Volk und Ableger muß jeweils mit 5 kg Futterteig pro Jahr gerechnet werden.

Aufbaunahrung

Während bei Ausbleiben einer Nektar- oder Honigtautracht die Bienenvölker mit Zucker über einen längeren Zeitraum am Leben erhalten werden können, ist dies beim Versiegen der Pollentracht kaum möglich. Beispiele von massiven Völkerverlusten im Frühjahr nach blütenstaubarmen Sommer- oder Herbstmonaten machen dies deutlich. Die Sicherung einer aus-

reichenden Pollentracht vom Frühjahr bis zum Herbst ist die beste Gewähr für eine gute Versorgung der Völker mit Aufbaunahrung. Der Imker wird deshalb dafür Sorge tragen, daß im Flugbereich genügend pollenspendende Trachtpflanzen zu jeder Jahreszeit vorhanden sind. Kann er keinen oder wenig Einfluß darauf nehmen, wird es notwendig und sinnvoll sein, solche Trachten anzuwandern. Aufbaunahrung bleibt dem Volke erhalten, wenn der Imker die Pollenwaben nicht entnimmt. Der Jahresbedarf an Blütenstaub pro Volk schwankt je nach Stärke, Tracht und auch Rassezugehörigkeit zwischen 24 und 36 kg (Lampeitl 1984).
Ersatz für fehlenden, in der Natur vorkommenden Blütenstaub stellen die im Fachhandel erhältlichen Eiweißfutterteige wie z. B. Nektarpoll oder Biopoll dar. Sie sind als gekneteter Teig in Handelsgrößen von 1 kg erhältlich und werden dem Bienenvolke in der Futtertasche oder auch als Fladen auf die Rähmchenoberteile am Bienensitz dargeboten. Hohe Unterböden von Magazinbeuten ermöglichen auch eine Verfütterung am Boden der Beute unter dem Bienensitz. Solche Eiweißfutterteige sind Ersatzmittel für fehlenden Blütenstaub in der Natur, wobei berücksichtigt werden muß, daß überwiegend die Flugbienen, die aufgrund ihres Lebensalters nicht mehr mit Brutpflegearbeiten betraut sind, diese Teige aufnehmen. Dies ist insbesondere der Fall, wenn die Fütterung am Boden der Beute erfolgt.
Pulverförmige Pollenersatzmittel wie z. B. Fukopoll kommen einer natürlichen Eiweißversorgung am nächsten. Sie werden im Freien wind- und wettergeschützt so aufgestellt, daß sie von den Flugbienen genauso wie Naturpollen gehöselt, in die Beute getragen und dort in den Zellen gespeichert werden. Dort stehen sie den frisch geschlüpften Jungbienen als Aufbaunahrung zur Verfügung. Solche Mittel sind einem mäßigen Naturpollen wie dem der Hasel gleichwertig. Sie werden von den Bienen nicht mehr angenommen, wenn die Natur besseren Blütenstaub bietet. Dies ist zur Weidenblüte der Fall.
Wenn Pollenersatz in Form von Eiweißteigen verwendet wird, so ist pro Volk mit 1 kg zu rechnen. Bei Pollenersatz in Pulverform für 10 Völker 1 bis 2 kg, je nach Jahr.

Wabenbau

In jede Beute gehört die notwendige Zahl an Rähmchen, die entweder gekauft oder selbst angefertigt werden müssen. Man kann allerdings auch geteilter Meinung sein, ob sie zur Investition gehören, oder zum Betriebsaufwand zu rechnen sind. Da sie jedoch bei weitem nicht die Lebensdauer der Beute erreichen, werden sie eher dem Betriebsaufwand zugezählt, vor allem auch deshalb, weil die Ersatzbeschaffung rechnerisch gesehen zu Recht in die Betriebsrechnung eingeht.

Rähmchen

In der richtigen Größe müssen die heute üblichen Rähmchen nicht nur in die Zarge passen, sondern auch austauschbar sein. Es gibt nichts schlimmeres, als wenn in einem Betrieb Rähmchen mit verschiedenen Oberteillängen vorhanden sind. Wenn die Oberteile der Rähmchen zu lang sind, passen sie nicht in die Zarge. Eine weitere Zarge läßt sich dann nicht aufsetzen, oder der Deckel läßt sich nicht schließen. Jetzt, während der Bearbeitung des Volkes, nach anderen Rähmchen zu suchen, ist nicht tragbar. Genauso schlimm ist es, wenn die Rähmchen bei zu kurzen Oberteilen auf der Auflage der Zarge nicht eingehängt werden können.

Nach wie vor hat sich bis heute der Baustoff Holz in der Rähmchenherstellung bewährt, obwohl es immer wieder Versuche gab, die modernen Kunststoffe als Ersatz zu verwenden. Durchschlagende Alternativen sind nicht in den Handel gekommen. Während Ober- und Unterteil in Weichholzausführung ohne Äste seinen Zweck voll und ganz erfüllt, ist für die Seitenteile Hartholz zu verwenden. Bei Verwendung von 30 mm langen Nägeln oder entsprechenden Klammern erhält das Rähmchen Stabilität, ohne gleich beim Abstoßen der Bienen von den Waben zu Bruch zu gehen. Holzstärken von 8 oder 10 mm für Ober-, Unter- und Seitenteile sind notwendig, wobei Rähmchen im Zandermaß unbedingt in Holzstärken von 10 mm auszuführen sind. Beim Spannen der Drähte biegen sich die Holzteile dann nicht so stark durch, egal ob längs- oder quergedrahtet wird. Beim Zusammennageln oder -klammern ist darauf zu achten, daß die Rähmchen auch eine rechtwinklige Form erhalten. Das setzt voraus, daß die Einzelteile jeweils in genau gleicher Länge gefertigt werden.

Die Rähmchenauflagen in der Zarge sind heute auf einfachste Weise so ausgebildet, daß die Abstandsregelung über das Rähmchen erfolgt und zwar so, daß bei eingehängten Rähmchen von Mitte zu Mitte Rähmchen 35 bis 37 mm bei allen Waben zustandekommen. So bleibt zwischen den Wabenoberflächen ein Abstand von 10 mm, den die Bienen zum Bewegen brauchen.

Die Abstände in den Oberbehandlungsbeuten durch auf Ober- und Unterteil aufgenagelte Stifte zu regeln, empfiehlt sich nicht. Diese Stifte, in welcher Form auch immer, hindern beim Herausziehen der Waben. Man bleibt häufig an ihnen hängen und zum anderen könnten sie die Waben mit Brut und Honig leicht beschädigen. Wenn dagegen auf das Oberteil des Rähmchens Kreuzklemmen aus Blech oder Kunststoff zur Regelung des Abstandes aufgesteckt werden, entfallen diese Nachteile. Solche Rähmchen lassen sich auch leicht lösen, da bei den nur geringfügig sich berührenden Flächen ein Verkleben durch Kittharz kaum zustandekommt. Da sich jedoch eine Berührung der Rähmchen untereinander nur an verhältnismäßig kleinen Flächen am Oberteil ergibt, können die Rähmchen durch Erschütterungen beim Transport im unteren Bereich in Bewegung geraten und aneinanderschlagen. Tote Bienen sind die Folge.

Die Abstandsregelung mit Hilfe der Seitenteile nach Hoffmann weist diesen Nachteil nicht auf, weil eine Verbreiterung der Leisten auf 37 mm bis zur Mitte ein Pendeln und damit Aneinanderschlagen verhindert. Stark kittende Völker kleben die Rähmchen jedoch fest aneinander, so daß das Lösen beim Herausnehmen mehr Kraftaufwand erfordert als bei Rähmchen mit Kreuzklammern. Dies trifft insbesondere dann zu, wenn die Waben beim Einhängen nicht sorgfältig genug aneinandergeschoben werden; der entstehende Zwischenraum wird sofort mit Kittharz ausgefüllt und damit eine feste Verbindung hergestellt. Trotz dieser Nachteile ist das Rähmchen mit Hoffmann-Seitenteilen für Oberbehandlungsbetriebsweise gut zu gebrauchen und hat sich auch durchgesetzt.

Auch stabil hergestellte Rähmchen werden infolge der Reinigung beim Austausch der Wachswabe und durch natürliche Abnutzungserscheinungen keine unbegrenzte Lebensdauer haben. Schwachstellen sind die Verbindungen zwischen Ober-, Unterteil und den Seitenteilen. Beim Reinigen im Wasserbad rosten die Verbindungselemente wie Klammern oder Nägel, so daß im Laufe der Zeit die Stabilität verlorengeht. Ein Nachnageln lohnt sich nur, wenn die Holzteile noch in Ordnung sind. Die Erfahrung zeigt, daß Rähmchen, die mit Holzstärken von 10 mm und mit Seitenteilen aus Hartholz, wie z. B. Buche, herstellt sind, zwei Wabenzeiträume ohne weiteres durchhalten; das entspricht 5 bis 6 Jahren. Selbstverständlich können die Verbindungsstellen zusätzlich noch verleimt und verdübelt werden. Diese zusätzliche Verteuerung der Rähmchen ist bei stabiler Nagelung nicht notwendig. Ebenso gilt dies für die Ausführung mit sehr schmalen Rähmchenunterteilen, die es ermöglichen sollten, die eventuell auf der Unterseite der Wabe befindlichen Weiselzellen beim Abheben oder Abkippen einer Zarge besser sichtbar zu machen.

Mittelwände

Die Wabenerneuerung und die Notwendigkeit, Wabenmaterial mit gleichmäßiger Zellenprägung zu erhalten, machen es notwendig, daß in den gedrahteten Rähmchen vorgepreßte Wachsplatten – die Mittelwände – eingebracht werden. Würde man dem Volke nur leere Rähmchen einhängen, so würde es zwar auch einen entsprechenden Wabenbau errichten, der aber sehr unregelmäßig, wahrscheinlich auch untereinander verbaut und vor allem nicht so stabil wäre. Dies würde die Bearbeitung der Völker erschweren. Unregelmäßiger Wabenbau hätte durch die nicht gleichmäßige Anordnung von Arbeiterinnen- und Drohnenzellen (Lampeitl 1984) ungleiche Brutnester zur Folge. Eine Beurteilung der Völker über die Brut wäre dann wesentlich schwieriger.

Die regelmäßige Wabenerneuerung hat wichtige Gründe. Dadurch, daß die schlüpfenden Bienen ihr Nymphenhäutchen in der Zelle zurücklassen, wird diese nach und nach kleiner, verliert ihre sechseckige Form und ihre ursprünglich gelbe Farbe geht in einen braunen bis fast schwarzen Farbton über. Platzmangel in der Zelle verursacht das Heranwachsen kleinerer Bienen, und außerdem ist festzustellen, daß dunkle, schwarze Waben kaum mehr oder nur, wenn keine besseren zur Verfügung stehen, bebrütet werden. Verbrauchter alter Wabenbau führt wesentlich zu leistungsschwachen Bienen und volksschwachen Völkern und ist außerdem der Träger mancher Krankheitserreger. So z. B. finden sich auf solchen Waben Milliarden von Nosemasporen. Schließlich und endlich wird auch die Honigqualität durch solche Waben negativ beeinflußt. Wenn genügend hellbraune Waben zur Verfügung stehen, wird dort viel eher Honig gelagert; verbrauchte Waben werden gemieden.

Brutfreudige Bienenvölker bebrüten die im Brutnest befindlichen Zellen pro Jahr 10- bis 15mal. Eine 20mal bebrütete Wabe nimmt an Gewicht gegenüber einer unbebrüteten um das 18fache zu (Zander/Weiß 1964). Langjährige Erfahrungen zeigen, daß solche Waben nicht mehr brauchbar sind. So wird eine Wabenerneuerung nach zwei Jahren, spätestens jedoch nach drei Jahren notwendig.

Die Mittelwände sind in zweierlei Ausführungen im Handel erhältlich. Man kann sie in gegossener oder in gewalzter Ausführung mit den entsprechenden Geräten aber auch selbst herstellen, wobei der gegossenen Ausführung zum Einhängen in das Bienenvolk der Vorzug gegeben werden soll. Sie wird eher und schneller ausgebaut, da sie in der Stärke wesentlich dicker ist als eine gewalzte Mittelwand, und die Baubienen damit die Möglichkeit haben, Wachs von der Mittelwand abzutragen und es zum Ausziehen der Zellen zu verwenden.

Gegossene, in die Rähmchen eingelötete Mittelwände verziehen sich bei weitem nicht so wie gewalzte Mittelwände, wenn Rähmchen und Mittelwand durch Sonnenbestrahlung erwärmt werden. Ein Verziehen wird auch vermieden, wenn die Mittelwand durch genügenden Abstand Luft im Rähmchen aufweist. Im Zandermaß ergibt 1 kg Wachs 13 bis 14 Mittelwände, in gewalzter Ausführung 15 bis 16. Solche etwas dünneren Mittelwände sind geschmeidiger. Sie lassen sich auf 25–30 °C erwärmt leicht biegen und eignen sich daher bestens zur Kerzenherstellung. Zusätze zu reinem Bienenwachs bei der Mittelwandproduktion – egal in welcher Ausführung – sollten unterbleiben, da Fremdgerüche ein Annehmen des Wachses und rasches Ausziehen der Zellen durch das Bienenvolk erschweren, wenn nicht gar verhindern.

Bestandsergänzung und Zuchtvölker

Auch in gut geführten Imkereien wird es zu Völkerverlusten kommen, sei es den Winter über oder, was viel wahrscheinlicher ist, im Frühjahr durch Weisellosigkeit, Futtermangel bei einzelnen Völkern infolge Räuberei oder vielleicht durch eine Krankheit.

Den Ersatz für ausgefallene, eingegangene Völker bildet heutzutage der Ableger. Ebenso dient er dazu, Völker mit nicht mehr leistungsfähigen Königinnen zu ersetzen oder mit diesen Vereinigungen vorzunehmen.

Gegenüber dem Schwarm hat der Ableger den Vorteil, daß Zeitpunkt und Stärke der Ablegerbildung selbst bestimmt werden kann. Durch richtige Beweiselung läßt sich das Bienenmaterial positiv beeinflussen. Bei schwarmfreudigen Bienenrassen oder Stämmen wird außerdem die Schwarmstimmung gedämpft, wenn die Waben mit junger, offener Brut zur Ablegerbildung entnommen werden.

Bei einer Ausfallquote von 10 %, die in jedem Fall einkalkuliert werden muß, und einer Umweiselungsrate von 20 % ist eine Ablegerquote von mindestens 30 % der Wirtschaftsvölker pro Jahr angebracht. Können mehr Ableger gebildet werden, stehen sie zum Verkauf an; gutes Bienenmaterial findet immer Abnehmer und ist auch gesucht.

Da die Beweiselung des Ablegers überwiegend mit der schlüpfreifen Weiselzelle erfolgt, sowie eine Umweiselung von Wirtschaftsvölkern angesichts unsicherer Verfahren kaum mit begatteten Königinnen vorgenommen wird, tritt die Aufzucht solcher Geschlechtstiere für diese Zwecke mehr und mehr in den Hintergrund. Sie wird noch praktiziert, wenn Königinnen zu Zuchtzwecken und als Zuchtstofflieferanten dienen sollen. Aber dann auch nur in Verbindung mit der künstlichen Besamung.

Trotzdem brauchen Imkereien mit 20 und mehr Völkern als Zuchtstofflieferanten in bestimmten Völkern Königinnen mit Eigenschaften, die eine Vermehrung als sinnvoll erscheinen lassen.

Solche Königinnen können von anerkannten Züchtern oder auch Instituten beschafft werden, wobei die Gewähr bestehen muß, daß sie geprüft und als zuchtwürdig befunden worden sind. Es handelt sich in der Re-

gel um Königinnen, die nach dem Schlüpfjahr noch mindestens ein Jahr in einem Volke gehalten wurden und dabei die Leistungsfähigkeit und das Verhalten des Volkes unter Beweis stellen konnten. Dies ist notwendig, wenn es sich auch um künstlich besamte Königinnen handelt. Der Preis sollte nicht ausschlaggebend sein, Qualitätsanforderungen sind in den Vordergrund zu stellen.
Ein weiterer Weg, um zu nachzuchtwürdigen Völkern zu kommen, ist die strenge Auslese aus dem eigenen Bestand. Diese Methode setzt jedoch einen gewissen Bestand voraus, der bei mindestens 30 Völkern liegen sollte. Sind es mehr, so sind die Auswahlmöglichkeiten noch besser. Als Auslesekriterien gelten diejenigen Eigenschaften, die von einer leistungsfähigen Biene in einem wirtschaftlich arbeitenden Betrieb erwartet werden. Nicht notwendig ist die Auslese nach Körpermerkmalen, wie z.B. dem Flügelindex (Lampeitl 1984). Laufende Aufzeichnungen ermöglichen den Vergleich und erleichtern wesentlich die Auslese. Vielfach wird der Weg beschritten, daß sich zwei oder mehrere gut befreundete Imker zusammentun, um aus dem größeren Völkerbestand die geeigneten Zuchtstofflieferanten auszulesen.
Völker mit nachzuchtwürdigen Königinnen sind so zu führen und zu halten, daß die Königin lang am Leben bleibt. Dazu gehört zwar eine gewisse Erweiterung des Volkes, die jedoch bei weitem nicht so ausgeprägt ist wie bei Wirtschaftsvölkern. Zu wenig Raum fördert bei älteren Königinnen die Schwarmstimmung. Bei einer großzügigen Erweiterung ohne Brutbeschränkung verbraucht sich die Königin dagegen bald infolge der hohen Legeleistung.

Fahrt- und Transportkosten

Wirtschaftlich betriebene Imkereien sind heutzutage in der Regel Wanderimkereien. Mehrere Standplätze – vielfach auch zur Überwinterung – verlangen ein regelmäßiges Anfahren zur Kontrolle und um notwendige Arbeiten an den Völkern durchzuführen. Dabei entstehende Fahrzeugkosten können niedrig gehalten werden, wenn:

1. unnötige Fahrten vermieden werden,
2. notwendige Fahrten ohne große Umwege geplant werden und ein Zusammenlegen mehrerer Fahrten zu den Standplätzen der Völker geschieht,
3. die Fahrten mit einem wirtschaftlich sparsamen Fahrzeug erfolgen.

Unnötige Fahrten entstehen dann, wenn notwendige Arbeiten an den Völkern nicht voraussschauend geplant werden. Vor allem aber ist es notwendig, daß außer dem entsprechenden Werkzeug sich auch alles Material, wie Zargen, Böden, Deckel und Waben in genügender Zahl im Fahrzeug befinden, um die anstehenden Arbeiten wie z. B. die Erweiterung von Völkern gleich durchführen zu können. So lassen sich auch unvorhergesehene Arbeiten erledigen, ohne daß man auf einer zweiten Fahrt zuvor die Materialien besorgen muß. Stehen z. B. auf einem Platze 10 Völker, so werden bei einer geplanten Nachschau mindestens 12 Zargen mitgenommen, damit eventuell eine reparaturbedürftige Zarge gleich mit ausgetauscht werden kann. Wenn Kontrollen zur Schwarmzeit anstehen, empfiehlt es sich, zusätzliche Böden und Deckel mitzunehmen, damit man einen Ableger sofort unterbringen kann. Bei Fahrten zu mehreren Standplätzen hintereinander ist für den Transport der entsprechenden Zahl von Zargen ein Anhänger unentbehrlich, vor allem, wenn die Wan-

der- oder Standplätze 10 und mehr Kilometer vom Wohnort oder vom Standort des Wirtschaftsgebäudes entfernt liegen. Mehrere Fahrten verursachen nicht nur unnötige Kosten, sondern beanspruchen auch Zeit, an der es im Sommer ohnehin mangelt.
Kombifahrzeuge sind heutzutage in der Regel im Kraftstoffverbrauch sparsam, auch wenn sie mit einem Anhänger versehen werden. Trotzdem müssen in die Betriebsrechnung nicht nur der Kraftstoffverbrauch eingehen, sondern auch Kosten für Wertminderung, Pflege und Reparatur und auch Reifenersatz. Wenn das Fahrzeug überwiegend privat oder anderweitig genutzt wird, ist es schwierig, die Kostenrechnung anteilig für den Betrieb in der Imkerei vorzunehmen. Einfacher lassen sich dann die anfallenden Betriebskosten über die Kilometerabrechnung ermitteln. Gefahrene Kilometer für die Imkerei sind über Tageskilometerzähler leicht zu erfassen. Bei handelsüblichen Mittelklassewagen wird derzeit eine km-Pauschale von 52 Pfennig als kostendeckend für den gefahrenen km angesehen. Diese Pauschale reicht bei größeren Fahrzeugen, wie Jeeps oder kleineren Lastwagen, nicht mehr aus. Da solche Fahrzeuge meist ausschließlich für die betrieblichen Zwecke in größeren Imkereien eingesetzt werden, zählen dann die Gesamtkosten zur Betriebsrechnung.
Sollen Wanderungen über größere Entfernungen und mit vielen Völkern durchgeführt werden, ist zwar eine Vergleichsrechnung über die Kosten mehrmaliger Fahrten mit eigenem Fahrzeug oder Miete eines kleineren Lastwagens anzustellen. Nicht nur die Kosten sind zu vergleichen, auch der wesentlich höhere Zeitaufwand bei mehrmaligen Fahrten ist zu berücksichtigen.

Medikamente und Schädlingsbekämpfungsmittel

Bei einer der Natur angepaßten Führung der Bienen auf bienengerechten Standorten ist der Einsatz von Medikamanten zur Bekämpfung oder auch zur Vorbeugung von Krankheiten kaum notwendig. Hier ist vor allem an die Faktorenseuche Nosema gedacht.
Behördlich vorgeschrieben ist zur Zeit noch die Bekämpfung der Varroatose mit den amtlich durch das Bundesgesundheitsamt zugelassenen Mitteln Bayvarol, Illertissener Milbenplatte und Pericin. Diese Mittel sind apothekenpflichtig. Beim Bezug über die Tierseuchenkassen und einer Verteilung über die Imkerverbände werden Zuschüsse gewährt.
Bei Tracheenmilbe, Faulbrut und anderen weniger häufig vorkommenden Bienenkrankheiten ist nach heutigen Kenntnissen keine Bekämpfung mit chemischen Mitteln erforderlich. Wenn durch eine Infektion, z. B. durch die Faulbrut, je der ganze Völkerstand befallen werden würde, könnte man die Krankheit mit einem Mittel allenfalls vorübergehend unterdrücken und nur kaschieren. Zur Bekämpfung solcher Krankheiten gibt es sinnvollere und erfolgreichere Methoden (s. Seite 161).

Oben links: Das Rühren mit einem Holzstab ergibt feinkristallinen Honig, ist jedoch sehr anstrengend.
Oben rechts: Honigverflüssigung und Klärung mit Hilfe des Melitherms nach Spürgin.
Unten links: Wochen-, Advents- und Weihnachtsmärkte bieten gute Gelegenheiten Produkte aus dem Bienenvolk zu verkaufen.
Unten rechts: Bei der Honiggewinnung und beim -verkauf helfen die Imkerfrauen gerne mit. Handliche Geräte, wie hier beim Entdeckeln, erleichtern die Arbeit.

Arbeitswirtschaft

Wenn eine Bienenhaltung wirtschaftlich und ertragreich geführt werden soll, so setzt dies eine entsprechende Betriebsweise voraus. Fragen eines rationellen Arbeitsablaufes sind hierbei genauso wichtig wie etwa die Lösung des Problems, mit geringem Arbeits- und Zeitaufwand einen hohen Honigertrag zu erzielen. Auf all diese Fragen und Probleme im Rahmen diese Buches einzeln einzugehen ist jedoch nicht möglich, vielmehr kommt es darauf an, die wichtigen Leitlinien einer ertragsorientierten Betriebsweise aufzuzeigen. Aber auch dabei können sich im Einzelfall jahreszeitliche, orts- und trachtbedingte Abweichungen ergeben, die es zu berücksichtigen gilt.

Vorbereitende Arbeiten

Hier geht es hauptsächlich um diejenigen Arbeiten, die als Vorbereitung zur Völkerführung dienen, ebenso aber auch um Arbeiten, die abgeschlossen sein müssen, ehe die Bearbeitung der Völker einsetzt. So ist es in einem Betrieb, der mit wirtschaftlichem Erfolg geführt werden soll, untragbar, wenn z. B. zum Zeitpunkt der Erweiterung der Völker erst Altwaben ausgeschnitten und geschmolzen, Mittelwände gegossen, Rähmchen gedrahtet und Mittelwände eingelötet werden müssen. Mit Sicherheit lassen sich dann die notwendigen Waben und Mittelwände nicht mehr rechtzeitig herstellen und eine Erweiterung entfällt.
Die vorbereitenden Arbeiten finden deshalb in den Wochen und Monaten statt, in denen man sich nicht mit den Völkern zu beschäftigen hat und in denen die anfallenden Arbeiten mit dem Produkt Honig nicht so drängen. Erfahrungsweise sind dies die Monate Januar, Februar und mit Einschränkungen noch der März. Danach beginnt bereits wieder die Arbeit an den Völkern.

Oben links: Gute Ernten setzen auch leistungsfähige Königinnen und Bienen voraus. Mit Hilfe des Umlarvverfahrens geht der Imker den richtigen Weg, indem er von zuchtwürdigen Völkern ein- bis zweitägige Larven in die aus Wachs vorgefertigten Weiselbecher umbettet.
Oben rechts: Die Pflegebereitschaft eines weisellosen Volkes ist dann gegeben, wenn sogleich nach dem Einhängen die belarvten Weiselbecher belagert werden.
Unten: Der Zuchtrahmen 10 Tage nach dem Larven. Die schlüpfreifen Weiselzellen sind von Bienen umgeben. Wenn im Volk Platzmangel herrscht und gut gefüttert wird, kommt es zu einem Überbauen, das aber nicht nachteilig ist.

Wabenerneuerung

Einwandfreier Wabenbau sowie genügend Ersatzwaben sind Grundvoraussetzungen einer ertragreichen Bienenhaltung. Als Faustregel gilt, daß pro Wirtschaftsvolk 10 Ersatzwaben zur Erneuerung bereitstehen sollten. Die mit der Wabenerneuerung zusammenhängenden Arbeiten sind besonders zeitaufwendig und werden daher bereits im Spätsommer und Herbst in Angriff genommen, wenn die Arbeiten an den Völkern abgeschlossen sind. Dabei werden

Abb. 50. Reinigen der Zargen und Böden mit dem Dampfstrahlgerät.

die entnommenen Waben einer genauen Durchsicht unterzogen. Auszusortieren sind:

1. zerbrochene Waben,
2. dunkle bis schwarze Waben, die sich zwei oder mehr Jahre im Volk befanden,
3. nicht vollständig ausgebaute Mittelwände, die nicht bebrütet worden sind und deren Zellenränder verschmutzt sind.

Die hellbraunen, ein- oder zweimal bebrüteten Waben oder hellbraune nicht bebrütete Waben, deren Zellenränder rein sind, werden, gegen Wachsmottenfraß geschützt, aufbewahrt. Wenn eine hellbraune, noch zu verwendende Wabe gegen das Tageslicht gehalten noch durchsichtig ist, kann sie weiterverwendet werden.

Nicht bebrütete Waben mit wenig und gering verschmutzten Zellenrändern lassen sich nochmals verwenden, wenn die Zellenränder mit einer Entdeckelungsgabel abgestreift werden. Bei regem Bautrieb werden solche Waben angenommen, ausgebaut und von der Königin bestiftet, wenn man sie mit einer Honiglösung anfeuchtet.

Waben ausschneiden

Fehlt es an entsprechenden Räumlichkeiten und Geräten zum Wachsschmelzen oder auch an entsprechender Zeit dafür, so müssen die Altwaben ausgeschnitten werden, weil im Fachhandel nur Altwachs ohne Holzteile zum Umtausch angenommen

Abb. 51 a) oben, b) rechts, c) außen rechts. Ohne Wachsschmelzer ist das Ausschneiden von Altwaben und Säubern der Rähmchen mühevoll.

wird. Sinnvoll ist eine Sortierung nach dunklen, oft bebrüteten Waben und nach nicht bebrütetem Wabenmaterial. Die Umtauschquote bei dunklen Altwaben liegt bei 30 bis 33 %, dagegen bei hellem nicht bebrütetem Wachs bei mindestens 60 %.
Das Ausschneiden geschieht mit einem scharfen, stabilen Messer. Da es sehr viel Kraftaufwand erfordert, die Wabe von den Holzteilen zu trennen und die Drähte zu durchschneiden – insbesondere bei sehr dunklen Waben –, empfehlen sich nicht nur eine stabile Unterlage, sondern auch Leder- oder Bauhandschuhe für diese Arbeit. Nach dem Ablösen der Altwabe wird man die Rähmchen noch zusätzlich abkratzen und säubern, damit kein Wachs verloren geht. Das gesamte Altwachs kommt in Plastiksäcke und wird am besten sofort beim Fachhandel eingetauscht, da zum Frühjahr hin die Gefahr von Wachsmottenfraß zunimmt. Mit einer Gutschrift für das abgelieferte Altwachs besteht die Möglichkeit, bei Bedarf neue Mittelwände vom Händler zu beziehen; am Ankauf von überschüssigem Wachs ist er immer interessiert.

Altwaben schmelzen

Wenn es einem die Zeit und die räumlichen Verhältnisse erlauben, die Altwaben zu Reinwachs selbst umzuarbeiten, so erfolgt dies heute ohne ein erneutes Drahten der Rähmchen. Der Dampfwachsschmelzer Sy-

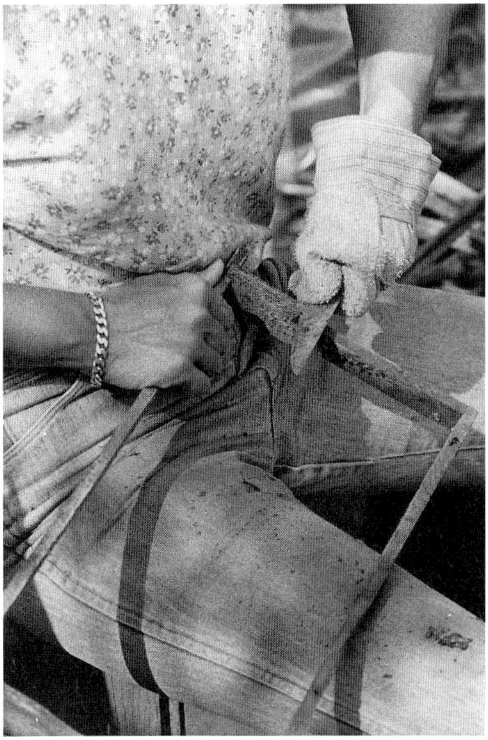

stem Thomas oder der Richtomat ermöglicht dies. Das Auffüllen des Apparats mit Wasser, das Anheizen und das Einlegen von einer Schicht Holzwolle in den Kessel müssen vorangehen. Platzsparendes Einstellen der Waben ermöglicht einen hohen Wirkungsgrad, wobei es auch auf einen gut schließenden Deckel ankommt. Während des Schmelzvorganges von 30 bis 45 Minuten sind nicht nur weitere auszuschmelzende Waben griffbereit zu stellen, sondern es werden auch die bereits aus dem Kessel entnommenen Rähmchen durch erneutes Tauchen in heißes Wasser gesäubert. Dies wird erleichtert, wenn man gleich nach dem Schmelzvorgang von den Rähmchen die anhaftenden Tresterreste abklopft. Wenn das Beschicken des Kessels und die Entnahme der Rähmchen schnell erfolgt, geht wenig Energie verloren. Weite Transportwege für Waben und Rähmchen sollte man deshalb vermeiden.
Das Wachsauffanggefäß muß konisch geformt sein, damit der erkaltete Wachsblock leicht entnommen werden kann. Ungeeignet sind Gefäße aus normalem Weißblech, dagegen haben sich ausgediente Kunststoffhonigeimer bewährt.

Wachs reinigen

Erstarrte Wachsblöcke, die im Wasserbad oben schwimmen, weisen an der Unterseite je nach Verschmutzungsgrad eine mehr oder weniger dicke mit Verunreinigungen durchsetzte Wachsschicht auf. Eine grobe Reinigung erfolgt bereits, wenn diese Schicht mit Hilfe einer Spachtel abgetragen wird. Da sie einen noch verhältnismäßig hohen Wachsanteil enthält, lohnt es sich, diese Wachsreste erneut bei einem Schmelzvorgang im Dampfwachsschmelzer auszulassen. Damit weisen die Wachsklötze einen Reinheitsgrad von 90 bis 95 % auf. Zum Gießen von Mittelwänden ist eine erneute Reinigung notwendig. Dazu wird der Wachsblock in einem Regenwasserbad erhitzt und bei 63 bis 65°C zum Schmelzen gebracht. Die Verunreinigungen bleiben beim Gießen und Durchlaufen in einem feinen Sieb zurück. Der erneut erstarrte Wachsblock weist wiederum am Boden Verunreinigungen auf, jedoch wesentlich geringere. Eine zwei- bis dreimalige Wiederholung des Reinigungsvorganges erbringt einen Reinheitsgrad von 98 bis 99 %. Soweit gereinigtes Wachs kann zur Mittelwandherstellung und zur Kerzenproduktion verwendet werden. Geschirre aus nicht rostendem Stahl eignen sich dafür am besten.

Mittelwände gießen

Während das Schmelzen der Altwaben und das Reinigen des Wachses noch zu den einfachen Arbeitsvorgängen zählt, erfordert das Gießen der Mittelwände Erfahrung, Routine und vor allem auch ruhiges, ungestörtes und peinlich genaues Arbeiten. Wem dies nicht liegt, der sollte die Finger davon lassen. Er bringt dann besser seine Wachsblöcke einem in der Herstellung von Mittelwänden erfahrenen Kollegen oder tauscht das Wachs im Fachhandel gegen neue Mittelwände ein.
Beim Gießen der Mittelwände ist das Lösungsmittel vielleicht das wichtigste Utensil. Es besteht aus Wasser, dem Honig und Spiritus zugegeben wird und verhindert, daß das erstarrende Wachs in der Gußform festklebt. Als Lösungsmittel empfiehlt sich folgende Zusammensetzung: In einem Liter Wasser löst man 250 g Honig und gibt ¼ l Spiritus (96 %) dazu (Böttcher 1979). Anstelle von Spiritus können auch im Han-

del erhältliche Geschirrspülmittel zugegeben werden; auf 1 l Wasser genügt jedoch bereits ein Eßlöffel voll. Gute Erfahrungen werden auch mit dem Mittel Wabelos gemacht, das im Fachhandel erhältlich ist.
Wichtig ist vor allem, daß die Gußform vor jedem Gießvorgang mit dem Lösungsmittel ausgespült wird. Wird dies nur einmal vergessen, so bleibt das erstarrte Wachs in der Gußform zurück. Stundenlanges Säubern mit einem Holzspan und Bürsten und Auswaschen mit einer Sodalösung sind die Folge. Erst wenn der kleinste Wachsrest aus dem vorgeprägten Zellgefüge der Form entfernt ist, gelingt wieder der Guß einer einwandfreien Mittelwand. Wer einmal eine Gußform auf diese Weise zu reinigen hatte, wird das Ausspülen mit Lösungsmittel vor dem Guß in Zukunft kaum je vergessen.
Ein zweckmäßig eingerichteter und gestalteter Arbeitsplatz erleichtert das Mittelwandgießen wesentlich. Rechts von der Form steht der Wachstopf mit flüssigem, nicht zu heißem Wachs, in dem sich ständig der Schöpflöffel befindet. Links steht das Lösungsmittel. Wachs und Lösungsmittel stellt man so griffbereit, daß sie ohne weiteres im Stehen zu erreichen sind. Hinter dem Unterteil muß auf Holzauflagen das Oberteil der Gußform Platz haben. Im Rücken steht ein Tisch, auf dem die fertigen Mittelwände abgelegt und zugeschnitten werden. Auch er muß so nahe stehen, daß er ohne einen weiteren Schritt zu erreichen ist.
Nach dem Ausspülen der Gußform mit dem Lösungsmittel, dessen Reste durch Hochheben und Kippen der Form wieder in den Lösungsmittelbehälter zurückgegossen werden, wird das flüssige Wachs eingebracht. Der Schöpfer muß mindestens die Wachsmenge einer Mittelwand aufnehmen

Abb. 52. Mittelwandgießen. Einschütten des flüssigen Wachses in die geöffnete Form.

können. Durch das Zukippen des Oberteils der Form und Andrücken verteilt sich das noch flüssige Wachs über die ganze Fläche, wobei ein Überschuß in der Rinne aufgenommen wird. Das Wachs erstarrt alsbald, so daß die Form geöffnet werden kann. Erfahrene Wachsgießer regulieren mit der Hand den Druck so, daß die fertige gegossene Mittelwand am Oberteil der Form haften bleibt. Abgelaufene und erstarrte Wachsreste können dann mit einem Kunststoffmesser von der Mittelwand noch abgeschnitten werden, solange sie auf der Form haften bleibt. Schnelles Arbeiten ist bei diesem Vorgang erforderlich, da sich alsbald die Mittelwand von der Zellprägung

Abb. 53. Erfahrene Gießer beschneiden die Mittelwand mit einem Kunststoffmesser, wenn sie sich noch am Oberteil der Form befindet.

löst. Die Mittelwand wird dann auf dem Tisch abgelegt und die abgeschnittenen Wachsreste kommen in einen bereitgestellten Topf.
Ein Zuschneiden mit Hilfe einer Schablone auf die gewünschte Wabengröße erfolgt mit einem zuvor in warmes Wasser getauchten Rollenmesser, wenn 5 bis 8 Mittelwände gegossen sind. Danach müssen die Mittelwände zum Trocknen auf Zeitungspapier gelegt werden. Beim Stapeln empfiehlt es sich, Zeitungspapier zwischen die Mittelwände zu legen, damit sie bei zu starker Erwärmung nicht zusammenkleben.

Beim Gießen ist es von Vorteil, wenn das Wachs nicht zu heiß, die Form dagegen angewärmt ist. Zu Anfang fallen die gegossenen Mittelwände oft zu dick aus und zerbrechen manchmal auch. Die richtige Stärke haben sie, wenn sich pro kg Wachs 13 bis 14 Mittelwände im Zandermaß ergeben. Saubere, nicht verunreinigte Mittelwände erhält man, wenn der Wachstopf einige kg Wachs aufnehmen kann, damit der am Boden befindliche Schmutz beim Entnehmen des Wachses nicht in den Schöpfer kommt. Ein Umrühren ist daher zu vermeiden.
Bei allen Wachsarbeiten ist auf die entstehende Brandgefahr zu achten. Deshalb darf flüssiges Wachs in Töpfen niemals zu stark erhitzt und unbeaufsichtigt gelassen werden. Um entstehenden Brand sofort erstikken zu können, sollte stets eine möglichst feuchte Decke griffbereit sein.

Rähmchen lochen und drahten

Trotz verschiedenster Versuche hat sich die Mittelwandbefestigung über gespannte Drähte bis heute erhalten und bewährt, obwohl das Rähmchen-Drahten zu den zeitaufwendigsten und wohl auch unbeliebtesten Arbeiten zählt.
Gedrahtet werden zunächst einmal alle neuen Rähmchen, dann die noch brauchbaren, aus denen die Altwaben ausgeschnitten wurden und schließlich diejenigen, bei denen beim Wachsausschmelzen der Draht gerissen ist.
Werden in größerer Zahl neue Rähmchen als Ersatz verwendet, so muß entschieden werden, ob Längsdrahtung oder Querdrahtung in Frage kommt.
Bei der **Längsdrahtung** befinden sich die Löcher für die Drähte im Ober- und Unterteil, so daß die Drähte bei eingehängter Wabe senkrecht stehen. Bei rechteckigen

Rähmchenmaßen, wie z.B. Zander, können durch Einziehen mehrerer Drähte die Abstände verkleinert werden, so daß ein Durchbiegen eingelöteter Mittelwände ausbleibt. Bei den verhältnismäßig großen Rähmchenmaßen (bei Zandermaß 40 cm) ist dem Spannen der Drähte eine gewisse Grenze gesetzt. Ein Überspannen verursacht ein Durchbiegen von Ober- und Unterteil, was bei wenig Abstand zwischen Rähmchenober- und Unterteil und Mittelwand ein zusätzliches Zuschneiden der Mittelwand notwendig macht. Zu leichtes Spannen der Drähte ergibt unstabile Waben, die beim Schleudern gerne zerbrechen. Längsdrahtung macht es notwendig, daß die Drähte gleichmäßig verteilt eingezogen werden, z.B. bei Zandermaß fünf Drähte auf 40 cm. Dabei ist darauf zu achten, daß die beiden ersten Drähte von den Seitenteilen her gesehen in einem Abstand von ca. 1 cm angebracht werden. Bei Längsdrahtung lassen sich die Löcher oder Bohrungen für die Drähte einfacher anbringen, da Ober- und Unterteil stets gleich breit sind. Ein gewisser Nachteil liegt darin, daß beim Säubern der Ober- und Unterteile von Wachsresten die Drähte leicht abgetrennt werden.

Die **Querdrahtung** verlangt an den Seitenteilen der Rähmchen Löcher oder Bohrungen, die angesichts des Hartholzes dieser Rähmchenteile und der verschiedenen Breite bei Hoffmann-Ausführung schwieriger anzubringen sind. Bei einer Breite von 20 cm bei Zandermaß genügen 4 Drähte, die bei eingehängter Wabe waagerecht liegen. Infolge dieser geringen Spannweite können die Drähte stärker gespannt werden, ohne daß sich die Seitenteile durchbiegen. Da sich Holz im Laufe der Zeit auch in noch so trockenem Zustand verzieht, wirkt sich eine stärkere Spannung der Drähte vor allem bei solchen Waben vorteilhaft aus, die im Ausschmelzverfahren erneuert werden. Ein Nachspannen wird sich dann bei einem Großteil der Rähmchen erübrigen, wenn die Drähte von Anfang an stärker gespannt worden sind. Bei der Querdrahtung kommt ein Abtrennen der Drähte praktisch nicht vor, da an den Seitenteilen außen kaum Wachsanbauten auftreten.

Aus einer Gegenüberstellung der Vor- und Nachteile beider Drahtungssysteme ergibt sich so gut wie kein Unterschied der beiden Varianten. Sollen die Altwaben jedoch ausgeschmolzen und nicht ausgeschnitten werden, so ist wegen der größeren Spannungsmöglichkeit die Querdrahtung mit stärkerem Nirosta-Draht vorzuziehen.

Die Löcher in den Rähmchen werden heutzutage überwiegend eingebohrt. Sie lassen sich ohne weiteres im Durchmesser von 1,5 bis 2 mm und mit glatter Oberfläche herstellen, so daß das Einziehen der Drähte dadurch wesentlich einfacher ist. Beim Stanzen dagegen splittert das Holz beim Austreten der Nadel, so wird das Einfädeln des Drahtes oft unmöglich gemacht. Falls

Abb. 54. Das Abheben und das Stapeln der Mittelwand.

Abb. 55. Das Spannen der Drähte von Hand.

eine Einrichtung zum Mehrfachbohren vorhanden ist, lassen sich mit Hilfe eines im Handel erhältlichen Rähmchenlochers die Bohrungen auf den Rähmchenteilen fixieren. Danach werden die Löcher mit Hilfe einer in einem Schraubstock eingespannten, schnell laufenden Bohrmaschine eingebohrt, wobei die Zentrierung durch das mit Hilfe des Rähmchenlochers vorgeprägten Loches erfolgt. Da die Bohrung mit dem Rähmchenlocher nur angedeutet und ins Holzteil eingedruckt zu werden braucht, genügt dazu eine kurze Nadel, die weniger schnell abbricht. Ein Arbeitsplatz mit den entsprechenden Ablagemöglichkeiten und scharfen Bohrern ermöglicht ein schnelles Arbeiten, das nach einer kurzen Einarbeitungszeit und mit etwas Geschicklichkeit kaum mehr Zeit in Anspruch nimmt als die Arbeit mit einem Bohrgerät.

Auf Rähmchen, die bereits einmal gedrahtet und verwendet wurden, sind die Löcher meist mit Wachsresten und Kittharz verstopft. Vor dem neuerlichen Drahten müssen die Löcher dann freigemacht werden, auch hier wieder mit dem Bohrer. Da sich in diesem Fall der Bohrer leicht ansetzen läßt, erübrigt sich das Vorstanzen mit Hilfe des Rähmchenlochers. Bei dieser Gelegenheit werden nicht mehr brauchbare Rähmchen ausgeschieden und solche, die durch jahrelangen Gebrauch nicht mehr fest genug genagelt sind, repariert. Meistens genügt ein Nachschlagen der Nägel.

Zum Drahten, d.h. zum Einfädeln des Drahtes, ist die Vorbereitung und Herrichtung des Arbeitsplatzes von nicht zu unterschätzender Bedeutung. Ein stabiler Tisch ist so aufzustellen, daß die Arbeit im Sitzen verrichtet werden kann. Langes Stehen, womöglich in gebückter Haltung wirkt sehr bald ermüdend. Die Drahtrolle muß drehbar angebracht sein. Hammer, Schere und Nägel sind griffbereit immer an der gleichen Stelle abzulegen. Die Nägel zum Befestigen der Drahtenden sollten einen großen Kopf haben und nicht zu kurz sein, da sie sich dadurch mit den Fingern leichter greifen und am Holz ansetzen lassen.

Begonnen wird mit dem Ansetzen und teilweisen Einschlagen der Befestigungsnägel. Bei einer ungeraden Zahl von Spanndrähten – egal ob Längs- oder Querdrahtung – werden die Nägel zum Befestigen des Drahtes einander schräg gegenüber in der Diagonale auf Ober- und Unterteil oder den Seitenteilen des Rähmchens angebracht. Beim Einfädeln des Drahtes ist es wichtig, daß genügend nachgezogen wird, um Bewegungsspielraum zu haben. Ist der Draht durch alle Bohrungen geführt, wird das lose Ende am Nagel befestigt und zwar so, daß bei einem dreimaligen Umwickeln kein zu großes Ende übersteht. Dann wird der Nagel eingeschlagen. Das überstehende kurze Ende kann durch mehrmaliges Hin- und Herbewegen abgerissen oder mit einer Schere abgeschnitten werden.

Zum Spannen wird der Draht dann nachgezogen und mit dem anderen Ende am dort befindlichen Nagel befestigt. Erst dann wird er mit der Schere oder Zange abgetrennt. Bei Längsdrahtung empfiehlt es sich, die Drähte erst endgültig zu spannen, wenn die Mittelwände eingelötet werden. Die Erfahrung hat gezeigt, daß solche Waben stabiler sind, da es doch vorkommt, daß sich bei langem Stehen der Rähmchen der Draht lockert. Dem kann etwas entgegengewirkt werden, wenn die Bohrungen Metallösen erhalten, deren Einführung jedoch sehr zeitraubend ist. Ein Spannen der Drähte beim Einlöten der Mittelwände ist vorteilhafter.

Mittelwände einlöten

Mit Hilfe des Trafolöters ist diese Arbeit wesentlich leichter geworden und kann gleich nach dem Rähmchendrahten ausgeführt werden. Die Rähmchen mit den fertig eingelöteten Mittelwänden sollten in bereitgestellten Zargen aufbewahrt werden, damit sie besser vor Bruchgefahr geschützt sind. Außerdem behält die angehende Wabe bei verschlossenen Zargen ihren wohlriechenden Duft.

Beim Einlöten dürfen nur Mittelwände verwendet werden, die allseitig zwischen den Rähmchenteilen einen Spielraum aufwei-

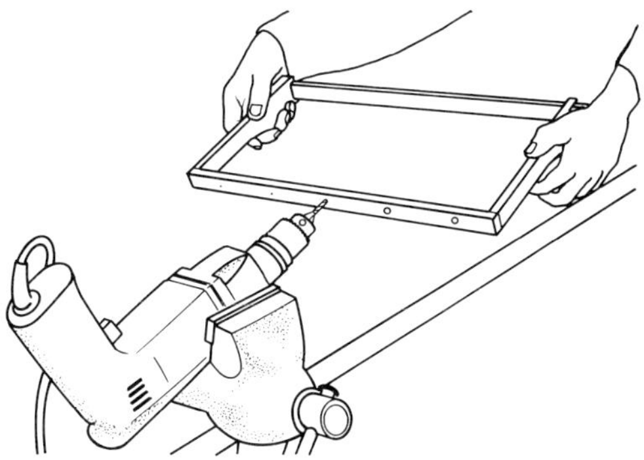

Abb. 56. Einfaches Bohren von Löchern mit Hilfe einer im Schraubstock eingespannten Bohrmaschine. Bei neuen Rähmchen erfolgt das Markieren mit Hilfe eines Rähmchenlochers (Lampeitl 1984). Bei Rähmchen, die erneut gedrahtet werden, erübrigt sich das Markieren. Mit Wachs und Kittharz verstopfte Löcher brauchen nur mit Hilfe des schnellaufenden Bohrers freigemacht werden.

sen. Ist dies nicht der Fall, können sie sich bei Wärme nicht ausdehnen und verziehen sich; das beeinträchtigt die Haltbarkeit der Waben. Dennoch legt man die Mittelwand so ein, daß zwar am Rähmchenoberteil der entsprechende Spielraum entsteht, die Mittelwand aber am Rähmchenunterteil anliegt.

Nach diesem Verfahren entstehen überwiegend allseitig an Holz angebaute Waben, die dadurch eine zusätzliche Stabilität erreichen. Würde man die Mittelwand oben anstehen lassen, so entstünde am Rähmchenunterteil zuviel Spielraum und die Wäbe hätte dort ihren Halt nur an den Drähten, der bei Querdrahtung noch verringert wäre. Vorhandener Zwischenraum am Oberteil des Rähmchens wird von den Bienen ohnehin ausgebaut.

Zum Einlöten der Mittelwand wird das fertig gedrahtete und gespannte Rähmchen so auf den Tisch gelegt, daß die Köpfe der Nägel, mit denen die Drahtenden befestigt sind, nach oben zu liegen kommen. Nach Auflegen der Mittelwand wird mit Hilfe des Trafos ein Stromkreislauf zwischen den beiden Nägelköpfen geschlossen, so daß eine schnelle Erwärmung des Drahtes eintritt. Durch das Eigengewicht der Mittelwand dringt der erwärmte Draht in das Wachs ein. Sobald er von oben betrachtet sichtbar wird, ist der Stromkreislauf zu unterbrechen, da der Draht bei zu langer Erwärmung die Mittelwand sonst durchschmelzen kann. Sollte infolge Unebenheit der Mittelwand der Draht an einigen Stellen nicht richtig eingeschmolzen sein, so bewirkt ein Darübergleiten mit der Hand ein Eindringen des noch heißen Drahtes. Beim Einhängen des Rähmchens mit der fertig eingelöteten Mittelwand ist darauf zu achten, daß man sich beim Berühren des noch heißen Drahtes nicht die Hände verbrennt.

Futterteigherstellung

Die Herstellung größerer Mengen Futterteig durch Umrühren und Kneten der Bestandteile Honig und Puderzucker ist recht zeitaufwendig und erfordert sehr viel Kraft, insbesondere, wenn die Masse sich dem fertigen Zustand nähert. Eine Zubereitung mit der Teigknetmaschine erleichtert diese Arbeit wesentlich. Zuerst wird der Puderzucker eingefüllt. Während des Rühr- und Knetvorganges erfolgt die Zugabe des Honigs, der auf 30 bis 40°C erwärmt sein muß, damit er sich schneller mit dem Zucker vermischt. Auch ein Strecken des Honigs mit bis zu 10% Wasser ist möglich (Weiß 1980). Je nach Größe der Maschine können 50 kg Futterteig in längstens einer Stunde hergestellt werden.

Die Herstellung eines Futterteiges nach dem Durchdringungsverfahren (s. Seite 81) geschieht am besten, wenn das Aufbewahrungsgefäß wechselweise mit Schichten aus Puderzucker und aufgelöstem Honig gefüllt wird.

Beutenreparatur und Gerätereinigung

Trotz noch so behutsamem Umgang mit den Gerätschaften wird es nicht ausbleiben, daß kleiner Reparaturen anfallen. Defekte Schlösser, sich lösende Isolationen, oder auch zu Bruch gegangene Holzteile können in den Sommermonaten meist nicht gleich ersetzt werden. Um größere Schäden – vor allem an Zargen, Böden und Deckeln – zu vermeiden, sind solche Reparaturen im Zuge der vorbereitenden Arbeiten zu erledigen. Dazu zählen auch Beutenanstriche, die in der Regel alle 3 bis 4 Jahre erneuert werden. Im Zuge einer Beutenreparatur wird auch das Kittharz entfernt, das vor allem an den Rähmchenauflageleisten anzutreffen ist und dort das Einhängen und Verschieben der Waben wesentlich erschwert und die notwendige schnelle Bearbeitung der Völker behindert. Holz und Hartfaserteile an Beuten können auch abgeflammt werden. Die Flamme einer Lötlampe reinigt nicht nur, sondern tötet auch Krankheitserreger.

Mit zu den aufwendigsten Reinigungsarbeiten zählt das Saubermachen der **Futtereimer, Futterdeckel** und **Futtergeschirre,** vor allem dann, wenn sie im Spätherbst nach Beendigung der Auffütterung in größerer Zahl anfallen. Eine anschließende sofortige Reinigung erleichtert diese Arbeit erheblich.

Nach kurzem Einweichen in warmem Wasser, dem ein herkömmliches Spülmittel zugesetzt wird, läßt sich der in den Kunststoffeimern angetrocknete Schmutz mit Hilfe einer Bürste leicht lösen. Das gleiche trifft auch für die Deckel zu, ausgenommen das feine Sieb in der Mitte des Deckels, sofern es durch Kittharz verklebt ist. Ein Nachspülen in klarem Wasser löst anhaftende Spülmittelreste an den Wänden.

Die Arbeit wird am leichtesten bewältigt, wenn man in einer Blechwanne, die nahezu randvoll mit Wasser gefüllt ist, einige Eimer und Deckel einweicht und sie dann mit der Bürste auswäscht. In einem danebenstehenden Gefäß werden sie anschließend gleich ausgespült. Das gleiche gilt auch für Futtergeschirre. Futterdeckel können nach dem Abwaschen auch mit dem Wasserschlauch nachgespült werden. Zum Ablaufen und Abtrocknen werden die Eimer und Deckel entweder im Waschraum oder bei schönem Wetter im Freien aufgestellt. Nach ein bis zwei Stunden sind sie trocken und können alle Eimer ineinandergestapelt werden, die Deckel kommen in eine Kiste.

Das Reinigen der mit Kittharz verklebten

Abb. 57. Säubern der feinmaschigen Siebe der Deckel der Futtereimer mit Hilfe der kleinen Flamme einer Lötlampe.

feinen Siebe der Futtereimerdeckel erfolgt mit Bürste und Salmiaklösung. Noch einfacher ist es, wenn diese Siebe mit der kleinen Flamme einer Lötlampe ausgebrannt werden. Hierbei ist jedoch zu beachten, daß die Flamme nicht zu nahe an den Rand des Siebes kommt, da Kunststoffe solchen hohen Temperaturen nicht standhalten. Ein Lösen des Siebes wäre die Folge. Das gleiche tritt auch ein, wenn das Kittharz zu brennen beginnt und die Flamme nicht sofort ausgeblasen wird. Nach dem Abkühlen können die noch anhaftenden, verbrannten Kittharzreste mit einer Bürste abgestreift werden.

Abkehrbesen und sonstige Kleingeräte werden in der Regel gleich nach Gebrauch gereinigt. Anders verhält es sich beim Smoker. Hier ist eine gründliche Reinigung einmal im Jahr angebracht, damit er in den Sommermonaten einsatz- und funktionsbereit zur Verfügung steht. Anhaftende Teer-

und Rußrückstände im Kessel und am Deckel lassen sich mit Hilfe eines Schraubenziehers nur teilweise abkratzen. Eine restlose Entfernung gelingt durch Abbrennen mit einer Lötlampe und leichtem nachfolgendem Abstreifen mit dem Schraubenzieher. Da die Blechteile sehr heiß werden, ist Vorsicht geboten!

In den Sommermonaten, in denen die Arbeit an den Völkern im Vordergrund steht, bleibt oft kaum Zeit, größere Aufräumaktionen in den Wirtschaftsräumen und am Standort der Völker durchzuführen. Wenn jedoch die Arbeit an den Völkern abgeschlossen ist, muß dazu die notwendige Zeit vorhanden sein. Die Geräte werden dann nicht nur gesäubert, sondern kommen auch wieder an den für sie vorgesehenen Platz. Dabei ist darauf zu achten, daß verbrauchte Gerätschaften, die sich nicht mehr reparieren lassen, ausgeschieden werden. Sie nehmen sonst nur unnötig Platz weg und erschweren die Ordnung. Zur Aufräumaktion gehört auch das Saubermachen und Aufwaschen der Fußböden in den Arbeitsräumen.

Abb. 58. Das Gießen von Weiselbechern. Nicht zu heißes Wachs und Eintauchen des Formholzes in kaltes Wasser vor und nach dem Gießvorgang erleichtert das Abstreifen des Bechers.

Auch die nicht besetzten Paletten werden jetzt am Standplatz der Völker im Geräteraum übereinandergestapelt.

Im zeitigen Frühjahr nach dem Reinigungsfluge ist es sinnvoll, die notwendigen Reparaturen an den Bauwerken durchzuführen. Eine Störung der kaum mehr auf der Wintertraube befindlichen Völker ist dann nicht mehr zu befürchten. Außerdem sind bei der noch geringen Volksstärke die Beeinträchtigungen durch Bienenflug geringer, als wenn im Sommer an den Bauwerken gearbeitet wird.

Zuchtrahmen richten

Diese Arbeit beginnt mit dem Reinigen der Weiselpfropfen und des Zuchtrahmens. Anhaftende Wachsteile und Kittharz werden mit einem scharfen Messer abgekratzt. Zusätzlich können die Pfropfen in warmem Wasser eingeweicht und ausgewaschen werden. Anschließend müssen sie etwa einen Tag trocknen.

Zum Gießen der Weiselbecher wird sauberes, reines Bienenwachs in einer Blechdose im Warmwasserbad verflüssigt. Bevor das Formholz ins Wachs getaucht wird, ist es im Wasserbad zu schwenken, damit der erstarrte Weiselbecher nicht auf dem Holz haften bleibt und sich leicht abstreifen läßt. Das Formholz ist dreimal hintereinander in das nicht zu heiße Wachs einzutauchen,

Abb. 59. Flüssiges Wachs, das zum Festmachen des Bechers auf dem Holzpfropfen benötigt wird, entsteht tropfenweise aus zusammengerollten Mittelwandresten, die über die kleine Flamme einer Lötlampe gehalten werden.

Abb. 60. Das Aufsetzen des Weiselbechers.

und zwar auf eine Länge von 5 bis 8 mm. Bei nicht zu heißem Wachs ergibt dies stabile Weiselbecher. Werden sehr viele Weiselbecher gebraucht, ist die Herstellung mit Hilfe mehrerer auf einer Griffplatte befestigter Formhölzer zu empfehlen. Hierbei sind Lösungsmittel wie Wabelos, oder solche Lösungen wie sie beim Mittelwandgießen verwendet werden, zu empfehlen. Die getrockneten Weiselbecher werden in verschließbaren Gefäßen aufbewahrt. So bleibt der Wachsgeruch erhalten und die Becher verstauben nicht.

Das Befestigen der frisch gegossenen Weiselbecher auf dem Weiselpfropfen geschieht mit Hilfe von flüssigem Wachs, das mit einem Teelöffelchen und einem Lötrohr aus dem Behälter entnommen wird und in der Höhlung des Pfropfens nach Andrücken des Bechers erstarrt. Als weitere Methode kann dafür flüssiges Wachs mit Hilfe der kleinen Flamme einer Lötlampe hergestellt werden. Dazu werden Mittelwandreste so zusammengerollt, daß ein rundliches Gebilde von ca. 1 bis 2 cm Durchmesser in einer Länge von 10 bis 15 cm entsteht. Wenn man diese Wachsrolle über die Flamme hält, entstehen Tropfen, die in der Höhlung des Pfropfens aufgefangen werden und mit dem daraufgedrückten Weiselbecher eine feste Verbindung mit dem Holz eingehen. Es empfiehlt

Abb. 61. Auf gleiche Weise werden die Holzpfropfen samt Weiselbecher auf dem Zuchtrahmen befestigt.

sich, die Becher und Pfropfen griffbereit in die Nähe der Lötlampe zu legen, damit man zügig arbeiten kann.
Und auch die Weiselpfropfen werden mit flüssigem Wachs auf den Latten des Zuchtrahmens befestigt. Dadurch lassen sie sich mit Hilfe eines Messers oder durch kräftiges Drehen mit der Hand auch wieder lösen. Zuchtlatten mit Bohrungen sind überholt.

Arbeiten an den Völkern

Reinigungsflug

Je nach den Temperaturverhältnissen in den Monaten Januar, Februar oder März und entsprechend der Futterqualität in den Völkern (Lampeitl 1984) erfolgen die Reinigungsflüge. Wenn der Winter ab Dezember sehr streng ist, wird in der Regel nur ein solcher Flug stattfinden. In milden Wintermonaten mit mehreren Flugtagen sind dagegen wöchentliche Reinigungsflüge keine Seltenheit. Flugbienenverluste und damit eine Schwächung der Völker sind die Folgen solcher milder Winter.
Unsere Beuten sind so konstruiert, daß jederzeit Bienen abfliegen können. Auch bei strengster Kälte stellen wir fest, daß kranke Bienen sich von der Beute entfernen und draußen eingehen. Besondere Vorkehrungen für einen Reinigungsflug sind daher nicht zu treffen, jedoch wird man die Mäu-

sekeile und die abgefallenen toten Bienen von den Fluglöchern entfernen. Wer jedoch die Möglichkeit hat, am Tage des Reinigungsflugs bei seinen Völkern zu sein, sollte dies wahrnehmen, insbesondere dann, wenn die Bienenvölker einige Monate lang nicht fliegen konnten. Stellt man fest, daß ein Volk überhaupt nicht fliegt, so kann entweder keine Notwendigkeit für einen Reinigungsflug bestehen, oder das Volk ist eingegangen, oder das Flugloch ist durch abgenagtes Wachs von einer eingedrungenen Maus so verstopft worden, daß die Bienen eingeschlossen sind und das Volk eingeht.

Die oft noch vorherrschende Praxis, am Tage des Reinigungsfluges Säcke, Tücher und dergleichen vor den Völkern, womöglich noch auf dem Schnee auszubreiten, ist überholt und auch nicht notwendig. Bienen, die an diesem Tage ausfliegen und draußen eingehen sind krank und sollten als Krankheitsträger nicht wieder ins Volk zurückkehren. Deshalb ist es völlig abwegig, wenn solche Bienen aufgesammelt und ins Volk zurückgegeben werden.

Böden wechseln und reinigen

Trotz der Reinigungsflüge werden am Boden noch genügend Gemüll und tote Bienen liegen bleiben. Wird dies nicht entfernt, so bleiben Krankheitserreger im Volke. Außerdem ist Gemüll der beste Nährboden für die Wachsmotten. Zwar wird sich mit fortschreitender Jahreszeit und zunehmender Stärke auch das Volk dieser Fremdkörper entledigen, jedoch sollte der Imker aus hygienischen Gründen besser schon vorher eingreifen.

Dazu brauchen nur die verschmutzten gegen sauber gereinigte Böden ausgetauscht werden. Man löst die Verbindungen zur Zarge hin, hebt die Zarge mit dem darauf befindlichen Deckel ab, tauscht den Boden aus und setzt das Volk wieder darauf. Ein weiteres Eingreifen ist nicht notwendig, man kann jedoch gleichzeitig die Windelentnahme zur Gemülluntersuchung auf einen eventuellen Varroa-Befall vornehmen (s. Seite 163). Stehen für den gesamten Bestand an Völkern Ersatzböden zur Verfügung, kann das Wechseln in einem Arbeitsgang erfolgen. Ist dies nicht der Fall, so sind die ausgewechselten Böden zu reinigen. Mit einem stabilen Spachtel wird zunächst der gröbste Schmutz abgekratzt. Ein Nachwaschen mit Hilfe einer dünnen Sodalösung entfernt den weiteren Schmutz. Durch Abbrennen mit der Flamme einer Lötlampe werden widerstandsfähige Krankheitserreger abgetötet. Dieses

Abb. 62. Ein Abkratzen der Böden mit nachfolgender Reinigung ist im Frühjahr unbedingt notwendig.

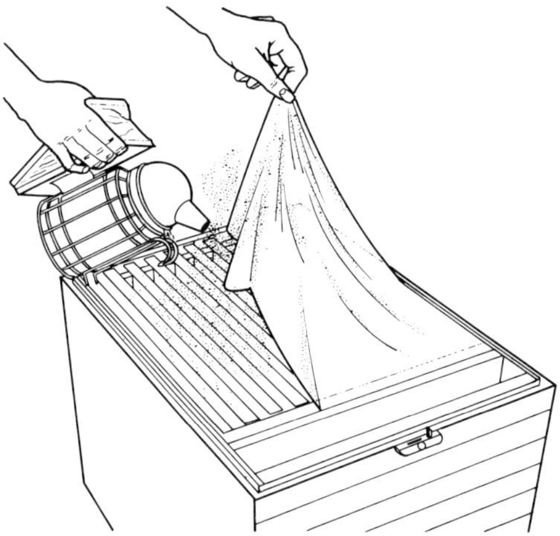

Abb. 63. Eine wesentliche Erleichterung bei der Bearbeitung der Völker wird erzielt, wenn beim Abheben der Folie gleichzeitige sanfte Rauchstöße aus dem Smoker gegeben werden.

schnellere und sicherere Verfahren ist dem Abwaschen vorzuziehen, allerdings muß der Boden zuvor mit Spachtel oder Stockmeißel sauber abgekratzt werden.
Das Wechseln der Böden geht mit zwei Arbeitskräften schnell vor sich. Dies gilt insbesondere für das Abheben von Völkern auf zwei Zargen von den Böden.

Reizfütterung

Sie soll im Frühjahr einen verstärkten Bruteinschlag bewirken, der durch einen zusätzlichen Futterstrom durchs Volk erreicht wird. Eine Reizfütterung kann aber erst nach dem Reinigungsfluge stattfinden. In unseren Breiten ist dies, je nach Witterung in der Regel ab Mitte März, der Fall, wobei es schon Jahre gab, in denen zu dieser Jahreszeit noch Schnee lag und Frost herrschte. Da sich das Volk bei solchen Witterungsverhältnissen zur Traube zusammenzieht, ist eine Reizfütterung bei solchen Witterungsverhältnissen nicht zu empfehlen.
Als Reizfutter kann in den Frühjahrsmonaten nur invertiertes Futter Verwendung finden. Das ist entweder Honig oder von den Bienen umgearbeitetes Winterfutter. Beide Futtervarianten enthalten sowohl Trauben- als auch Fruchtzucker. Es erübrigt sich nicht nur eine Invertierung durch die Arbeitsbienen, sondern beide Zuckerarten natürlich gemischt stellen ein optimales Futter dar, das den Organismus des Bienenkörpers nicht belastet, Wärme im Volke erzeugt und für die Königin hochwertig ist. Zur Not kann auch mit Honig hergestellter Futterteig Verwendung finden, jedoch mit gewissen Abstrichen.
Als erste Reizfütterung genügen ca. 250 bis 500 g kristallisierter, jedoch nicht zu harter Rapshonig. Er wird mit einer Spachtel aus dem Eimer herausgestochen und über den Bienensitz auf die Rähmchenoberteile aufgetragen. Ein Rauchstoß aus dem Smoker vertreibt die Bienen in die Wabengassen. Da der Honig nicht flüssig ist, bleibt er dort liegen und kann von den Bienen zügig aufgenommen werden.

Oben links: Die geschlüpfte Weiselzelle im Ableger. Hier findet die Königin optimale Verhältnisse.
Oben rechts: Leistungsfähige Königinnen sind nur über natürliche Aufzucht- und Pflegemaßnahmen und vollwertige Begattung zu erzielen.
Mitte rechts: Ein Ableger, der erweitert werden muß. Die Futterversorgung erfolgt mit Hilfe von Futterteig in der Futtertasche.
Unten links: So wird eine begattete Königin einem Ableger zugesetzt. Sogleich erwachender Bruttrieb zeigt an, daß das Volk in Harmonie ist.
Unten rechts: Ein von Schwarzsucht stark befallenes Bienenvolk in der Tannentracht. Bei der Wahl von Zuchtvölkern wird man solche Völker nicht berücksichtigen, da sie nicht widerstandsfähig gegenüber Krankheiten sind.

Gleichzeitig mit dieser ersten Reizfütterung wird die Abdeckfolie, die sich zwischen oberer Zarge und Deckel befindet, gewechselt. Sie ermöglicht eine Kontrollbeobachtung des Volkes, ohne daß große Störungen vorgenommen werden. Außerdem hält sie im Frühjahr das auftretende Schwitzwasser zur Deckung des Wasserbedarfes im Volke zurück. Wird sie gleich bei der ersten Reizfütterung im Frühjahr gewechselt, bleibt sie bis zum Spätsommer durchsichtig und bei stabiler Ausführung auch ohne Löcher und Risse.

Mit fortschreitender Jahreszeit bewährt es sich, die noch im Volk befindlichen Futterwaben zur Reizfütterung aufzuritzen. Sie enthalten von der Winterauffütterung herrührend ebenfalls invertiertes Futter, das in Brutnestnähe gelagert leicht erreichbar ist. Es wird von den Bienen sofort aufgenommen.

Das Aufritzen geschieht entweder durch Eindrücken der Zelldeckel mit einem Stockmeißel oder mit Hilfe einer Entdeckelungsgabel. Schneller geht dies mit der Entdeckelungsgabel. Dabei werden die entnommenen Waben durch Abstoßen bienenfrei gemacht, auf einer Ecke aufgestützt mit einer Hand gehalten und mit der anderen Hand mit Hilfe der Entdecklungsgabel

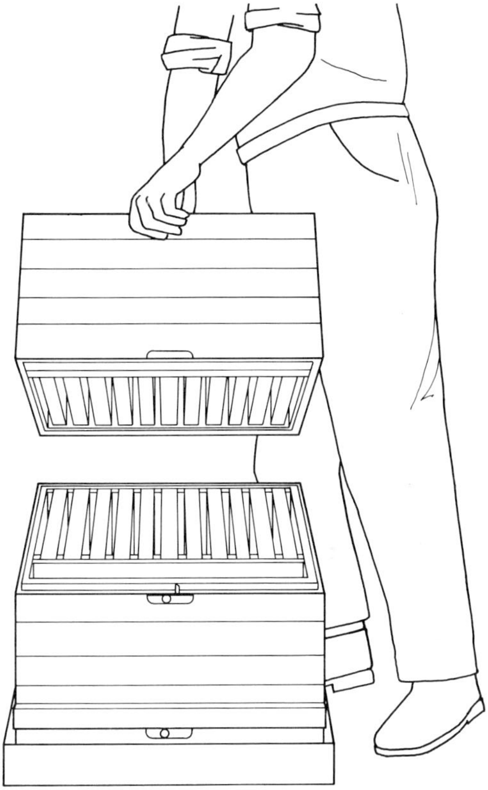

Abb. 64. Das Abheben der Zarge von Hand geht nach wie vor noch am schnellsten.

aufgeritzt. Wichtig ist, daß nicht zu viele Zelldeckel eingedrückt werden, da sonst nach dem Einhängen zu viel Futter herausläuft. Je nach Volksstärke und Jahreszeit kann diese Art der Fütterung zwei- bis dreimal wiederholt werden, ohne daß dadurch eine Blütenhonigverfälschung eintritt. Bei schwachen, angeschlagenen Völkern, ist das Aufritzen von Futterwaben sinnlos.

In manchen Jahren erleben wir im April oder manchmal auch noch Anfang Mai länger anhaltende Kaltlufteinbrüche, die das in Gang gekommene Brutgeschäft und damit die aufsteigende Entwicklung ins Stok-

---

Oben links: Schlüpfreife Varroa-Weibchen an einer Drohnenpuppe.
Oben rechts und Mitte links: Auf Arbeitsbienen weiterlebende Varroa-Milben stören das soziale Verhalten der Insekten.
Mitte rechts: Von Milben befallene Arbeiterinnenbrut führt zu Mißbildungen, unter anderem zu Bienen fast ohne Hinterleib.
Unten links: Schäden an der Arbeiterinnenbrut bei starkem Varroa-Milbenbefall. Wenn nicht sofort etwas unternommen wird, sind solche Völker meist verloren.
Unten rechts: Die Wachsmotte in einem Gang an einer Rähmchenoberleiste.

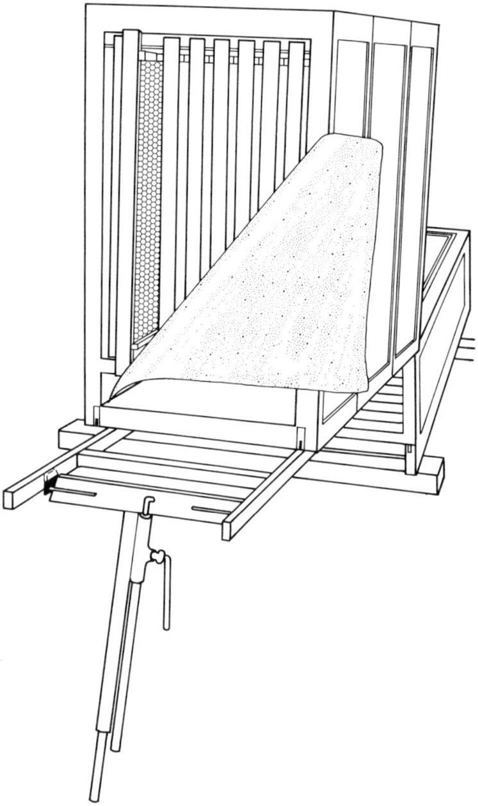

Abb. 65. Einstellbare Kippständer an der Hohenheimer-Wanderbeute ermöglichen auch das Abkippen von drei Zargen. Eine sichere Verbindung der untersten Zarge mit Boden am Wanderbock ist unerläßlich. Eine kraftsparende jedoch dagegen zeitaufwendigere Möglichkeit, Eingriffe in untere Zargen von Völkern vorzunehmen.

ken bringen. In dieser Situation hilft eine Reizfütterung. Ein Ziehen der Waben bei Schneeschauern, Regen und Temperaturen um den Gefrierpunkt ist nicht ratsam; zuviel Flugbienenverluste wären die Folge. Wenn man dagegen auf den Bienensitz Futterteig auflegt oder aufstreicht, so liefert er den Bienen nicht nur Wärmeenergie, sondern verhindert auch, daß sich bei solchen Witterungsverhältnissen das Volk erneut zur Traube zusammenzieht. Nach dem Abheben des Deckels und Zurückschlagen der Folie bis zum Bienensitz ist der Futterteig schnell aufgelegt, so daß die Völker nicht zu lange offen bleiben. Eine Hilfskraft, die die Schlösser an den Beuten wieder schließt und Handreichungen durchführt, erleichtert das Arbeiten wesentlich.

Flüssigreizfütterung im Frühjahr sollten unterbleiben. Außerdem sind sie so zeitaufwendig, obwohl nur kleine Mengen gereicht werden, daß die vorbereitenden Arbeiten und das Säubern der Geschirre dazu in keinem vernünftigen Verhältnis stehen. Flüssigfütterung im Frühjahr führt zudem verstärkt zu Flugbienenverlusten.

Zugleich mit der Reizfütterung muß den Bienen Wasser im unmittelbaren Flugbereich zur Verfügung stehen. Fehlt es an natürlichen Quellen, Wasserläufen oder Seen, so ist eine Tränke aufzustellen, bei der darauf zu achten ist, daß sie auf keinen Fall versiegt (Lampeitl 1984).

Pollenersatz

In manchen Jahren, in denen die Haselblüte erfroren ist, entsteht bis zum Einsetzen der Weidenblüte eine Lücke in der Blütenstaubversorgung der Völker. Trotz Reizfütterung mit Kohlenhydraten (Honig oder invertiertes Futter) kann dies zu Brutunterbrechungen führen, wenn sich vom Spätsommer oder Herbst her nicht mehr genügend Pollen in den Waben befindet. Eine Gabe von Pollenersatzmittel im Freien hilft, diese Lücke zu schließen, wobei man sich im klaren sein muß, daß diese Fütterung nur als Ersatz für natürlichen Pollen angesehen werden kann (Lampeitl 1984). Und in der Tat befliegen die Bienen diesen Ersatz nur so lange, bis ihnen die Natur etwas besseres zu bieten hat.

Der pulvrige Pollenersatz, wie z.B. Fukopoll, kommt in eine Schachtel, in der sich am Boden etwas Holzwolle oder auch nur dürres Gras befindet. Sie wird auf einem sonnigen, windstillen Platz so aufgestellt, daß sie vor Regen und Feuchtigkeit geschützt ist. Als Schutz dienen zwei leere Zargen, die so nebeneinander gestellt werden, daß die Schachtel dazwischen Platz hat, darüber wird ein entsprechender Deckel gelegt.

Nachschau und Futterkontrolle

Nach dem Wechseln der Böden und nach der Reizfütterung wird eine Nachschau genauen Aufschluß über den Zustand und die noch vorhandenen Futterreserven der Völker geben. Die Nachschau wird oft im Zusammenhang mit dem Aufritzen der Futterwaben durchgeführt und erstreckt sich auch auf Größe und Zustand der vorhandenen Brutnester, wobei gerade jetzt die Leistungsfähigkeit der Königin sich am besten

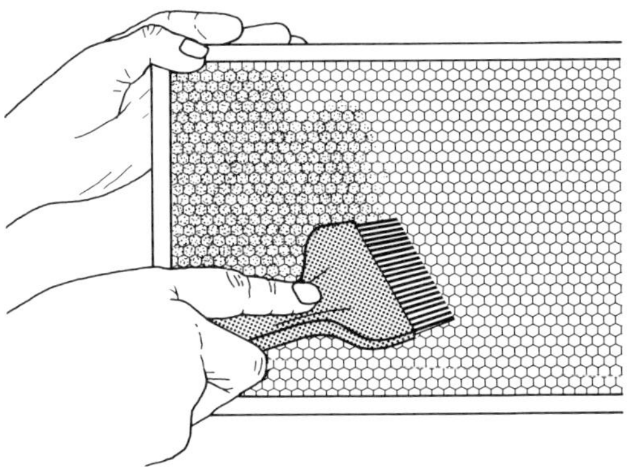

Abb. 66. Aufgeritzte Futterwaben, die an das Brutnest gehängt werden, stellen eine wertvolle Reizfütterung im Frühjahr dar. Ein zügiger Verbrauch von Winterfutter verhindert zudem Honigverfälschungen.

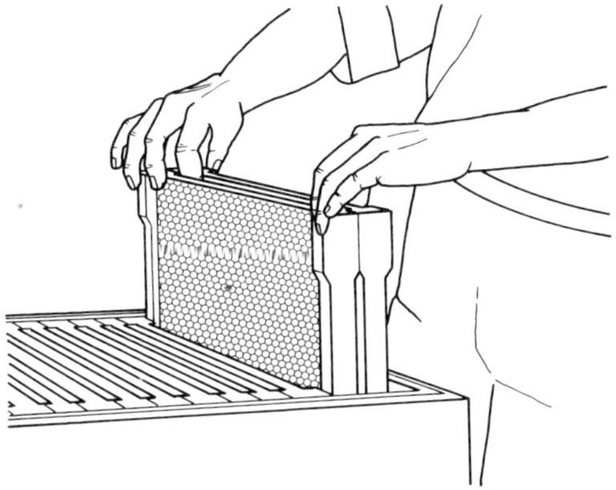

Abb. 67. Kurze Kontrollen in Völkern gehen rasch vor sich, wenn gleichzeitig zwei Waben gezogen werden.

beurteilen läßt. Zeigt ein Volk bei einer Kontrolle im April trotz genügender Stärke und ausreichenden Futtervorräten ein lükkenhaftes Brutnest auf 1 bis 2 Waben, so kann davon ausgegangen werden, daß dieses Volk zur Tracht kaum einsatzfähig sein wird. Ist jedoch bereits auf 4 bis 5 Waben Brut in jedem Alter vorhanden und nimmt das Brutnest weiter zu, so wird die natürliche Aufwärtsentwicklung weitergehen, sofern genügend Futter im Volk vorhanden ist; zusätzlich zu den Futterkränzen auf den Brutwaben sind Futtervorräte auf 2 bis 3 Randwaben notwendig. Sollte aus irgendeinem Grunde Futtermangel herrschen, sind Futterwaben nachzuhängen. Fehlt es an Futterwaben, kann man auch Futterteig in die Futtertasche geben.

Die Nachschau und die Kontrolle geht schnell vonstatten. Notwendig ist das Ziehen einer Randwabe, die in die Wanderfront gehängt wird. Die anschließenden Futterwaben werden zur Seite geschoben. Um über das Brutnest einen Überblick zu bekommen, zieht man eine mittlere Wabe und betrachtet sie über dem Bienensitz. Die Anzahl der vorhandenen Brutwaben läßt sich leicht feststellen, da die Brut schon beim Beiseiteschieben der Waben auszumachen ist. Nur wenn man nach Eiern in den Zellen sucht, ist das Ziehen der Waben unumgänglich.

Bei der ersten Nachschau wird man auch weisellose und bereits drohnenbrütige Völker entdecken. In wirtschaftlich geführten Imkereien hat es keinen Sinn, sie länger weiterzupflegen oder zu versuchen, sie zu beweiseln.

Völker, die auf zwei Zargen überwinterten, haben trotz genauer Durchsicht im Spätsommer in der unteren Zarge dunkle, verbrauchte Altwaben. Dies rührt daher, weil sie im Spätsommer noch Brutwaben enthielten oder weil bei der Durchsicht um diese Jahreszeit der unteren Zarge zu wenig Beachtung geschenkt wurde. Solche Waben werden jetzt entfernt und durch aufgebaute, honigfeuchte ersetzt, was ebenfalls einer Reizwirkung gleichkommt. Vor allem aber muß Völkern, die bereits in der unteren Zarge die Mittelwaben oder sämtliche Wabengassen belagern, Ersatz für verbrauchte Waben geboten werden. Zur ungehinderten Entwicklung eines Bienenvolkes gehört auch der entsprechende Raum in Form von Wabenmaterial.

Auflösen und Vereinigen von Völkern

Nicht nur weisellose und auch drohnenbrütige Völker sind aufzulösen, sondern auch solche mit mäßigem Entwicklungsstand. Sie würden das Jahr über nicht nur Kosten verursachen, sondern auch unnötige Zeit in Anspruch nehmen. Dazu zählen die Völker, die bei der ersten Nachschau weniger als 4 bis 5 Waben mit Bienen besetzen. Völker dagegen, die 5 bis 10 Waben mit Bienen besetzen, lassen wir vorläufig in Ruhe. Darunter werden auch welche sein, die infolge einer nicht mehr leistungsfähigen Königin kaum trachtreif werden. Sie dienen dann als Lieferanten von Bienen- und Brutmaterial für die Ablegerbildung, wobei es sinnvoll ist, diese Völker auf einem Standort zusammenzuziehen, da so die Ablegerbildung wesentlich erleichtert wird. Sollte sich bei dieser Völkergruppe außerdem noch ein Volk befinden, das in der Entwicklung keine Fortschritte macht, kann es dann immer noch aufgelöst werden.

Das Auflösen von Völkern im Frühjahr bedeutet, sie mit anderen, gesunden Völkern zu vereinigen, jedoch nicht mit einem weiteren Schwächling. Zwei Schwächlinge vereinigt, ergeben nie ein starkes leistungsfähiges Volk. Erfolgt dagegen die Vereinigung mit einem starken Volk, so erhält dieses zusätzlich Bienen und Brutmaterial, die zu einer Verstärkung führen. Völker, die 10 und mehr Waben mit Bienen besetzen und weitere 5 Waben Bienenmaterial bekommen, nehmen erfahrungsgemäß bei ausreichender Futtergrundlage eine enorme Entwicklung.

So wird zunächst das geeignete Volk bestimmt, das den Schwächling aufnehmen soll. Bei der Vereinigung wird das schwächere samt Zarge dem stärkeren aufgesetzt, von dem man zuvor den Deckel und die Folie abgenommen hat. Wird die Königin im aufzulösenden Volk zufällig gefunden, entfernt man sie. Ist dies nicht der Fall und ist sie nicht mehr leistungsfähig, wird sie ohnehin nach einer gewissen Zeit fehlen. Ein Überstreichen des Bienensitzes des stärkeren Volkes mit Futterteig erleichtert die Vereinigung, da sofort die Bienen beider Völker Beschäftigung finden. Zu Futternot kommt es in der Regel bei solchen vereinigten Völkern nicht, da das schwächere Volk meistens noch über genügend Futterwaben verfügt.

Erweitern und Raum geben

Genügend Futter in Form von Kohlenhydraten und Eiweiß hat nicht nur ausgedehnte Brutnester entstehen lassen, sondern bereits für genügend Nachwuchs von Jungbienen gesorgt. So liefert eine beidseitig voll bebrütete Zanderwabe ca. 6000 Jungbienen. Sind mehrere solcher Waben in den Völkern vorhanden, steht eine baldige Erweiterung an. Sie ist unverzüglich vorzunehmen, wenn die Wabengassen der oberen Zarge mit Bienen ausgefüllt sind. Ebenso gilt als Indiz für eine baldige Erweiterung das Durchhängen des Volkes in der unteren Zarge, wenn es, insbesondere in den Abendstunden, durch das Flugloch betrachtet wird. Zu späte Erweiterung hemmt nicht nur die Entwicklung, sondern fördert auch die Schwarmstimmung, selbst wenn es sich um eine noch so schwarmträge Biene handelt.
Erweitert wird ein Bienenvolk grundsätzlich nach oben, so wie auch entsprechend der aufsteigenden Wärme automatisch das Brutnest nach oben verlagert wird. Erweitert wird mit ausgebauten Waben und Mittelwänden. Während die ausgebauten, womöglich noch honigfeuchten Waben neben den Brutwaben das Zentrum bilden, schließen sich nach außen die Mittelwände an.
Für eine Erweiterung benötigt man zunächst ein Magazin mit Waben und Mittelwänden, das neben dem zu erweiternden Volk bereitgestellt wird.
Bevor dieses Volk geöffnet wird, entnimmt man aus der Mitte der aufzusetzenden Zarge drei Waben und stellt sie beiseite. Dieser Freiraum bietet Platz für zwei Brutwaben, bei denen es sich um auslaufende Brutwaben handeln sollte. Danach werden die restlichen Brutwaben im zu erweiternden Volk in der Mitte zusammengeschoben und der entstandene Leerraum von außen her mit den bereitstehenden Leerwaben ausgefüllt. Das kann einseitig oder auch beidseitig geschehen. Dann erfolgt das Aufsetzen der neuen Zarge, in der nun ebenso die Waben zusammengeschoben werden und die entstandene Lücke geschlossen wird. Abschließend werden die Folie und der Deckel aufgelegt.
Nach diesem Prinzip wird verfahren, wenn es sich um die Erweiterung von einer Zarge auf zwei, von zwei auf drei oder von drei auf vier Zargen handelt. Im ersten Fall sollten jedoch in der untersten Zarge nur ausgebaute Waben eingehängt werden, da dort niemals gebaut wird. In den anderen Fällen können dagegen auch Mittelwände anstatt ausgebaute Waben in die Zargen der zu erweiternden Völker eingehängt werden, insbesondere, wenn es sich um Erweiterungen zur Rapsblüte und bei Honigtautrachten handelt. Bei solchen Massentrachten ist eine rechtzeitige Erweiterung unbedingt notwendig, damit das von der Natur gebotene Gut auch gespeichert werden kann.

Schwarmverhinderung und Zwischenableger

Eine schwarmträge Biene und die rechtzeitige Erweiterung des Volkes in der aufsteigenden Entwicklung machen schwarmverhindernde Maßnahmen praktisch unnötig. Unter diesen Voraussetzungen liegt die Schwarmquote der Wirtschaftsvölker bei 10 %.
Findet man jedoch bei einer Erweiterung oder Nachschau einzelne Völker mit einer größeren Zahl angesetzter Weiselzellen und hat sich der Hinterleib der Königin be-

reits so zurückgebildet, daß sie wieder fliegen kann, befindet sich das Volk in akuter Schwarmstimmung. Als weitere Indizien gelten das Fehlen offener Brut und eine nur geringe Zahl von Eiern in den Zellen.
In einer solchen Situation erhebt sich jedesmal die Frage, das Volk entweder schwärmen zu lassen, oder durch eine geeignete Maßnahme den Abgang des Schwarmes zu verhindern. In beiden Fällen kann man jedoch nicht mehr von einem leistungsfähigen Trachtvolk sprechen.
Die Bildung eines Zwischenablegers mit der im Volk vorhandenen Königin verhindert den Abgang des Schwarmes. Dabei ist wichtig, daß im Restvolk sämtliche Weiselzellen bis auf eine ausgebrochen werden. Wenn weitere Weiselzellen übersehen werden, kann das Volk trotzdem schwärmen, jedoch bereits mit einer jungen Königin. Ist das in Schwarmstimmung geratene Volk von guter Abstammung, so wird es nach erfolgter Begattung der Königin mit dem Ableger wieder vereinigt, wobei dessen Königin entnommen wird.
Natürlicher und mit weniger Aufwand verbunden ist es, das Volk schwärmen zu lassen, obwohl die Gefahr eines Verlustes besteht oder das Volk an schwer zugänglichen Stellen gefaßt werden muß. Die Erfahrung zeigt jedoch, daß Schwärme von Völkern, die gut genährt sind, nicht weit fliegen und sich auch nicht hoch oben an Bäumen niederlassen. Der Grund mag darin liegen, daß sich die Schwarmbienen in solchen Völkern intensiv mit Honig vollgesaugt haben und daher auch nicht weit und hoch fliegen.
Der gefaßte Schwarm wird in eine Zarge mit Mittelwänden und ein oder zwei ausgebauten Waben geschlagen und kommt an die Stelle des abgeschwärmten Volkes, das einen neuen ca. 10 m entfernten Standplatz erhält. Dadurch verliert das abgeschwärmte Volk die Flugbienen an den Schwarm, der sogleich die im ursprünglichen Volke befindlichen Honig- und Leerwaben erhält. Nach Ausbrechen der Weiselzellen bis auf eine oder Beweiselung mit einer Rassekönigin und Einengen auf die noch vorhandenen Brutwaben stellt dieses Restvolk einen Ableger dar, während der verstärkte Schwarm durch den Zuflug der Flugbienen ein Trachtvolk geworden ist. Bei herrschender oder bevorstehender Tracht ist diese Methode dem Zwischenableger vorzuziehen, da die Schwarmstimmung des Volkes schlagartig erlischt, während es bei der Zwischenablegerbildung im Hauptvolk angesichts der fehlenden Königin an Harmonie und damit Trachtbereitschaft mangelt.

Spätsommerpflege

In den Monaten Juli, August, September, je nach Trachtende, wird der Grundstock für den Zustand der Völker im kommenden Jahr gelegt.
Frühzeitiges Trachtende in Jahren ohne Honigtautrachten bedeutet in vielen Gegenden bereits Ende Juni/Anfang Juli ein Aufhören oder zumindest ein Versiegen der Futterströme ins Volk. Sowohl bei fehlenden Pollen als auch bei ausbleibender Kohlenhydratnahrung wird das Brutgeschäft stagnieren. Die Folge davon sind fehlende Jungbienen und schwache Völker, die mit sehr viel Altbienen in den Winter gehen. So wird es dann im Frühjahr zu höheren Ausfallquoten und einer stagnierenden Entwicklung kommen.
Völker in geräumigen Beuten haben in der Regel im Spätsommer noch genügend Pollenvorräte in den Waben, so daß neben dem Futterangebot in der Natur – meistens

auf den Vor- und Hausgärten – die Eiweißversorgung gesichert ist.
Nach der Schleuderung des Blütenhonigs, womöglich bis auf den letzten Rest, fehlt es den Völkern an Energienahrung. Eine Spätsommerpflege in Form einer Fütterung wird notwendig und läßt sich übrigens auch dann unbedenklich durchführen, wenn Honigtautrachten ausbleiben oder nicht mehr genutzt werden. Das Aufsetzen von 5 l Lösung in einem Futtereimer, der mit einem Deckel mit 30 mm Sieb versehen wird, bewirkt einen nicht zu übermäßigen Futterstrom. Zu massive Futterangaben bewirken um diese Jahreszeit eine Einengung des Brutnestes, da in der absteigenden Entwicklung Futtervorräte immer in der Nähe des Brutnestes gelagert werden (Lampeitl 1984).
Geht die Nektartracht nahtlos in eine Honigtautracht über, so ist eine Fütterung mit Zucker nicht nur unnötig, sondern auch problematisch. Die Gefahr einer Honigverfälschung wäre zu groß, selbst bei Trockenzuckerfütterung. Trachtlücken von zwei bis vier Wochen zwischen Nektar- und Honigtautracht lassen sich dadurch überbrücken, daß man nicht rigoros ausschleudert oder Futterhonig aus dem eigenen Betrieb bereithält. Erfahrungsgemäß hilft auch das Belassen der Honigkränze auf den Brutwaben, solche Trachtlücken zu überbrücken.

Einwinterung

Nach Trachtende – egal ob nach der Blütentracht im Juni/Juli oder nach einer Honigtautracht im September – sind die Völker auf den Winter vorzubereiten. Dabei ist folgendes zu beachten.

Einwinterungsfähige Völker

Nicht einwinterungsfähige sind weisellose und drohnenbrütige Völker. Sie müssen aufgelöst werden, wobei dafür zu sorgen ist, daß sich die noch vorhandenen Bienen bei auseinandergezogenen Waben mit Futter vollsaugen können. Das Volk wird dann vom Standplatz entfernt und die Bienen ca. 10 bis 20 m weiter auf ein Tuch oder eine Plastikfolie abgestoßen. Sie betteln sich bei Nachbarvölkern ein, sofern sie Futter mitbringen. Das Wabenmaterial ist schleunigst bienendicht unter Verschluß zu bringen, am besten gleich beim Abstoßen in dafür bereitgestellte Zargen, die mit Boden, Deckel und Verschlußkeil versehen werden.
Ebenfalls nicht einwinterungsfähig sind Völker mit nicht mehr leistungsfähigen Königinnen und solche, die aus irgendeinem Grunde weniger als acht Zanderwaben mit Bienen belagern (Lampeitl 1984), lückenhafte Brutnester zeigen dies an.
Die Auflösung solcher Völker geschieht am besten durch Vereinigen mit einem Ableger, der mindestens 10 Zanderwaben mit Bienen belagert. Dabei ist es gleichgültig, ob der Ableger dem aufzulösenden Volke aufgesetzt wird, oder das Volk dem Ableger. Wichtig ist jedoch, daß beide gut mit Futter versorgt sind und daß zwischen den Zargen eine Lage Zeitungspapier liegt, in die mit einem spitzen Gegenstand einige Löcher gestochen werden. So wird ein gegenseitiges Abstechen der Bienen um diese Jahreszeit verhindert. Sollte die Königin des aufzulösenden Volkes gefunden werden, so ist sie zu entfernen.
Anzustreben ist, daß einwinterungsfähige Völker 20 Zanderwaben mit Bienen belagern und eine leistungsfähige Königin besitzen. Sie haben gegenüber Völkern, die auf einer Zarge in den Winter gehen, im Frühjahr einen viel besseren Start. Falsch ist es auf jeden Fall, wenn Völker, bei denen die Bienen 20 oder mehr Zanderwaben beset-

Abb. 68. Eine gut funktionierende Zargenabdeckvorrichtung, entwickelt von Ludwig Peschel aus Forchtenberg, erleichtert hier wesentlich die Honigentnahme und Bearbeitung der Völker im Spätsommer.

zen, auf einen Sitz auf 10 oder noch weniger Waben reduziert werden. Kostbares Bienenmaterial geht verloren und wird genauso abgetrieben wie die Drohnen.

Die Arbeitsweise beim Richten des Wabenbaus

Da zu dieser Jahreszeit die Völker einer genauen Durchsicht unterzogen werden, läßt sich gleichzeitig das Wabenmaterial des Volkes auf einen entsprechenden natürlichen Stand bringen. Die nicht mehr brauchbaren Waben (dunkle bis schwarze, zerbrochene, nicht vollständig aufgebaute Mittelwände mit verschmutzten Zellenrändern) werden entnommen und gegen hellbraune, wenn möglich honigfeuchte ausgetauscht. Gleichzeitig wird den Völkern noch der in den Waben befindliche Honigtauhonig restlos entnommen, da er in langen Wintermonaten ohne Flugtage die Kotblasen der Bienen zu sehr belasten würde.
Alle im Spätsommer und Herbst durchzuführenden Arbeiten an geöffneten Völkern haben wegen rasch aufkommender Räuberei zügig vonstatten zu gehen. Am besten sind die Arbeiten zu den Tageszeiten zu erledigen, an denen kein oder kaum Flug herrscht. Dazu eignet sich die Morgendämmerung mit Außentemperaturen von 5 bis 10°C ebenso wie Zeitabschnitte mit bewölktem Himmel und vielleicht sogar mit

leichtem Regen. Trotzdem wird höchstens die Bearbeitung von maximal 10 Völkern in einem Gang gelingen. Suchende und zunehmend raubende Bienen erschweren schließlich die Arbeit so, daß aufgehört werden muß, auch wenn eine Hilfskraft und ein gut funktionierender Smoker zur Verfügung steht.

Bei dieser Arbeit wird in der untersten Zarge begonnen. Schnelles Abstoßen und Abkehren der auf den Waben sitzenden Bienen ist genauso wichtig wie das bienendichte Abstellen der entnommenen Waben. Ein Sortieren nach Honigwaben und auszuscheidenden Waben erleichtert die weitere Bearbeitung. Ein Fahrzeug, das dicht verschlossen werden kann und nur durch eine Tür beladen wird, erleichtert bei Freiaufstellung die Bearbeitung der Völker wesentlich. Auf Waben befindliche Bienen, die während der Fahrt gegen die Fensterscheiben fliegen, sind abseits vom Standort der Völker ins Freie zu lassen.

Wenn die unterste Zarge aufbereitet ist, wird die zweite daraufgesetzt und gleichermaßen verfahren, wobei vorhandene Brutwaben in der Mitte der Zarge zu belassen sind. Da die Völker auf zwei Zargen eingewintert werden, stößt und kehrt man Bienen von der dritten Zarge in die zweite Zar-

Abb. 69. Ein Rahmen passend zur Zarge, der einen aufklappbaren Deckel enthält. Durch Drücken eines Fußpedales öffnet sich über einen Federzug der Deckel, so daß beidhändig die Honigwaben eingehängt werden können. Ohne Pedaldruck schließt sich automatisch der Deckel. Die Waben sind vor raubenden Bienen geschützt.

ge hinein. Meistens benötigt man von der dritten Zarge Waben zum Auffüllen der zweiten Zarge, weil in der Regel in den Monaten August und September Honig in der Nähe des Brutnestes gelagert wird, das sich überwiegend in der zweiten Zarge befindet. Wichtig ist noch, daß genügend Leerwaben zur Verfügung stehen. Sind nicht genügend hellbraune Waben vorhanden, so sind noch nicht bebrütete Waben nach außen anzuordnen. Den Abschluß der Arbeit bildet das Auflegen der Folie, das Aufsetzen eines Leermagazins zur Eimerfütterung und des Deckels. Stehen Futterdeckel zur Verfügung, so muß die Folie so zurückgeschlagen werden, daß die Bienen in die Aufstiegsöffnung gelangen können. Eventuell beschädigte Böden, Zargen und Deckel werden bei diesem Arbeitsgang durch einwandfreie ersetzt.

Winterauffütterung

Die Folie des einzuwinternden Volkes erhält dort, wo der Eimer plaziert wird, in der Diagonalen zwei Öffnungen von etwa 80 mm Durchmesser, und zwar so, daß die Öffnungsausschnitte an einer Seite nicht abgetrennt werden. Wenn nun der Futtereimer auf 10 bis 20 mm starke Holzleisten gestellt wird, unter die auch die Folienausschnitte geschoben werden, so steht den Bienen genügend Raum zur Verfügung, um an das Sieb zu gelangen. Würde man den Eimer direkt auf die Rähmchenoberteile aufsetzen, wäre angesichts des konischen Deckels zumindest ein Teil des Siebes abgedeckt und dadurch für die Bienen unzugänglich.

Die Fütterung mit dem Eimer erspart das Auflösen des Zuckers. Nach Einfüllen von 3 kg Zucker mit dem Meßbecher wird der Eimer bis zum oberen Rand mit Wasser aufgefüllt. Schon nach kürzester Zeit beginnt eine Vermischung des Wassers mit dem Zucker, wobei es durch die aus dem Zucker verdrängte Luft notwendig wird, Wasser nachzufüllen. Dies ist unerläßlich, da sonst bei Wassermangel der Zucker nicht vollständig aufgelöst wird und als Rest am Deckel des Eimers zurückbleibt.

Der volle Eimer mit dem aufgesetzten Deckel wird dann mit beiden Händen umgestülpt, so daß bei leichtem Schütteln der Zucker auf den Deckel fällt. Durch das Sieb ausströmendes Wasser kann in einem Gefäß aufgefangen werden; es handelt sich ja bereits um Zuckerlösung. Es in der Nähe der Völker zu verschütten, würde nur eine Räuberei heraufbeschwören. Da nun über dem Zucker die Wassersäule steht und sich im Eimer ein leichter Unterdruck befindet, müssen die Bienen über das feine Sieb das Wasser heraussaugen, wobei sich der Zukker auflöst. Wichtig ist, daß der Deckel dicht schließt und das Sieb keine zu großen Öffnungen hat.

Der so umgestülpte Eimer wird dem Volk über der Öffnung in der Abdeckfolie auf die eingelegten Holzleisten aufgesetzt. Bei einer notwendigen raschen Fütterung erhält das Volk gleichzeitig zwei Eimer. Dies ist jedoch nur bei Zargen, die 11 Zanderwaben fassen, möglich.

Starke, einwinterungsfähige Völker, die 20 Zanderwaben mit Bienen besetzen, nehmen in einer Woche zwei Eimer Futter auf. 12 kg Zucker reichen für zwei Wochen. Um einen fünften Eimer aufzunehmen, benötigt das Volk eine weitere Woche.

Steht zur Auffütterung genügend Zeit zur Verfügung (ab Anfang August), empfiehlt es sich, pro Fütterungsvorgang nur einen Eimer Futter anzubieten, damit es zu keiner Einengung des Brutnestes durch übergroße Futtervorräte kommt und die Völker ausreichend verjüngt in den Winter gehen.

Kann jedoch infolge lang anhaltender Tannentracht erst Mitte bis Ende September mit der Auffütterung begonnen werden, so muß diese zügig erfolgen. Dann sind zwei Eimer pro Vorgang sinnvoll. Hierbei bewähren sich auch die Futterdekkel, wobei die hohen Investitionskosten und das Auflösen des Zuckers im Verhältnis 1:1 zu beachten sind. Auch die Verfütterung einer Zuckerlösung ist im Futtereimer möglich. Wenn die Wintereinfütterung mit aufgelöstem Zucker durchgeführt wird, so ist es nur wirtschaftlich, wenn von dieser Lösung größere Mengen auf einmal hergestellt werden können. Gefäße, in denen sich 50 kg Zucker auf einmal auflösen lassen, sind ebenso notwendig wie die Möglichkeit, solche Gefäße zum Aufstellungsplatz der Völker zu transportieren. Das Herstellen der Lösung wird durch Verwendung von warmem Wasser und durch Umrühren mit Hilfe eines Rührwerkes erleichtert. Wird mit Zuckerlösung aufgefüttert, kommt es auf peinliche Sauberkeit der Gefäße ebenso an wie auf die notwendige Vorsicht, damit kein Futter auf oder neben den Beuten verschüttet wird; Räuberei wäre sonst die Folge. Eine zubereitete Lösung ist restlos zu verbrauchen, da sie sonst nach ein bis zwei Tagen bereits in Gärung übergeht. Deshalb sollte auch nur soviel Lösung hergestellt werden, wie am gleichen Tage an die Völker verfüttert werden kann.

Wintervorbereitung

Kurz nachdem die Auffütterung abgeschlossen ist, erfolgen die letzten vorbereiteten Arbeiten für die Winterruhe der Völker. Dazu zählt das Abnehmen der Futtergeschirre, Futtereimer und nicht zuletzt der zur Fütterung notwendigen aufgesetzten Zargen ebenso wie das Anbringen von Keilen oder Gittern an den Fluglöchern der Beuten, um das Eindringen von Mäusen zu verhindern. Zu große Flugöffnungen verleiten auch Vögel, wie z. B. Meisen, im Beuteninneren auf Nahrungssuche zu gehen und dort zu übernachten. Dennoch dürfen die Fluglöcher nicht so weit verengt werden, daß keine Bienen mehr abfliegen können.

Die Winterruhe der Völker ist gefährdet, wenn schlagende oder sich im Wind bewegende Äste Deckel und Zargen berühren. Bäume und Sträucher, unter denen Bienenvölker stehen, müssen daher so zurechtgeschnitten werden, daß hinter den Beutelstapeln ca. 50 bis 100 cm Zwischenraum frei bleibt. Nicht nur die ungestörte Bewegungsfreiheit beim Bearbeiten der Völker ergibt sich dabei als Vorteil, auch der Schnee, der sich hinter den Beuten angesammelt hat, schmilzt schnell ab und die Beuten stehen eher im Trockenen.

Über das Abdecken frei aufgestellter Bienenvölker kann man geteilter Meinung sein. Unterschiede bei der Überwinterung der Völker sind bis jetzt nicht bekanntgeworden. Beuten mit Deckel ohne Blechhaube müssen jedoch geschützt werden, nicht nur wegen der geringeren Haltbarkeit von Deckel und Zargenteilen, sondern auch gegen das Eindringen von Wasser in

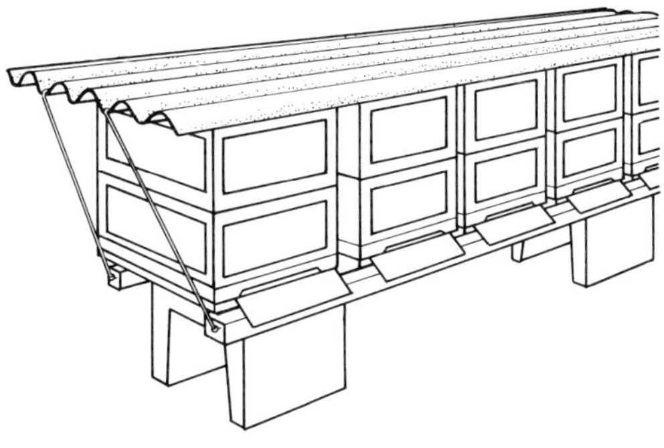

Abb. 70 a) Abdeckung frei aufgestellter Völker mit Welleternitplatten, die mit Drähten sicher befestigt werden müssen.

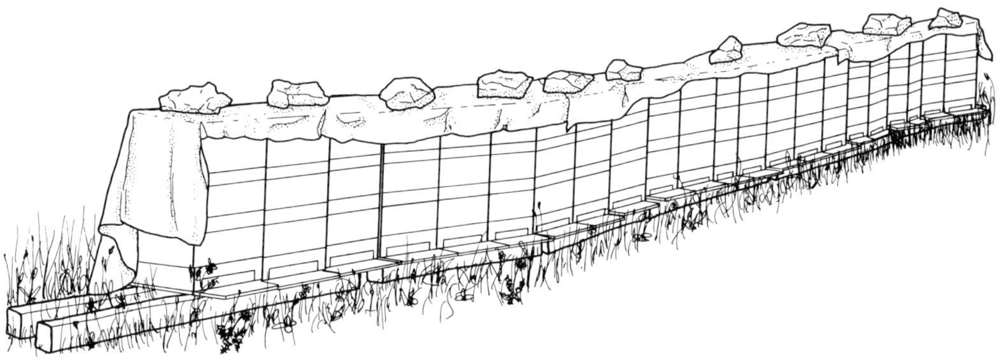

Abb. 70 b) Abdeckung mit stabilen Kunststofftüchern, die mit Steinen beschwert werden, jedoch ebenfalls eine zusätzliche Verschnürung in den Wintermonaten brauchen.

das Beuteninnere. Dagegen bedarf es bei frei aufgestellten Bienenvölkern, die mit einem Blechhaubendeckel abgedeckt sind, keiner zusätzlichen Abdeckung.

Abdeckungen auf Beutenstapeln sollten so angebracht werden, daß nicht nur guter Witterungsschutz erreicht wird, sondern daß sie auch bei Stürmen festsitzen. Bewährt haben sich dabei allseitig ca. 20 cm über den Beutenstapel überstehende Hartfaserplatten, die mit entsprechenden Steinen beschwert werden. Eine landschaftsgerechte Gestaltung wird auch durch die Verwendung von Welleternitplatten leichterer und schwererer Bauart erreicht. Solche Platten müssen jedoch mit Drähten am Boden oder an der Palette befestigt werden. Abzuraten ist von der Verwendung von Folien jeglicher Art, da sie trotz sorgfältiger Befestigung leicht vom Wind heruntergerissen werden können

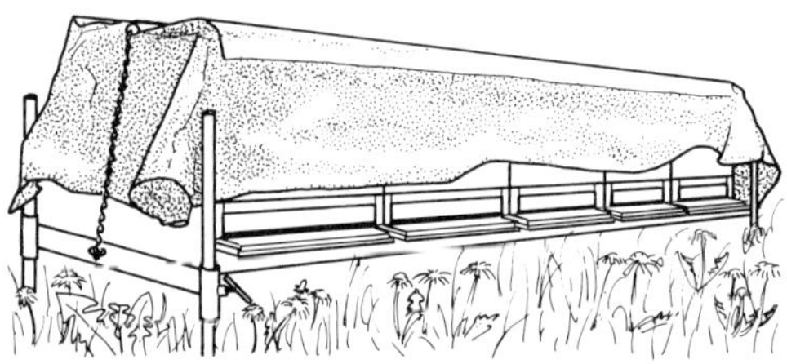

Abb. 71. Auch mit Kunststoffolien können Bienenvölker während der Wintermonate abgedeckt werden. Jedoch sollte eine windsichere Verbindung vorgenommen werden und eine schwarze Folie Verwendung finden. Lichtdurchlässige Ausführungen verleiten Flugbienen zum Einfliegen unter die Folie, wo sie verloren sind.

Königinnenvermehrung und Ablegerbildung

Gut geführte Imkereien, die ertragreich wirtschaften, müssen durch Ablegerbildung nicht nur die Bestandsergänzung vornehmen, sondern auch durch gezielte Königinnenvermehrung das Bienenmaterial optimal den Erfordernissen des Betriebes anpassen. Würde der Imker die Königinnenerneuerung dem Bienenvolke selbst überlassen, ginge dies maximal 5 Jahre gut. Danach wären in dem Betrieb Bienen anzutreffen, bei denen Schwarmfreudigkeit, Stechlust und vor allem geringere Honigerträge im Vordergrund stünden. Königinnenvermehrung bedeutet aber zusätzlichen Zeitaufwand, der in einem vernünftigen

Verhältnis zum Erfolg stehen muß. Vor allem deswegen, weil die Königinnenvermehrung in die Monate fällt, in denen ohnehin die Zeit durch andere notwendige Arbeiten knapp ist. Königinnen lassen sich nach verschiedenen Methoden vermehren. Auch der Bogenschnitt (Lampeitl 1984), sowie die Zucht im weiselrichtigen Volk führen zum Erfolg, haben jedoch den Nachteil, daß nur eine beschränkte Anzahl von Weiselzellen (meistens 5 bis 10) pro Vermehrungsvorgang im Volke herangezogen werden. Die Aufzucht im Pflegevolk in Verbindung mit dem Umlarvverfahren ergibt nicht nur eine wirtschaftlich vertretbare Zahl von Zellen (20 bis 30 pro Pflegevolk), sondern führt auch zu leistungsfähigen Königinnen.

Voraussetzungen für ein Pflegevolk

Die Auswahl eines Pflegevolkes beginnt bereits bei den ersten Nachschauen und Pflegemaßnahmen im Frühjahr. Dabei sollte man vor allem auf solche Völker achten, die durch auffallend große Brutnester nach einer Reizfütterung im März/April und kaum noch vorhandenem eingelagertem Winterfutter in den Waben ins Auge stechen. Handelt es sich zudem noch um Völker, die durch ihre Stechlust und durch unruhigen Wabensitz die Bearbeitung erschweren, so gilt dies als ein weiteres Kriterium für ein gutes Pflegevolk. Ist es dazu noch im vorangegangenen Jahr durch Schwarmfreudigkeit aufgefallen, oder war es ohne ein Anzeichen einer Krankheit geblieben, ist damit das geeignete Pflegevolk gefunden, das nun entsprechend weiterbehandelt wird. Bei einer genauen Kontrolle sollte nicht nur einwandfreier, hellbrauner Wabenbau vorhanden sein – andernfalls müßte er eingehängt werden – sondern auch genügend Pollenvorräte. Trotz guter, ansteigender Pollentracht hänge ich solchen Völkern noch zusätzliche Blütenstaubwaben ein, ebenso Honigwaben aus dem Vorjahr (fehlt es an solchen, wird mit Honiglösung gefüttert!). Zügige Fütterung bewirkt gut genährte Brut.

Eine noch nicht abgewirtschaftete Königin legt große Brutnester an, die eine Erweiterung notwendig macht. Ist dies nicht möglich, kommt Schwarmstimmung infolge wild angesetzter Weiselzellen auf. Bis etwa Mitte Mai erreichen so gefütterte Pflegevölker einen Entwicklungsstand von 30 mit Bienen besetzten Zanderwaben, sofern sie frei von Krankheiten sind.

Der richtige Zeitpunkt, um mit der Vermehrung der Königinnen zu beginnen, ist in unseren Breiten Ende Mai/Anfang Juni. In manchen klimatisch günstig gelegenen Landstrichen mit Weinbauklima, wie z. B. im Rhein- oder Neckartal, kann bereits Anfang bis Mitte Mai die Vermehrungsphase eingeleitet werden. Ein Vergleich mit dort überwinterten Völkern und solchen aus anderen Gegenden ergibt einen weitaus besseren Entwicklungsstand zum selben Zeitpunkt. Dagegen ist es nicht mehr angebracht, ab Mitte bis Ende Juli noch Königinnen in größeren Mengen zu vermehren. Die bereits eingesetzte absteigende Entwicklung der Völker, die trotz Fütterung nicht aufgehalten werden kann, läßt die Pflegebereitschaft absinken, so daß keine vollwertigen Königinnen mehr aufgezogen werden. Zudem fehlt es zu diesem Zeitpunkt bereits an genügenden Drohnen. Auch eine vollwertige Begattung ist also nicht mehr gewährleistet.

Vorbereitung des Pflegevolkes

Mindestens 8 bis 10 Tage ehe der belarvte Zuchtrahmen dem Pflegevolke zugehängt wird, ist die Vermehrungsphase so vorzubereiten, daß sich zum Zeitpunkt der Zuchtstoffgabe so wenig wie möglich Waben mit nicht gedeckelter Brut im Pflegevolk befinden. Andernfalls hätten die Pflegebienen die Möglichkeit, von dieser noch nicht gedeckelten Brut Weiselzellen heranzuziehen, wodurch unkontrolliertes Bienenmaterial Einzug in die Ableger halten würde. Die Aufzucht von Weiselzellen der eigenen, aus dem Pflegevolk entstammenden Brut bedeutet Schwächung der Pflegebereitschaft der belarvten Weiselbecher des Zuchtrahmens.

Bei der Vorbereitung eines Pflegevolkes zur Königinnenvermehrung kommt es in erster Linie darauf an, die Königin zu finden und zu isolieren, damit möglichst wenig Waben mit nicht gedeckelter Brut vorhanden sind. Daher wird die Wabe mit der Königin in die oberste Zarge eingehängt, wobei ein eingelegtes Absperrgitter sie am Verlassen dieser Zarge hindert. Auf diese Weise fühlt sich das Volk nicht weisellos und es werden dennoch kaum Nachschaffungszellen in den Zargen ohne Königin herangezogen. Bei einwandfreiem Wabenbau in der obersten Zarge kommt es zu keiner Einschränkung des Brutgeschäftes. Ist die Königin nicht aufzufinden, erhält das Volk zwischen den Zargen jeweils ein Absperrgitter, das die Königin in einer der drei Zargen festhält. So erhält man in den beiden anderen Zargen brauchbare, gedeckelte Brutwaben. In einer durch Schlechtwetterperioden bedingten trachtlosen Zeit wird das Pflegevolk zusätzlich mit Futter, entweder in Form von Honiglösung versorgt, oder dadurch, daß 2 bis 3 kg kristallisierter Blütenhonig in die Futtertasche in der untersten Zarge gefüllt wird. In den vergangenen Jahren habe ich grundsätzlich bei der Vorbereitung des Pflegevolkes die Fütterung mit der Futtertasche vorgenommen, ganz unabhängig von der jeweiligen Witterung.

Auffinden der Königin

In Pflegevölkern, die einen Entwicklungsstand von 30 besetzten Zanderwaben erreicht haben, ist eine Königin aus der Vielzahl an Bienen manchmal sehr schwierig herauszufinden. Längeres Suchen erschwert das Auffinden, da die Bienen dann nur unruhig werden und zu sehr von Wabe zu Wabe laufen. Dazu einige nützliche Hinweise, die das Auffinden der Königin erleichtern:

1. Ruhiges Öffnen des Volkes, vor allem beim Abheben des Deckel.
2. Rauchstöße während des Abziehens der Plastikfolie vorsichtig dosieren. Auf keinen Fall zu viel Rauch geben.
3. Vorsichtiges Ziehen einer Randwabe und Einhängen in die Wanderfront.
4. Mit dem intensiven Suchen auf den Brutwaben beginnen. Insbesondere gilt dies für Waben mit Eiern, die von beiden Seiten her intensiv abgesucht werden müssen. Auch die Holzleisten der Rähmchen – insbesondere die Unterteile – sind sorgfältig zu kontrollieren.
5. Der eigene Standplatz ist so zu wählen, daß die abzusuchende Wabe bestmöglich im Licht steht. Zu beachten ist, daß Königinnen gerne ins Dunkle laufen.
6. Wenn möglich ohne Schleier arbeiten, da dadurch vor allem in Bienenhäusern bessere Sichtverhältnisse gegeben sind.
7. Ist die Königin in der dritten, der oberen Zarge nicht aufzufinden, wird diese Zarge, nachdem die Waben wieder eingehängt sind, abgehoben.
8. In der zweiten und ersten Zarge wird genauso verfahren – auch wieder mit

wenig Rauch – wobei man hier mit der Suche bereits an den Randwaben beginnt. Vielleicht ist die Königin während der Suchaktion inzwischen auf die Randwaben ausgewichen.

9. Ist die Suche nach 15 bis 20 Minuten erfolglos geblieben, werden zwischen den Zargen Absperrgitter eingelegt, oder nach 2 bis 3 Stunden ein erneuter Versuch unternommen, da sich das Volk in der Zwischenzeit wieder beruhigt hat.
10. Mit Farbplättchen in den jeweiligen Jahresfarben gezeichnete Königinnen sind leicht aufzufinden. Und mit der Zeit gewinnt der Imker auch die notwendige Erfahrung.

Einleitung der Vermehrungsphase

Etwa 8 bis 10 Tage nach Absperren der Königin auf einen bestimmten Raum ist das Volk pflegereif, das heißt, der belarvte Zuchtrahmen kann eingehängt werden. Jedoch ist vorher das Pflegevolk entsprechend zu präparieren, es muß zunächst weisellos gemacht werden.

Das Suchen und Abfangen der Königin hat auf jeden Fall über dem eingelegten Absperrgitter zu erfolgen. Damit wird verhindert, daß die Königin in eine untere Zarge gelangen kann, was weiteres Suchen bedeuten würde. Die Königin ist entweder gleich zu töten oder in einem gut zu verschließenden Käfig weit weg vom Pflegevolk mit ein paar Bienen aufzubewahren. In jedem Fall muß verhindert werden, daß sie wieder ins Volk zurückgelangt. Allzu oft waren schon Königinnen, die auf Umwegen wieder ins Volk zurückgekehrt sind, die Ursache einer Verweigerung der Pflegebereitschaft.

Nach Abfangen der Königin ist es ratsam, eine kurze Nachschau nach angesetzten Weiselzellen in den Zargen zu halten, in denen sich die Königin nicht befand; es kommt doch manchmal vor, daß dort Nachschaffungsweiselzellen gepflegt werden. Ein Belassen oder Übersehen solcher Zellen würde schlüpfende Königinnen nach sich ziehen, bevor die Zellen auf dem Zuchtrahmen schlüpfreif sind. Die Weiselzellen auf dem Zuchtrahmen würden dann ausgefressen werden. Nachschaffungsweiselzellen werden gezogen, wenn der Kontakt der Bienen des Volkes untereinander unterbunden oder erschwert wird. Dies ist der Fall, wenn kleine in Deckbrettern eingelassene Absperrgitter Verwendung finden, oder wenn die die Zargenfläche dekkenden Absperrgitter durch Wachs oder Kittharz verbaut sind. Ist man sich nicht sicher, werden die Brutwaben abgestoßen und damit bienenleer gemacht. Sollten Weiselzellen gefunden werden, sind sie zu vernichten.

Der Entnahme der Waben mit nicht bedekkelter Brut aus der Zarge, in der sich die Königin befand, folgt die abschließende Vorbereitung des Pflegevolkes. Dabei werden dem Volke sämtliche Bienen belassen, die auf den Waben in zwei Zargen Platz finden müssen. Der Raum für den Zuchtrahmen bleibt als Wabengasse frei. Honig und Pollenwaben befinden sich am Rande. Die Waben mit gedeckelter Brut stehen in der Mitte. Das Auflegen der Abdeckfolie und des Beutendeckels schließen diese Vorbereitungen ab. Das Pflegevolk ist jetzt für ein bis zwei Stunden weisellos. Das Umherlaufen und Suchen der Bienen am Flugloch oder an den Flugbrettern und Zargenwänden deutet die Weisellosigkeit an. Pflegebereitschaft zeigt sich auch daran, daß die freigelassene Wabengasse voll mit Jungbienen hängt.

Zuchtplan

Hier als Beispiel ein Zuchtplan aus dem Jahre 1983:

31. Mai	Königin absperren
9. Juni	Pflegevolk vorbereiten und larven
11. Juni	zweiten Zuchtrahmen belarven
18. Juni 19. Juni	Weiselzellen in Ableger verwerten oder in Schlüpfkäfige einsperren
21. Juni	Kontrolle, ob die Zellen geschlüpft sind. Wenn nicht, mit Weiselzellen vom zweiten Zuchtrahmen nachweiseln.
2. Juli	Kontrolle, ob die Königinnen in den Ablegern sich in Eiablage befinden.

Pflegebereite Völker im Schnellverfahren

Auch bei noch so sorgfältiger Planung kann es vorkommen, daß überraschend ein Pflegevolk benötigt wird. Sei es, daß die vorgesehenen Pflegevölker aus irgendeinem Grunde ausfallen, anderweitig Verwendung finden müssen, oder ganz einfach aufgrund eines erhöhten Bedarfes an Weiselzellen nicht mehr ausreichen. Hier kann die schnelle Vorbereitung eines entsprechenden Volkes Abhilfe schaffen und auch einen Zeitgewinn von 8 bis 10 Tagen bedeuten.

Findet ein auf 30 Zanderwaben sitzendes Volk Verwendung, so ist die Königin zu suchen und zu entfernen. Ebenso werden sämtliche Waben mit offener Brut entfernt. Das gilt auch für solche Waben, auf denen sich neben gedeckelter Brut offene Brut befindet. Honig- und Pollenwaben und solche mit ausschließlich gedeckelter Brut verbleiben im Volk. Als Ersatz für die entnommenen Brutwaben werden ausgebaute Leerwaben zugehängt, so daß neben der freibleibenden Wabengasse für den Zuchtrahmen das Volk jetzt den Raum von 20 Zanderwaben ausfüllt. Selbstverständlich bleiben sämtliche Bienen dem Volke erhalten.

In guter Trachtzeit, in der trachtfähige Völker womöglich auf anderen Standplätzen im Einsatz sind, kann auch durch Vereinigung zweier schwächerer Völker ein Pflegevolk vorbereitet werden. Bei beiden Völkern wird die Königin entfernt, werden Waben mit offener Brut entnommen und sämtliche Bienen in einer Beute mit zwei Zargen vereinigt, wobei ebenso das Einhängen ausgebauter Leerwaben und die freigelassene Wabengasse zur Vorbereitung des Pflegevolkes gehören. Bei diesem Verfahren ist zu beachten, daß von dem Volke, dessen Standplatz aufgegeben wurde, die Flugbienen dem neugebildeten Pflegevolk verlorengehen. Dies ist nicht der Fall, wenn beide Völker nebeneinander stehen. Die Voraussetzung zum Gelingen einer solchen Vereinigung liegt darin, daß beide Völker gut genährt sind und den Bienen beim Suchen der Königin Zeit gelassen wurde, sich an offenen Futterzellen vollzusaugen.

Oben: Eine Mehrfachnagelform für 10 Zanderrähmchen. Sie ermöglicht einen rationellen Zusammenbau der Rähmchen.
Unten links: Eine Einrichtung zur Querdrahtung des Zanderrähmchens. Über einen Hebel wird während des Einfädelvorgangs ein leichtes Durchbiegen der Seitenteile bewirkt. So sind die Drähte nach der Befestigung der Drahtenden gleich fertig gespannt. Beide Geräte sind vom Imkermeister Curth an der Landesanstalt für Bienenkunde in Stuttgart-Hohenheim entwikkelt worden.
Unten rechts: Eine wassergekühlte Mittelwandgußform, deren Prägeflächen mit Silikonkautschuk beschichtet sind. Hier bei einer Vorführung durch die Firma Graze.

Da bei solchen schnell gebildeten Pflegevölkern wenig gedeckelte Brutwaben vorhanden sind, fehlt es an Nachschub von pflegebereiten Jungbienen. Die Ausbeute liegt bei 15 oder 20 Königinnen pro Volk. Pflegevölker, denen 5 bis 10 gedeckelte Brutwaben belassen werden konnten, erreichen eine Ausbeute von 30 bis 40 Königinnen.

Umlarven

Dieses Verfahren stellt nichts anderes dar als die Umbettung der kleinsten Maden in den Arbeiterinnenzellen in die auf dem Zuchtrahmen befindlichen Weiselbecher mit Hilfe des Umlarvlöffels.

Da diese kleinsten Maden nur etwa 1 mm groß sind, tragen gute Lichtverhältnisse zum Gelingen des Umlarvvorganges wesentlich bei, jedoch sollte die Wabe mit den Maden nicht der grellen Sonnenbestrahlung ausgesetzt sein. Wenn man die Arbeiterinnenzellen mit einem scharfen, angewärmten Messer kürzt oder die Zellränder mit dem anderen Ende des Umlarvlöffels erweitert, lassen sich die Maden leichter entnehmen. Keinesfalls dürfen die Maden gedrückt oder umgekippt werden. Umgekippte Maden ersticken durch den in die Atemöffnungen eindringenden Futtersaft.

Das Umlarven funktioniert nicht nur viel besser bei guten, gleichmäßigen Lichtverhältnissen, sondern verlangt auch, daß der Imker bei dieser Arbeit bequem sitzt. Ein in gut erreichbarem Abstand liegender Zuchtrahmen verhindert, daß sich die Hand bei dem behutsamen Arbeiten mit dem Umlarvlöffel verkrampft. Ob die Wabe mit den Maden auf einem Tisch liegt oder in der Hand gehalten wird, richtet sich nach den herrschenden Lichtverhältnissen. Wird in einem Raume mit künstlicher Beleuchtung umgelarvt, lege ich die Wabe auf einen Tisch, und zwar so, daß ich in bequemer Sitzposition in die offenen Zellen schauen kann. Gleichmäßiges Licht ohne Schattenwirkung spenden Lampen mit Leuchtstoffröhren. Beim Umlarven im Freien dienen leere Zargen als Sitzgelegenheit und Auflage für Zuchtrahmen und Wabe. An Tagen mit Sonnenschein wird der Arbeitsplatz in den Schatten eines Baumes verlegt. Bei Regen kann das Auto als Arbeitsplatz für das Umlarven verwendet werden; termingebundene Arbeiten und anderweitige Verpflichtungen lassen oft keine andere Wahl. Nachdem sämtliche Weiselbecher belarvt worden sind, wird kontrolliert, ob die Maden in ihrer Größe auch gleichmäßig sind oder ob ein Becher vergessen wurde. Vor allem aber kommt es darauf an, daß beim Umlarven keine der Maden beschädigt wurde. Wenn man dabei im Zweifel ist, sollte man sicherheitshalber eine andere Made verwenden.

Die Auswahl einer Wabe mit den kleinsten Maden aus dem Zuchtvolk hat unter bestimmten Bedingungen zu erfolgen (Lampeitl 1984). Zunächst wird darauf geachtet,

Oben links: Das Einlöten der Mittelwände mit Hilfe eines elektrischen Trafo-Löters.
Oben rechts: Preßluftbetriebene Nageleinrichtungen erleichtern den Beutenbau. Tragende Verbindungen an Zargen, Böden und Deckeln sollten jedoch verschraubt werden.
Mitte links: Auf den Bedarf der Imker sind Spezialunternehmen wie die Süddeutsche Imkergenossenschaft in Reichenbach/F. zugeschnitten, die über gut sortierte Warenlager verfügen.
Unten links: In einer gut eingerichteten Werkstatt kann in den Wintermonaten vieles erledigt werden, wozu im Sommer die Zeit fehlt.
Unten rechts: Der Sonnenwachsschmelzer leistet nicht nur gute Dienste beim Ausschmelzen von Wachs- und Wabenteilen, sondern auch beim Altwabenschmelzen. Er funktioniert nur in den Sommermonaten bei Sonnenschein.

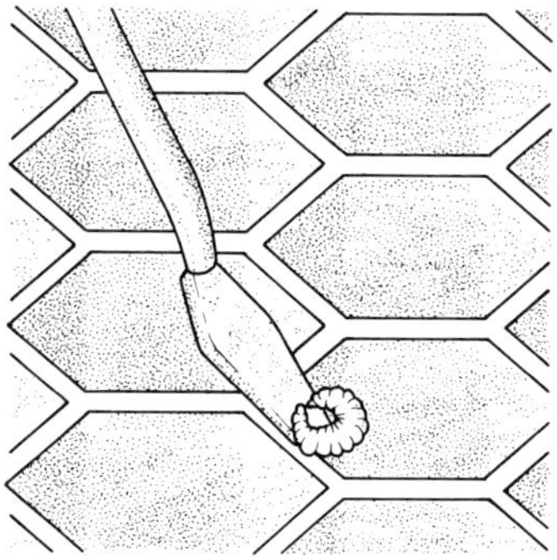

Abb. 72. a) Das Entnehmen der kleinsten Arbeiterinnenlarve aus der Zelle mit Hilfe einer Umlarvspatel.

daß sich auf der Wabe möglichst viele kleinste, frisch geschlüpfte Maden befinden. Wenn zwei Waben unterschiedlichen Alters zur Verfügung stehen, wird die dunklere bevorzugt, weil die Stabilität ihres Zellenbodens das Herausnehmen der Maden erleichtert. Die auf der Wabe befindlichen Bienen werden vorsichtig mit einem Besen abgekehrt. Ein Abstoßen oder ruckartiges Aufschlagen der Wabe könnte die in den Zellen befindlichen Maden, sofern sie in genügend Futtersaft schwimmen, zum Ersticken bringen, wenn Flüssigkeit auf die Oberseite der Made gelangt. Keinesfalls darf beim Umlarven zum Beruhigen der Bienen mit einem Wasserzerstäuber oder mit Bienenabwehrspray gearbeitet werden, da Fremdstoffe oder ein fremder Geruch die Annahme der Maden erschweren würde.

Eine aus dem Volke entnommene Wabe kann bis zu sechs Stunden bei normalen Sommertemperaturen von 20 bis 25 °C im Schatten ohne Bienenbesatz verbleiben, ohne daß die Maden Schaden nehmen. In der Regel dauert der Umlarvvorgang bei einer ausreichenden Zahl brauchbarer Waben und einer Belarvung von 25 bis 30 Weiselbechern etwa 20 bis 30 Minuten bei normaler Arbeitsweise. Zuchtstoffwaben, die in Fahrzeugen transportiert werden müssen, stellt man aufrecht. Damit der Futtersaft in den Waben in einem durch die Sonne aufgeheizten Auto nicht austrocknet, wickelt man die Waben in ein feuchtes, jedoch nicht wassertriefendes Handtuch ein. So sind die Waben beim Transport auch vor intensiver Sonnenbestrahlung geschützt.

Versorgung des Pflegevolkes

Mit dem Einhängen des Zuchtrahmens endet für das Pflegevolk der unnatürliche weisellose Zustand. Die in großer Zahl vorhandenen Pflege- und Ammenbienen werden sogleich die in den Weiselbechern befindlichen kleinsten Maden in Pflege nehmen, daß heißt, sie mit entsprechendem Futtersaft versorgen.

Pflegefähigkeit ist nur gewährleistet, wenn im Volk die notwendige Innentemperatur besteht und auch aufrecht erhalten werden kann. Deshalb wird bei Pflegevölkern nach dem Einhängen des Zuchtrahmens anstatt der Folie eine Hartschaumplatte aufgelegt,

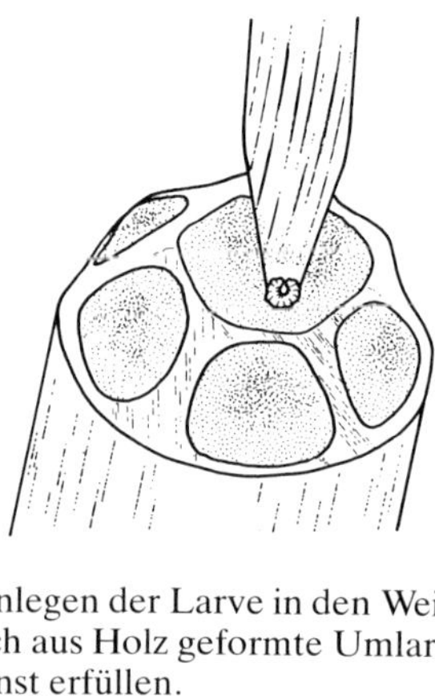

b) Das Einlegen der Larve in den Weiselbecher, wobei auch aus Holz geformte Umlarvspateln ihren Dienst erfüllen.

die verhindert, daß Wärme nach oben entweicht. Sie erhält in der Mitte ein Loch von ca. 60 mm Durchmesser, um den Bienen damit die Möglichkeit zu geben, an das in einem Futtereimer gebotene Futter zu gelangen.
Erhöhte Pflegebereitschaft wird erreicht, wenn ein zusätzlicher Futterstrom durchs Volk geht. Pflegevölker, die vollwertige Königinnen heranziehen sollen, müssen mit Honiglösung im Verhältnis 2:1 (2 kg Honig aufgelöst in 1 l Wasser) gefüttert werden, und zwar unmittelbar nach Einhängen des Zuchtrahmens. Dieses Futter bewirkt nicht nur zusätzliche Wärme, sondern beschäftigt auch die weisellosen Flugbienen. An Trachttagen könnte die Fütterung zwar unterbleiben, da jedoch der Futterstrom einige Tage bis zur Verdeckelung der Weiselzellen anhalten soll (4 bis 5 Tage nach dem Einhängen des Zuchtrahmens) gehe ich den sicheren Weg und reiche auf jeden Fall im Eimer eine Honiglösung.
Ein oder zwei Tage nach dem Umlarven empfiehlt sich eine kurze Nachschau, um festzustellen, ob sich Pflegebereitschaft im Volk zeigt. Sind ⅔ der belarvten Becher in Pflege genommen worden, so wird das Volk in Ruhe gelassen. Sind es wesentlich weniger oder nur vereinzelte Zellen, die heranwachsende Weiselzellen erkennen lassen, ist eine erneute Belarvung notwendig, wobei geprüft werden sollte, warum die Pflegebereitschaft nur gering ist. Ursache können eine geringe Volksstärke mit zu wenig Pflegebienen, das Vorhandensein von zu viel offener Brut (auf der Nachschaffungszellen recht gerne herangezogen werden), fehlerhafte Belarvung und nicht zuletzt das Zufliegen einer unbegatteten Königin sein. Deshalb erhalten Pflegevölker am Flugloch ein Absperrgitter. Grundsätzlich sollten in Pflege befindliche Völker so wenig wie möglich gestört werden.
Nach Entnahme der schlüpfreifen Weiselzellen, 10 Tage nach dem Larven, wird das Volk entweder für Ableger aufgeteilt, oder es behält eine oder zwei Zellen. Die zweite Möglichkeit ziehe ich vor, weil ich damit eine problemlose Umweiselung vollzogen habe und bereits einen starken Ableger aufbauen konnte.

c) Das Einhängen des belarvten Zuchtrahmens ins Pflegevolk. Die drehbaren Leisten müssen jetzt so stehen, daß die Weiselbecher nach unten hängen.

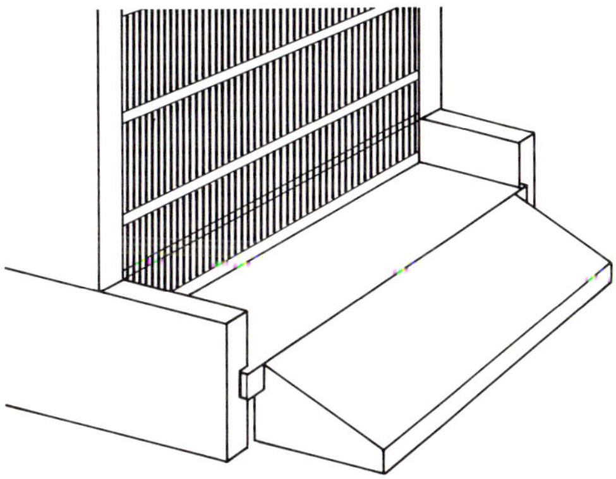

Abb. 73. Ein Absperrgitter am Flugloch eines Pflegevolkes verhindert das unerwünschte Zufliegen unbegatteter Königinnen. Es handelt sich um eine zusätzliche Maßnahme den Erfolg der Pflegebereitschaft eines Volkes zu sichern.

Ablegerbildung

Diese termingebundene Arbeit, 10 Tage nach dem Umlarven, verlangt intensive Vorbereitung, damit es möglich wird, 20 bis 30 Ableger pro Tag zu erstellen. Zunächst werden sämtliche dafür in Frage kommenden Zargen, Böden, Deckel, Waben, Futtertaschen und Abdeckfolien bereitgestellt und so hergerichtet, daß nur noch das entsprechende Bienenmaterial eingehängt zu werden braucht. Böden, Zargen und Deckel werden nach dem Einhängen von zwei Leerwaben und Einlegen der Folie miteinander verschlossen, wobei gleichzeitig ein Fluglochverschlußkeil verhindert, daß aus dem Ableger Bienen entweichen können.

Befindet sich das zur Ablegerbildung vorgesehene Bienenmaterial auf einem anderen Standplatz – was anzustreben ist – werden die vorbereiteten Zargen ins Auto oder in den Anhänger geladen. Ehe das erste Volk geöffnet wird, müssen die Beuten, die die Ableger aufnehmen sollen, zweckmäßig in der Nähe der aufzulösenden Völker verteilt werden, damit keine unnötigen Wege entstehen.

Die in den aufzulösenden Völkern befindlichen Königinnen müssen gefunden, getötet oder so eingesperrt werden, daß sie auf keinen Fall in einen Ableger oder in ein Restvolk gelangen können. Ist die Königin gefunden, werden die vorhandenen Brutwaben abgeschätzt und aufgeteilt. Völker mit 6 bis 9 Brutwaben ergeben drei Ableger, auf die gleichmäßig jeweils zwei oder drei Brutwaben aufgeteilt werden. Bei nur zwei Brutwaben sollten zusätzlich zwei oder drei Waben Bienen dazugegeben werden. Hierbei empfiehlt es sich, diese abzustoßenden Bienen mit Wasser aus einem Zerstäuber noch auf den Waben zu benetzen; sie fliegen dabei weniger auf. Das Auflegen der Folie und Verschließen mit einem Deckel erfolgt nach dem Anschieben mitgebrachter Waben oder nach dem Einhängen von Randwaben ohne Brut aus den aufzulösenden Völkern.

Da durch diesen intensiven und etwas länger andauernden Eingriff sehr viel Bienen von den aufzulösenden Völkern umherfliegen, bleibt eine Zarge mit Boden und Deckel und drei bis vier Waben am Standplatze von zwei aufgelösten Völkern stehen. Dabei gewährt eine Wabe mit offener Brut einigermaßen den Zusammenhalt bis zum Einsetzen einer schlüpfreifen Weiselzelle und der mit Futterteig gefüllten Futtertasche. Nicht nur die umherfliegenden Bienen werden dadurch aufgenommen und verwertet, sondern man erhält damit auf einfache Weise einen Begattungsableger, der zur Umweiselung oder Verstärkung gute Dienste leistet.

Sollte einmal eine Königin nicht gefunden werden, empfiehlt es sich, nach Verschließen des Volkes und einer Wartezeit von einer halben Stunde, erneut einen Versuch zu unternehmen. Wird sie trotzdem nicht gefunden, erfolgt die Aufteilung, als ob keine Königin mehr im Volke wäre. Die Ableger dieses Volkes sind jedoch besonders zu kennzeichnen und aufzustellen, sie werden aber genauso mit Weiselzellen beweiselt. Derjenige Ableger, der die Königin aufgenommen hat, zerstört die Weiselzelle und bereits nach drei oder vier Tagen zeigt sich bei einer Nachschau ein normales Brutnest mit Eiern. Hierin ist die Königin leichter zu finden. Sobald sie abgefangen ist, kann erneut mit einer schlüpfreifen Weiselzelle beweiselt werden.

Die Aufstellung der neugebildeten Ableger an einem mindestens ein bis zwei km entfernten Standplatz ist eine wichtige Voraussetzung einer naturgemäßen und wirtschaftlichen Ablegerbildung. Würden sie am Standplatz des Volkes, das das Bienenmaterial lieferte, verbleiben, hätte dies Flugbienenverluste und damit eine Schwächung des neuen Volkes zur Folge. Zudem bestünde die Gefahr der Ausraubung, da im frisch gebildeten Ableger der Zusammenhalt der Bienen untereinander doch noch nicht so gegeben ist, daß suchende und raubende Bienen erfolgreich abgewehrt werden können.

Nach dem Aufstellen am neuen Standort, auf dem sich auch Drohnenvölker befinden, bleiben die Fluglochklappen so lange geschlossen, bis die Futtertasche und die schlüpfreife Weiselzelle eingehängt sind. Damit sich die Ableger nach dem Transport beruhigen können, lasse ich sie zunächst noch ungefähr eine halbe Stunde stehen. In dieser Zeit werden die Futtertaschen mit etwa 2 kg Futterteig gefüllt und bereitgestellt, so daß anschließend das Öffnen der Beute, das Zurechtrücken verrutschter Waben, das Einhängen der Futtertasche, Eindrücken der Weiselzelle und Wiederverschließen sehr rasch erfolgen kann. Wenn die Beute zu lange offen bleibt, verleitet dies die Bienen zum unkontrollierten Abfliegen, was wiederum eine Schwächung des Ablegers bedeutet. Die schlüpfreife Weiselzelle, die sich ja auf einem Holzpropfen befindet, wird entweder auf eine der mittleren Brutwaben am Oberteil in die Wabe gedrückt, oder zwischen die Wabengassen von oben her eingehängt.

Die Ablegerbildung muß so erfolgen, daß der größte Teil der Ableger an einem Tag erstellt werden kann. So kommt es zu einer gleichmäßigen Entwicklung und nicht zuletzt lassen sich damit auch die nachfolgenden Arbeiten rationell erledigen. Eine Hilfskraft leistet gute Dienste. Sie erleichtert das Suchen der Königinnen, das Be- und Entladen des Fahrzeuges und nicht zuletzt das Beweiseln, indem sie den Zuchtrahmen beim Abbrechen der Weiselzellen hält.

Es ist aber auch Ablegerbildung durch Entnahme von Brutwaben und Schröpfen schwarmfreudiger Völker möglich. Jedoch mache ich immer wieder die Erfahrung, daß solche Ableger bei weitem nicht so entwicklungsfreudig sind, als wenn Bienen- und Wabenmaterial aus einem Volke stammen.

Ablegerbehandlung und -pflege

Ein bis zwei Tage nach Aufstellung und Beweiselung der Ableger zeigt reger Flug an, daß innerhalb des angehenden Volkes ein Zusammengehörigkeitsgefühl vorhanden ist. Meistens zeigen die Flugbienen normales Verhalten, sie übernehmen die Wächterdienste oder zeichnen sich durch Sammelfreudigkeit beim Eintragen von Pollen aus.

Drei bis vier Tage nach Beweiselung wird kontrolliert, ob die Weiselzellen geschlüpft sind. Diejenigen Zellen, die noch nicht offen sind oder bereits ausgebissen wurden, sind zu ersetzen. Die Ausfallquote liegt bei 10%. Bei einer stichprobenartigen Kontrolle auf Waben mit offener Brut lassen sich unkontrollierte Nachschaffungszellen feststellen und vernichten. Erneut beweiselte Ableger werden besonders gekennzeichnet. Zur besseren Orientierung der Königin beim Begattungsfluge erhalten einzelne Ableger Markierungen. Das Auflegen von größeren Steinen oder Holzklötzchen in verschiedenen Formen auf jede zweite oder dritte Beute genügt.

Spätestens zwei Wochen nach der Beweiselung müssen die Königinnen mit dem Ablegen der Eier begonnen haben. Ist dies nicht

Abb. 74. Die Königin wird in einem Zusetzkäfig unter Zuckerteigverschluß eingehängt.

der Fall, wird der Ableger aufgelöst. Eine Vereinigung mit einem nebenstehenden, weiselrichtigen Ableger ist vorteilhafter als erneut mit einer schlüpfreifen Weiselzelle zu beweiseln. Die Waben des weisellosen Ablegers werden dem weiselrichtigen so zugehängt, daß die Brutwaben beieinanderstehen. Die leergewordene Zarge mit Boden und Deckel wird entfernt. Stehen begattete Jungköniginnen zur Verfügung, lohnt sich das Zusetzen einer solchen Königin (Lampeitl 1984) nur dann, wenn der weisellose Ableger nicht nur vier bis fünf Waben mit Bienen besetzt, sondern auch auf mindestens zwei Waben schlüpfende Brut zeigt.

Vielfach ist schon beim Öffnen der Ableger zu diesem Zeitpunkt festzustellen, daß Platzmangel herrscht und daß ein Zuhängen von Waben notwendig wird. Dies hat unbedingt zu geschehen, selbst wenn nur Mittelwände zur Verfügung stehen. In dieser Entwicklungsphase mit auslaufender Brut bedeutet Platzmangel bei Ablegern eine Einschränkung der Legeleistung der Königin und damit Entwicklungsstörungen, die nicht mehr eingeholt werden können.

Genauso wie fehlende Zellen zur Brutaufzucht schwache, entwicklungsgestörte Ableger hinterlassen, führt auch Futtermangel zu Entwicklungsstörungen. Sind noch nicht genügend Flugbienen vorhanden, so läßt sich selbst bei guten Trachtverhältnissen nicht ausreichend Futter zur Brutaufzucht herbeischaffen. Wer auf Nummer sicher gehen will, wird bei der Nachschau, ob die Königin legt, die Futtertasche nochmals mit etwa 2 kg Futterteig füllen. Ein dauernder Futterstrom verleitet außerdem die Bienen zum verstärkten Pollensammeln. Entsprechend groß angelegte Brutnester sind die Folge.

Etwa vier Wochen nach Bildung des Ablegers ist ein weiteres Einhängen von Waben notwendig, da von der jungen Königin Nachkommen in großer Zahl schlüpfen. In manchem Ableger wird die Zarge nun mit Waben aufgefüllt.

Die weiterhin notwendige Fütterung erfolgt jetzt mit dem Eimer. Stehen Mitte bis Ende August genügend ausgebaute, schon einmal bebrütete Waben zur Verfügung, so werden diejenigen Ableger, die eine Zarge mit Waben und Bienen ausfüllen, um eine weitere Zarge erweitert. Dies hat aber nur Sinn, wenn gleichzeitig gefüttert wird. Solche Ableger entwickeln sich zu einwinterungsfähigen Völkern. Sie bilden im kommenden Jahr den Grundstock einer ertragreichen und wirtschaftlichen Imkerei.

Umweiselung mit Hilfe des Ablegers

In jedem Betrieb finden sich im August oder September Völker, die noch genügend Volksstärke zeigen, jedoch aufgrund des vorgefundenen Brutnestes eindeutig eine nicht mehr leistungsfähige Königin besitzen. Eine Umweiselung ist daher sinnvoll.
Dem umzuweiselnden Volk wird die Königin entnommen und der Wabenbau für den Wintersitz in der zweiten Zarge gerichtet. Dem Ableger, dessen Brutwaben sich in der Mitte befinden, wird die zweite Zarge aufgesetzt. Nach außen hin werden ihm auf beiden Seiten ausgebaute, hellbraune Waben angeschoben. Zwischen den Zargen befindet sich eine Zeitung, in die Löcher gestochen werden. Eine sich sogleich anschließende Fütterung erleichtert die Vereinigung. Durchs Flugloch hinausgetragene Papierreste zeigen den Fortschritt der Vereinigung an, da der Kontakt der Bienen untereinander sich zunehmend verbessert.

Kunstschwarmbildung

Der Verkauf von Bienenmaterial an andere Imker mit abweichenden Rähmchenmaßen macht die Bildung von Kunstschwärmen notwendig, da ein Umschneiden von Brut- und Futterwaben nicht zu empfehlen ist. Außerdem würde der Arbeitsaufwand in keinem Verhältnis zum Erfolg stehen. Ganz abgesehen davon, daß z. B. ein Umschneiden von Zanderwaben auf Neu-Württemberger-Maß und umgekehrt nur mit hohen Verlusten an Brut, Futter und Wabenmaterial verbunden ist.
Die Bildung eines Kunstschwarmes kann auf verschiedene Art und Weise erfolgen. Notwendig ist jedoch immer, daß eine begattete Königin zur Verfügung steht, die sich in einem Zusatzkäfig unter Zuckerteigverschluß befindet. Das Gewicht des Kunstschwarmes sollte nicht unter 1,5 kg Bienen liegen. Dabei ist es egal, ob die Bienen aus einem Volke stammen, oder von mehreren Völkern abgekehrt werden. Eine natürliche Zusammensetzung von ⅔ Jungbienen und ⅓ Flugbienen beschleunigt die Entwicklung des Kunstschwarmes, wobei den abzukehrenden Bienen die Möglichkeit gegeben werden muß, Futter aufzunehmen. Das geschieht am besten, wenn die abzukehrenden Waben einige Minuten auseinandergezogen stehenbleiben. Ein leichtes Benetzen der Bienen auf den Waben mit Wasser aus einem Zerstäuber verhindert ein unnötiges Auffliegen. Das Kunstschwarmverfahren ist nebenbei die sicher-

Abb. 75. Zur Kunstschwarmbildung empfiehlt es sich, die Bienen auf den Waben mit Wasser zu besprühen.

Abb. 76. Das Abstoßen in die Beute oder in den Kunstschwarmkasten geht leicht vor sich.

ste Methode, hochwertige Königinnen zuzusetzen oder mit einem Volke zu vereinigen, sofern darauf geachtet wird, daß mit den abgekehrten Bienen keine Königin in den Schwarm gelangt.

Bildung in der Beute

Die Beute wird mit ausgebauten Waben und Mittelwänden ausgestattet, wobei zum Abkehren der Bienen in der Mitte vier bis fünf Waben entnommen werden. In diesen Freiraum werden die Bienen zunächst gestoßen und dann gekehrt. Sie laufen über den Boden in die dunklen Regionen unter den verbliebenen Waben. Erst wenn das gewünschte Bienengewicht, das über eine Waage festgestellt werden kann, erreicht ist, werden die fehlenden Waben eingehängt. Der Kunstschwarm kann dann mit geöffnetem Flugloch aufgestellt werden, wenn er auf einen mindestens zwei bis drei Kilometer entfernten Standort verbracht wird. Eine Fütterung zwei bis drei Tage nach der Aufstellung mit Futterwaben, Futterteig oder mit dem Futtereimer ist sinnvoll. Erfolgt sie vorher, besteht Gefahr des Ausraubens. Der Schwarm muß sich zuerst an die Königin gewöhnen. Dies ist nach zwei bis drei Tagen der Fall.

Soll er am gleichen Standort aufgestellt werden, ist eine zweitägige Kellerhaft angebracht. Durch Gewöhnung an die neue Königin in dieser fluglosen Zeit verliert ein

Abb. 77. Nach einer Kellerhaft zeigt dieser 1,5 bis 2 kg schwere Kunstschwarm normales Verhalten.

Abb. 78. Kunstschwarmbildung in Transportkisten, die sich auf einer Waage befinden.

Großteil der Flugbienen die Orientierung auf den alten Standort. Ein Einhängen einer Futterwabe oder der Futtertasche mit Futterteig ist bei der Bildung des Kunstschwarmes angebracht.

Bildung des Kunstschwarmes in der Transportkiste, im Schwarmfangkasten oder im Ruck-Zuck-Kästchen

Um Kunstschwärme über weite Entfernungen mit der Eisenbahn zu verschicken, bewähren sich gut belüftete Transportkisten, die die Bienen aufnehmen. Stabile und sichere Bauweise muß genauso gewährleistet sein, wie die Möglichkeit der Fütterung durch eine mit einem Lüftungsgitter versehene Öffnung am Deckel der Kiste. Ein darunter befestigter Stoffstreifen ermöglicht sicheren Halt der Schwarmtraube bei Transporterschütterungen.

Zum Abstoßen und Abkehren der Bienen in Transportkisten ist ein zusätzlicher Abkehrtrichter notwendig, der auf die Kiste ohne Deckel aufgesetzt wird. Auf dem glatten Blech des Trichters rutschen die abfallenden Bienen leicht in die Kisten hinein und sammeln sich als Traube am Deckelbrett des Abkehrtrichters. Sobald das notwendige Gewicht erreicht ist, wird die Kiste samt Trichter ein paarmal am Boden aufgeschlagen, so daß die Bienen auf den Boden der Kiste fallen. Die Kiste kann dann nach Abnehmen des Trichters mit dem Deckel verschlossen werden. Vorher ist der Zu-

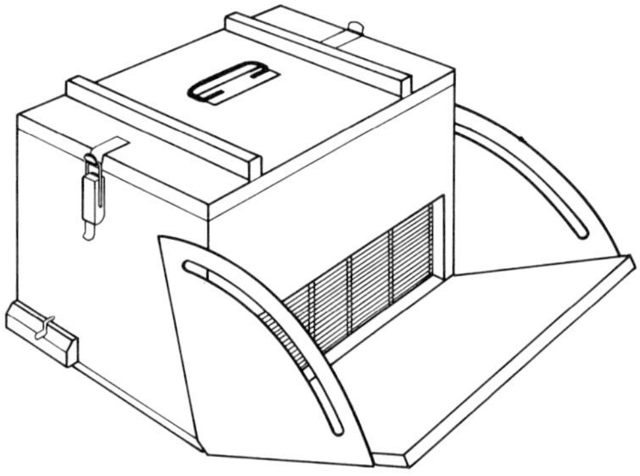

Abb. 79. Der Marburger Feglingskasten leistet gute Dienste bei der Kunstschwarmbildung, vor allem wenn die Königin nicht gefunden wird. Das Absperrgitter hindert sie am Einlaufen in den Kasten, so kann sie leicht gefunden werden.

satzkäfig mit der Königin einzuhängen; am besten wird er mit einem Draht am Deckel befestigt.
Die Bildung eines Kunstschwarmes in einem Schwarmfangkasten verlangt, daß die abzukehrenden Waben zuvor schon bereitgestellt werden, da die Bienen angesichts des fehlenden Deckels kurz hintereinander eingebracht werden müssen. Ein wiederholtes Aufsetzen des Deckels nach Abkehren einzelner Waben würde ein erneutes Abstoßen vom Deckel notwendig machen, da sich die Bienen innerhalb kurzer Zeit am Deckel als Traube sammeln. Kunstschwärme in Schwarmfangkästen bildet man dann, wenn sie vom Käufer abgeholt werden, oder wenn zunächst noch keine Beute und Waben bereitstehen. Eine zweitägige Kellerhaft ist dann angebracht.
All diese Verfahren machen es notwendig, daß vor Abkehren der Waben in den Völkern, aus denen Bienen entnommen werden, die Königin gesucht wird. Die Wabe mit der Königin ist so beiseite zu stellen, daß auf keinen Fall die Königin des Volkes in den Kunstschwarm gelangt.
Die Bildung eines Kunstschwarmes im Ruck-Zuck-Kästchen (Pfefferle 1982) oder Marburger Feglingskasten ermöglicht ein Abstoßen der Waben, ohne daß man die Königin suchen muß. Die Bienen werden in eine Schütte gekehrt, die an der Seitenwand des Kästchens befestigt ist und dessen Öffnung in das Kästchen hinein mit einem Absperrgitter verschlossen werden kann. Dadurch wird verhindert, daß zwar die Bienen, jedoch nicht die Königin durch das Absperrgitter in den Kunstschwarm gelangen. Sollte eine Königin des Volkes sich in der Schütte befinden, kann sie leicht abgefangen werden. Das Ruck-Zuck-Kästchen kann vor Bildung des Kunstschwarmes mit Waben ausgestattet werden. Hierbei ist jedoch die größere Ausführung mit vier Waben vorzuziehen.

Drohnenvölker

Für die Aufzucht leistungsfähiger Königinnen sind Drohnen in großer Zahl genauso unentbehrlich wie gut funktionierende Pflege- und Zuchtvölker. Deshalb müssen parallel zur Vorbereitung der Pflegevölker Drohnenvölker ausgewählt werden, die dafür vorgesehen sind, Drohnen in größerer Zahl heranzuziehen.
Es sollten Völker sein, deren Abstammung bekannt ist und die in den vergangenen Jahren sich durch gute Eigenschaften auszeichneten, wobei im Vordergrund die Resistenz gegen Krankheiten stehen muß. Auch bei Drohnenvölkern muß der Grundsatz gelten, daß die Anwendung chemotherapeutischer Heilmethoden bei Krankheiten zu falschen Ergebnissen führt. Insbesondere gilt dies bei der Bekämpfung der Nosema.

Es eignen sich aber auch solche Drohnenvölker, die trotz guter Abstammung stechlustig sind oder keinen ruhigen Wabensitz aufweisen. Da der Drohn aus einem unbefruchteten Ei entsteht, kommen nur die Eigenschaften der Mutter zum Tragen. In gut geführten Imkereien mit nach Leistung aus gelesenem Bienenmaterial ist die Wahl der Drohnenvölker nicht schwierig. Meistens werden solche Völker verwendet, die am Überwinterungsstandort nach einer der ersten Wanderungen verbleiben, sofern auch dort die Ableger aufgestellt werden.
Solche Völker erhalten Ende April/Anfang Mai in der untersten oder zweiten Zarge ein Leerrähmchen, auf dem sich am Oberteil ein ca. 1 cm breiten Wabenstreifen befindet, der nach Ausschneiden einer alten Wabe übriggeblieben ist. Dieses Rähmchen wird links oder rechts in die zweite Wabengasse eingehängt. Eine Fütterung solcher ausgewählter Völker mit kristallisiertem Honig oder Futterteig in der Futtertasche bewirkt, daß dieses Leerähmchen sogleich mit Drohnenbrut ausgebaut und von der Königin bestiftet wird. Geschlechtsreife Drohnen in genügender Zahl, natürlich aufgezogen und gut genährt, sorgen für eine einwandfreie Begattung der Jungköniginnen. Die Drohnenwaben werden erst im Herbst entnommen.

Wanderung

Während der Liebhaberimker seine Völker meist an einem ausgesuchten festen Standort beläßt, ist für den wirtschaftlichen Imkerbetrieb die Wanderung eine unumgängliche betriebstechnische Maßnahme, ohne die er bei den heutigen Trachtverhältnissen kaum auskommen kann. Wandern mit Bienenvölkern heißt, sie dort hinzubringen, wo optimale Trachtverhältnisse herrschen. Dies kann schon der Fall sein, wenn zum Aufbau der Völker im Frühjahr oder Herbst pollenreiche Standorte angewandert werden, oder wenn bei einer Massierung von Völkern am Überwinterungsstandort ein Teil der Völker verlagert wird, damit sich die Bienendichte verringert.

Vorbereitungen zur Wanderung

Sie beginnen mit der Suche und Auswahl des Wanderplatzes nach bienengemäßen Kriterien (Lampeitl 1984). Und ebenso ist zu berücksichtigen, daß am Standort keine Nachbarn durch die Bienen beeinträchtigt werden und der Wanderplatz mit einem Fahrzeug gut zu erreichen ist. Gerade was diesen letzten Punkt betrifft, sollte man unvorhergesehene Überraschungen möglichst ausschließen, oder wenigstens einschränken. Die Absprache mit dem Grundstücksbesitzer über die Modalitäten der zeitweiligen Nutzung des Grundstückes ist genauso wichtig, wie das rechtzeitige Besorgen eines Gesundheitszeugnisses für die zur Wanderung vorgesehenen Völker.
Zur guten Vorbereitung einer Wanderung zählt auch die rechtzeitige terminliche Planung. Wesentlich ist dabei das Einsetzen der anzuwandernden Tracht. Zu diesem Zeitpunkt muß ein entsprechendes Fahrzeug zur Verfügung stehen oder beschafft werden und ein oder mehrere Helfer verpflichtet sein. Besonders wenn es sich um Wanderungen mit 10 oder mehr trachtreifen Völkern über längere Strecken handelt, sind dazu in jedem Fall Helfer notwendig. Schon das Be- und Entladen von Völkern auf drei oder vier Zargen läßt sich allein nicht mehr bewerkstelligen.
Ehe das Fahrzeug beladen wird, müssen auch die erforderlichen Utensilien zum

Abb. 80. Auf einer Wanderung mit Bienenvölkern läßt sich das Be- und Entladen zu zweit schnell und sicher bewerkstelligen.

Verschließen der Beuten und der Werkzeugkästen bereitstehen. Dieser muß neben Hämmern, Zangen und Nägeln auch die entsprechende Zahl von Schleiern und vor allem Bienenabwehrspray enthalten. Das Abwehrspray leistet zum Beruhigen und Abwehren von Bienen beim unvorhergesehenen Undichtwerden einer Beute so gute Dienste, daß dadurch manche Wanderung ohne weitere Probleme fortgesetzt werden konnte. Die zur Wanderung vorgesehenen Völker sind auf jeden Fall vor Beginn der Schließung der Fluglöcher auszuwählen. Es geht nicht an, daß erst zu diesem Zeitpunkt Völker verglichen oder ausgewählt werden. Zu den wichtigen Vorbereitungen gehört auch die Planung des zeitlichen Ablaufes der Wanderung und die Entscheidung, ob die Völker in den Abend-, Morgen- oder Nachtstunden aufgeladen, transportiert und am neuen Standort wieder aufgestellt werden. Dabei gilt die Regel, daß an Wanderplätzen, die man noch wenig oder kaum kennt, die Völker grundsätzlich bei Tageslicht aufstellt. So kann es zu keinen unvorhergesehenen Überraschungen oder Unfällen kommen. Bei Wanderplätzen im Wald ist es besonders wichtig, daß beim Anfahren des Wanderplatzes und beim Aufstellen der Völker günstige Lichtverhältnisse herrschen. Nur wenn die Standorte gut bekannt oder zuvor schon angewandert worden sind, kann man sie auch einmal bei Nacht anfahren.

Bei Wanderungen mit vielen Völkern über längere Strecken erfordert schon das Beladen einen größeren Zeitaufwand. So können bei starken Völkern in den Sommermonaten, wenn der Flug bis in die Nachtstunden hinein dauert, erst bei einbrechender Dunkelheit die Fluglöcher geschlossen werden. In solchen Situationen empfiehlt es sich, entweder die Kühle der Nacht zum Anfahren des Wanderplatzes zu nutzen, oder erst in den Morgenstunden die Fahrt anzutreten. Bei Völkern in Beuten mit einer Wanderfront ist es ohne weiteres möglich, das beladene Fahrzeug über Nacht stehen zu lassen.

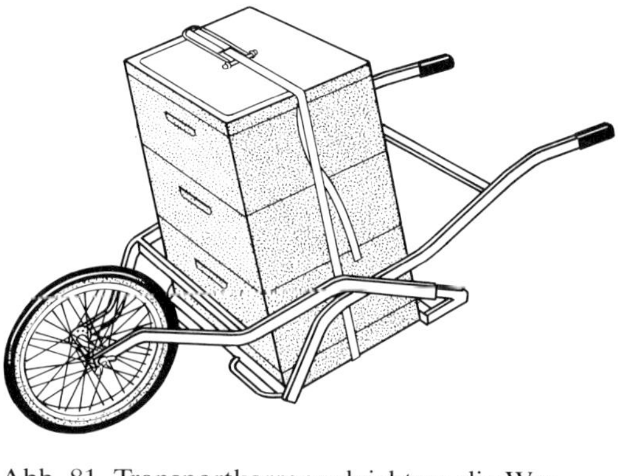

Abb. 81. Transportkarren erleichtern die Wanderung. Die darauf befindliche Beute ist mit einem Wandergurt verschlossen, der bei fehlenden Schlössern an einfachsten Beuten unbedingt notwendig ist.

Werden Wanderungen an Regentagen durchgeführt, so lassen sich angesichts der geringen Flugaktivitäten die Arbeiten früher in Angriff nehmen. Die niedrigeren Außentemperaturen bei Regen bewirken außerdem eine »Kühlung« der eingeschlossenen Völker.

Zu den Wandervorbereitungen zählt auch die Überprüfung des Fahrzeuges auf Verkehrssicherheit und nicht zuletzt, ob der im Tank befindliche Treibstoff für die vorgesehene Wanderstrecke ausreicht. Es gibt nichts schlimmeres, als wenn man bei Nachtfahrten mit Bienenvölkern stundenlang auf der Straße liegen bleibt.

Auf der Wanderung

Sie beginnt mit dem Schließen der Fluglöcher, sobald der Bienenflug eingestellt ist. Die Kontrolle, ob alle Schlösser an den Verbindungen vom Boden zu den Zargen und zu Deckel zu sind, verhindert unangenehme Überraschungen, wenn die Beuten aufgehen oder auseinanderfallen. Das gilt auch, wenn zum Verschließen Gurte verwendet werden.

Helfer, die wenig Erfahrung im Umgang mit Bienenvölkern haben oder womöglich Angst zeigen, läßt man die Beute an der vom Flugloch abgewandten Seite anpakken. Sollte einmal eine Beute aufgehen, was meistens am Flugloch erfolgt, besteht dann weniger Gefahr, daß die Beute gleich fallengelassen wird. Ein weiterer Helfer am Fahrzeug, der die Beuten zurechtrückt, erleichtert nicht nur das Beladen, sondern hilft auch Zeit sparen.

Zwischenräume an den Seiten der Pritsche werden mit Paletten, Wanderböcken oder anderen am Wanderplatz benötigten Utensilien gleich während des Beladens ausgefüllt. Müssen Beuten übereinandergestapelt werden, kommt es vor allem darauf an, ein Verrutschen oder gar Herunterfallen während der Fahrt zu verhindern. Vor Antritt der Fahrt ist zu kontrollieren, ob die Ladung sich verkehrssicher auf dem Fahrzeug befindet. Dies ist genauso wichtig, wie die Festlegung der Fahrtroute.

Während beim Beladen Sicherheit vor Schnelligkeit geht, ist am Wanderplatz ein schnelles Entladen und Aufstellen der Völker gefragt. In Luftnot geratene Völker können dadurch vor dem Verbrausen gerettet werden. Zunächst sind am Wanderplatz für sämtliche Völker die entsprechenden Unterlagen wie Paletten oder Wanderböcke zu richten. Erst dann wird mit dem

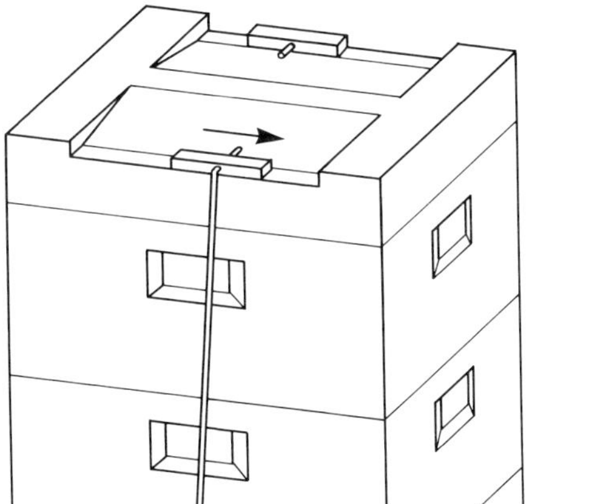

Abb. 82. Die Segeberger-Kunststoff-Magazinbeute wird mit Drahtklammern aus 5 mm starkem Eisendraht verschlossen (Schundau 1983).

Abb. 83. Rollenbahnen erleichtern das Be- und Entladen auf der Wanderung bei Fahrzeugen mit hohen Pritschen.

Abladen begonnen, wobei zuerst die vom Fahrzeug am weitesten entfernten Stellplätze der Völker beschickt werden. Würde man umgekehrt verfahren, stünden die bereits aufgestellten Völker einem später im Wege.

Haben sämtliche Völker ihren Standplatz, wird zunächst das Fahrzeug aufgeräumt und weggestellt. Erst dann werden die Fluglöcher geöffnet. Hierbei empfiehlt es sich, einen Schleier überzuziehen, damit ein rasches Arbeiten möglich ist. Erst nachdem bei allen Völkern die Fluglochklappen entsichert worden sind, werden die Klappen der Reihe nach geöffnet und zwar so, daß der Weg, den man gehen muß, von den bereits geöffneten Völkern wegführt. So wird man durch die aus den Flugöffnungen quellenden und umherfliegenden Bienen weniger belästigt. Noch ungestörter läßt sich arbeiten, wenn durch die Fluglochnähe befindlichen Lüftungsschlitze der Wanderfront Bienenabwehrspray gesprüht wird, ehe der Verschlußkeil entnommen wird.

Eine abschließende Kontrolle, ob auch alle Flugklappen geöffnet wurden, ist vor Verlassen des Wanderplatzes unbedingt notwendig. Völker, die versehentlich nicht geöffnet wurden, sind bis zum nächsten Besuch mit Sicherheit eingegangen. Auch das Anbringen des Gesundheitszeugnisses ist nicht zu vergessen.

Hinweise für Notfälle

Trotz aller Vorbereitungen können auf einer Wanderung auch unvorhersehbare Pannen auftreten. In solchen Fällen verhindert richtiges Verhalten größeren Schaden.

Verbrauste Völker, die schon beim Öffnen der Fluglöcher bemerkt werden, sind sofort aufzuräumen. Die mit geschmolzenem Wachs und Honig verklebten toten Bienen werden vergraben. Eventuell noch vorhandene Brutwaben oder noch intakte Honigwaben werden in andere Völker eingestellt. Die Beute wird mit nach Hause genommen, wo sie gereinigt werden kann. Keinesfalls dürfen die Waben verbrauster Völker auf dem Wanderplatz verstreut herumliegen.

Problematischer wird es, wenn sich während der Fahrt zum oder vom Wanderplatz eine Autopanne einstellt oder das Fahrzeug gar in einen Unfall verwickelt wird. Eine Reifen- oder Motorpanne bedeutet auf jeden Fall einen Aufenthalt von einer oder mehreren Stunden. Um ein Verbrausen der Völker zu verhindern, wird zur Kühlung Wasser in die Wanderfront, in die Lüftungsgitter oder auch nur über die Beuten gesprüht. Es lohnt sich, ein Fahrzeug anzuhalten, um Wasser herbeizuholen. Ist die Reparatur des Fahrzeuges an Ort und Stelle nicht durchzuführen, muß auf ein Ersatzfahrzeug umgeladen werden, oder die Völker sind in der Nähe zumindest vorübergehend aufzustellen und zu öffnen. In solchen Notsituationen wird auch der Grundstücksbesitzer Verständnis zeigen, wenn zuvor kein Einverständnis eingeholt wurde. Fahrzeuge mit Motorschaden, die noch fahr- und lenkbar sind, lassen sich notfalls mit einem entsprechenden Zugfahrzeug zum Wanderplatz abschleppen.

Sind Bienentransportfahrzeuge in Verkehrsunfälle verwickelt, heißt es Ruhe bewahren. Neben der Versorgung eventuell verletzter Personen und dem Herbeiholen der Rettungsfahrzeuge kommt der Absicherung der Unfallstelle besondere Bedeutung zu, insbesondere wenn die Bienenvölker Schaden genommen haben. Die Polizei sollte dann die Unfallstelle weiträumig absperren, da die aus den beschädigten Beuten austretenden Bienen andere Autofahrer gefährden könnten. Selbst wenn nur einzelne Bienen durch offene Schiebedächer oder geöffnete Fenster in Fahrzeuge eindringen, kann dies bei manchen Autofahrern zu Fehlreaktionen und damit zu weiteren Unfällen führen.

Abb. 84. Wanderplätze, die ein Befahren mit dem LKW bis nahe an die Völker zulassen, erleichtern das Be- und Entladen.

Liegen Bienenvölker verstreut neben dem Unfallfahrzeug auf der Straße oder im Straßengraben, sollten sie, sobald die Unfallstelle abgesichert ist und die Verletzten betreut sind, versorgt und weggeschafft werden. Die Helfer wird man dazu mit Schleiern und eventuell Handschuhen ausrüsten. Bei schweren Unfällen empfiehlt es sich, die Hilfe von Imkern aus benachbarten Orten herbeizuholen und eventuell auch die Feuerwehr, die aus einem Tankfahrzeug beschädigte Beuten mit Wasser bespritzen kann. So lassen sich die ausgetretenen Bienen besänftigen. Noch auf dem Fahrzeug befindliche Völker, die nicht ohne weiteres weggeschafft werden können, sind ebenso zu kühlen. Die Aufnahme des Unfalls durch die Polizei erleichtert die spätere Schadensregulierung mit der Versicherung.

Honiggewinnung, -behandlung und -verkauf

Es gibt im Jahresablauf wohl keine Arbeit bei der Bienenhaltung, die vom Imker so gerne getan wird wie die mit dem Honig zusammenhängenden Tätigkeiten. Er freut sich über das Ergebnis der Arbeit seiner Bienen und sieht auch seine Mühen erfolgreich belohnt.

All die Tätigkeiten, die, von der Gewinnung bis hin zur Vermarktung mit dem Pro-

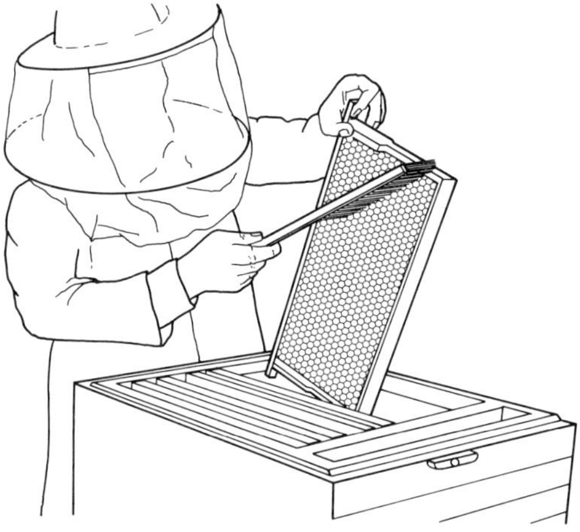

Abb. 85. Das Abkehren der Waben über dem geöffneten Volk. So kommt es nur zu geringen Verlusten an Bienen.

dukt Honig zusammenhängen, müssen im Imkerbetrieb nach wirtschaftlichen Gesichtspunkten ausgeführt werden. Hinzu kommt, daß für die Qualität des Honigs größtmögliche Sauberkeit und sorgfältige Arbeitsweise entscheidend sind.

Honigentnahme

Daß nur reifer Honig (Lampeitl 1984) entnommen wird, ist für den wirtschaftlich geführten Betrieb eine Selbstverständlichkeit. Unreifer Honig zahlt sich auf Dauer nicht aus und führt nur zu Verärgerungen beim Kunden und zu hohen Verlusten, wenn der Honig noch vor dem Verkauf in Gärung übergeht.

Die Entnahme des Honigs aus den Völkern sollte möglichst zu einer Zeit stattfinden, wenn wenig oder kaum Tracht herrscht, oder an Trachttagen zu ganz bestimmten Tageszeiten. Wenn Honigwaben an Trachttagen entnommen werden müssen, so kommt es auf eine schnelle Arbeitsweise an und daß vermieden wird, daß die Völker vollständig auseinander genommen werden. Eine halbstündige Störung bedeutet eine Trachtunfähigkeit von mehreren Stunden, bis die Harmonie im Volk wieder hergestellt ist. Wer genau beobachtet, wird bei solchen gestörten Völkern feststellen können, daß kaum Bienen zum Trachtfluge ausfliegen, sondern nur noch Bienen heimkehren.

Die Honigentnahme funktioniert am besten und schnellsten mit einem Helfer. Zunächst werden genügend Leerzargen bereitgestellt, und zwar so, daß sich in unmittelbarer Nähe eines jeden offenen Volkes eine Leerzarge befindet. Nach Öffnen des Deckels und Abziehen der Folie wird nach kurzem Rauchgeben am Rande eine Wabe gezogen, durch Draufschlagen mit der Hand ein Großteil der Bienen abgestoßen und schließlich werden die noch auf der Wabe befindlichen Bienen mit einem sauberen Abkehrbesen abgefegt. Der Helfer übernimmt die Wabe und hängt sie in die bereitgestellte Zarge. So wird weiter verfahren, bis in der Mitte der Zarge Waben mit Brut erscheinen, die man hängen läßt. Müssen von Völkern aus zwei oder mehr Zargen Honigwaben entnommen werden, ist es ratsam, die oberen Zargen abzunehmen und in der untersten mit dem Absto-

---

Oben links: Sauber gereinigte Wachsblöcke sind der Stolz eines jeden Imkers. Die Umarbeitung zu Mittelwänden im eigenen Betrieb gewinnt an Bedeutung.
Oben rechts: Das Gießen von Bienenwachskerzen mit Hilfe einer Silikonform.
Unten links: Bienenwachs, das zu Kerzen, zu Wand- und Tischdekorationen verarbeitet wird, erhöht die Wirtschaftlichkeit einer Imkerei.
Unten rechts: Aus gewalzten Mittelwänden, schräg geschnitten und dann bei Zimmertemperatur um einen Docht gerollt, lassen sich wunderschöne Kerzen gestalten.

ßen und Abkehren zu beginnen. Dies hat den Vorteil, daß die Bienen wesentlich ruhiger bleiben, als wenn sie im umgekehrten Fall zwei- oder sogar dreimal abgekehrt werden. Entnommene Honigwaben werden sogleich, einzeln oder in Zargen, eingehängt, ins Auto verfrachtet, in dem die Fenster und Türen bienendicht verschlossen sind.

Stehen Ersatzwaben zur Verfügung, werden sie erst dann an die Stelle der entnommenen Honigwaben eingehängt, wenn dem Volke sämtliche Honigwaben entnommen worden sind. Die Brutwaben bleiben stets unverändert an der gleichen Stelle. Bei schwächer gewordenen Völkern, die um eine Zarge verkleinert werden müssen, wandern die Brutwaben aus der überflüssigen Zarge nach unten, und zwar in die Mitte. Der übrige Raum wird mit Leerwaben ausgefüllt.

Stehen keine Ersatzwaben zur Verfügung, so werden alle ausgeschleuderten Waben am Standort gleich wieder eingehängt, am besten abends, da über Nacht dann kaum Räuberei aufkommen kann. Ist dies nur tagsüber bei schöner Witterung möglich, mindert ein Besprühen der honigfeuchten Waben mit Wasser die drohende Räuberei.

So selbstverständlich wie es ist, daß nur reifer Honig entnommen wird, sollte den Völkern auch mindestens 2 bis 3 kg Honig pro Volk verbleiben. Sind genügend Brutwaben (5 bis 6 pro Volk) vorhanden, so werden die Honigkränze dieser Waben ausreichen. Fehlen sie jedoch, so muß eine volle Honigwabe im Volk verbleiben.

Das Abkehren der Bienen von den Waben wird wesentlich erleichtert, wenn mehrere Abkehrbesen zur Verfügung stehen und wenn diese, ehe man mit einem anderen Volk beginnt, in einer Kanne mit Wasser ausgewaschen werden. So verkleben die Flügel der Bienen nicht so leicht und in den Zellen sich vollsaugende Bienen lassen sich leicher herausstreifen und abkehren.

Entdeckeln und Schleudern

Da diese beiden Arbeitsgänge wesentlich von den vorhandenen Geräten, vom zur Verfügung stehenden Raum und nicht zuletzt auch von der Arbeitseinstellung des einzelnen Imkers abhängen, können nur grundsätzliche Empfehlungen gegeben werden.

Die Kleidung muß nicht nur bequem, sondern auch hygienisch einwandfrei sein. Weiße Arbeitsmäntel, die leicht waschbar sind, gehören genauso dazu, wie Kopfbedeckungen bzw. Kopftücher bei Frauen. Saubere Gefäße mit warmem Wasser ermöglichen das Eintauchen der Geräte, wenn mit Entdeckelungsgabel oder -messer gearbeitet wird. Auch sollte man dann von Zeit zu Zeit die mit Honig verklebten Hände waschen und mit sauberen Handtüchern abtrocknen können.

Entdeckeln und Schleudern geht am leichtesten vor sich, wenn die Honigwaben eine Temperatur von 35 °C aufweisen. In den Sommermonaten sinkt diese Temperatur, die auch das Bienenvolk in der Beute auf-

---

Oben links: Völker in Dadant-Beuten mit Zander-Aufsatz in der Rapstracht.
Oben rechts: Leistungsstarke Bienenvölker sind auf 10 Dadantwaben im Brutraum leicht zu erzielen.
Unten links: Das Mini-Plus-Begattungskästchen eröffnet viele Möglichkeiten bei der Überwinterung von Ersatzköniginnen und als Begattungseinheit bei der Königinnenzucht.
Unten rechts: Hervorragende Wärmeisolation im Mini-Plus liefert bereits Ende April/Anfang Mai ausgedehnte Brutnester, so daß genügend Bienenmaterial zur Kunstschwarmbildung zur Verfügung steht.

Abb. 86. Die einfachste Methode Honig abzuschäumen, ist nach wie vor, den Schaum an der Oberfläche mit Hilfe eines Teigschabers zusammenzustreichen.

rechterhält, nicht wesentlich, wenn der Transport der Waben im geschlossenen Auto erfolgt und gleich anschließend in normal temperierten Räumen geschleudert wird. Ist das Entdeckeln und Schleudern nicht sofort möglich, sollte man die Räume heizen oder die Honigwaben im Auto belassen, damit die Temperatur nicht absinkt. Nicht zu empfehlen ist, ein voll mit Honigwaben beladenes Auto zu lange in der prallen Sonne stehenzulassen. Ein Aufheizen auf 60 bis 70°C bringt das Wachs zum Schmelzen und führt zum Bruch der Waben, insbesondere wenn es sich um noch nicht bebrütete Honigwaben handelt.

Das Schleudern nicht bebrüteter Waben muß vorsichtig geschehen. In Selbstwendeschleudern wird ein Wenden der Waben schon nach einigen Sekunden des Anschleuderns notwendig. Ebenso wird bei der zweiten Wabenseite verfahren. Danach ist bei Honigen mit einem Wassergehalt von 20 % ein Ausschleudern der ersten Seite mit erhöhter Drehzahl möglich. Und ebenso wird dann auch die zweite Seite ausgeschleudert. Befindet sich zäher Honig mit einem Wassergehalt von 18 % oder weniger in den Waben, wird vor dem Ausschleudern ein mehrmaliges Wenden notwendig sein, damit es zu keinen Wabenbrüchen kommt. Vorsichtige Schleuderung ist auch angebracht, wenn es sich um Waben handelt, die sich bis auf Zimmertemperatur von 20°C und weniger abgekühlt haben.

Frisch geschleuderter, noch einigermaßen warmer Honig wird gleich nach dem Schleudern von größeren und kleineren

Abb. 87. Honigrühren mit Hilfe eines Vierkantstabes, der in eine langsamlaufende Bohrmaschine eingespannt ist.

Abb. 88. Verschiedene ansprechende Möglichkeiten der Werbung für Honig.

Wachsteilchen gesäubert. Dazu dient das Doppelsieb zwischen Auslaufhahn der Schleuder und Honigeimer. Sobald 40 bis 50 kg Honig durchgelaufen sind, muß das Doppelsieb gesäubert werden, da ein ungereinigtes Sieb allmählich undurchlässig wird. Ein Überlaufen von ungesiebtem Honig wäre die Folge.

Honigbehandlung

Honigeimer mit frisch geschleudertem Honig werden zunächst in warmen Räumen mit einer Temperatur von 20 bis 25 °C aufbewahrt. Da eine Kristallisation bei solchen Temperaturen nicht so rasch erfolgt, kann eine selbsttätige Klärung stattfinden, bei der sich kleinste Wachsteilchen und eingeschlossene Luftbläschen an der Oberfläche absetzen. Ein Abschöpfen oder Abschäumen nach ein bis zwei Wochen ergibt sauberen Honig, der sich in geschlossenen Gefäßen aufbewahren läßt.

Blütenhonigsorten, vor allem Rapshonig, müssen nach dem Abschöpfen oder bei beginnender Kristallisation gerührt werden. Dies geschieht mit einem Dreikantstab auf Holz. Ein Vierkantstab aus Buchenholz, der einen Aufnahmebolzen für das Bohrfutter einer Bohrmaschine enthält, oder eine Rührspirale aus nichtrostendem Stahl erleichtern diese Arbeit. Bei langsamer Drehzahl der Bohrmaschine und bei gleichmäßiger, auch am Boden und an der Wand des Gefäßes entlangfahrender Arbeitsweise, läßt sich der Honig vollständig durchrühren. Es erfolgt gleichzeitig ein Zerschlagen schon gebildeter grober Kristalle. Eine feinkristalline Kandierung ist die Folge. Ein solcher Honig bleibt bei einer Aufbewahrung in Räumen mit Zimmertemperatur streichfähig. Er kann auch in diesem Zustand in größeren Mengen gleich in Gläser abgefüllt werden.

Nicht gerührter und über längere Zeit aufbewahrter Honig wird auskristallisieren. Eine Verflüssigung im Wärmeschrank bei 40 °C ist daher notwendig, wobei nach dem Erkalten ein Abschäumen und Rühren notwendig wird, um den Honig verkaufsfähig zu machen. Honigsorten wie Rapshonig, die flüssig an den Verbraucher abgegeben werden sollen, können auch im Wärmeschrank entweder im Abfüllkübel oder in den Verkaufsgebinden über längere Zeit flüssig gehalten werden, wenn die Temperatur am Thermostat auf 25 bis 30 °C eingestellt wird.

Verkauf

Durch den Verkauf von Honig an Endverbraucher lassen sich die höchsten Preise erzielen. Darum kommt es drauf an, sich einen festen Stamm von Kunden zu gewinnen und ihn entsprechend gut zu betreuen.
Kundengewinnung bedeutet Werbung, wozu die Qualität des Produktes oft nicht allein ausreicht. So empfehlen sich Anzeigen im Gemeindeblatt oder in der Tagespresse ebenso wie ein kleiner Verkaufsstand auf Wochenmärkten oder bei anderen Gelegenheiten, vor allem in der Weihnachtszeit. Das Anbringen von entsprechenden Hinweisschildern am Hauseingang oder an den Standorten der Bienenvölker, an denen Wander- oder Spazierwege vorbeiführen, ist stets eine preiswerte und wirkungsvolle Werbung. Die Telefonummer sollte auf solchen Hinweisen nicht fehlen.
Die Kundenbetreuung beginnt schon bei der ersten Anfrage eines Interessenten. Wahrheitsgemäße und vertrauenerweckende Auskünfte über Honigsorten, Verkaufsgebinde und nicht zuletzt über den Preis müssen überzeugen. Bei dem Gespräch, das sich beim Verkauf automatisch ergibt, kann auf die Vorzüge des Honigs, seine Behandlung und Aufbewahrung und nicht zuletzt auch auf eigene Erfahrungen beim Genuß des Honigs hingewiesen werden. Sehr oft sucht der Kunde beim Honigkauf die Gelegenheit zu einem ausführlichen Gespräch, das ihm bei den heutigen meist unpersönlichen Einkaufsgewohnheiten kaum mehr geboten wird. Positiv wird oft auch empfunden, wenn der Honigkunde seine eigenen Gefäße zum Füllen mitbringen kann. Hierbei sollte jedoch unbedingt darauf geachtet werden, daß nur in hygienisch einwandfreie Gläser oder Töpfe abgefüllt wird. Wenn Honig in einem nicht einwandfreien Gefäß verdirbt, wird der Kunde die Schuld nie beim Gefäß, sondern immer beim Honig suchen. Eine geeichte Waage, die gesetzlich vorgeschrieben ist, einwandfreie Abfüllgefäße und -einrichtungen sowie saubere Geschirr- und Handtücher wecken Vertrauen beim Verkauf und laden zum Wiederkommen ein.
Ein sicherer Kundenstamm läßt sich am besten über längere Zeit dadurch erhalten, daß die Nachfrage nach Qualitätshonig auch immer befriedigt werden kann. Das heißt, es muß Vorratswirtschaft betrieben werden, damit auch in schlechten Honigjahren zumindest die Stammkunden beliefert werden können. Sollte der dafür geerntete Honig jedoch nicht ausreichen, kann in Erwägung gezogen werden, den weiteren Bedarf bei Kollegen zu decken. Hierbei ist jedoch Vorsicht am Platze, da manche Kunden leicht verärgert werden können, wenn sie nicht die schon über Jahre gewohnte Qualität erhalten.
Andererseits wird der wirtschaftlich denkende Imker nach guten Honigjahren die Möglichkeit nicht ausschließen, auch einmal gewisse Mengen an den Handel abzugeben. Das können zunächst einmal Lebensmittelgeschäfte sein, denen jedoch der Honig in fertigen Gebinden angeliefert werden muß. Auch die Honighändler suchen durch Anzeigen in den Fachzeitschriften von Zeit zu Zeit entsprechende Mengen Qualitätshonig, wobei Honigtauhonige bevorzugt werden. Der Preis, den der Handel für größere Mengen in Aufbewahrungsgefäßen bezahlt, ist natürlich wesentlich niedriger, als bei Selbstvermarktung an den

Verbraucher. Wenn Honig an den Handel abgegeben wird, muß jedoch der Gestehungspreis bekannt sein oder an Hand der entsprechenden Aufzeichnungen errechnet werden können. Auch die Erzeugergemeinschaften wie sie in Bayern in den letzten Jahren ins Leben gerufen wurden, bemühen sich mit Erfolg um Absatzmöglichkeiten für Honig.

Scheiben- und Wabenhonig

Hierbei handelt es sich um Honig, der in den Waben belassen wird und so, sozusagen stückweise, nach Gewicht verkauft werden kann. Um ein übermäßiges Auslaufen des Honigs aus den Zellen zu verhindern, muß es sich um gedeckelte Wabenstücke handeln.

Als Scheibenhonig bezeichnet man Wabenstücke mit Heidehonig. Infolge seiner Zähigkeit können ohne weiteres noch nicht bebrütete Jungfernwaben, die mit solchem Honig gefüllt und gedeckelt wurden, in Stücke entsprechender Größe geschnitten werden, ohne daß allzuviel Honig aus den Zellen ausläuft. Scheibenhonig wird meist in durchsichtiger stabiler Folie verpackt oder in Pfundgläser oder Becher eingelegt. Durch das Zurückgehen der Heidetracht wird die Gewinnung von Scheibenhonig immer schwieriger.

Bei Wabenhonig handelt es sich dagegen um Stücke von Jungwaben, die mit anderen Sorten von Honig gefüllt sind. Überwiegend wird er bei der Blütentracht gewonnen, jedoch können auch Honigtauhonige als Wabenhonig Verwendung finden. Grundsätzlich sollte der in die Wabenstükke eingetragene Honig nicht so schnell kristallisieren. Sein besseres Aussehen und die besondere Art, wie er gekaut wird, macht ihn für den Honigkenner attraktiv.

Zur Produktion von Wabenhonig gibt es verschiedene Methoden. Zunächst können mit Honig gefüllte und gedeckelte Jungfernwaben in entsprechende Stücke geschnitten werden, die dann in Gläser oder Becher kommen. Da der Honig an den durchschnittenen Zellen ausläuft, wird sich bald der Boden des Gefäßes mit Honig bedecken. Da dies unansehlich aussieht, sollte das Glas oder der Becher mit Honig der gleichen Sorte aufgefüllt werden, so daß das Wabenstück im Honig schwimmt.

Wabenhonig kann auch in extra dafür angefertigten Rähmchen gewonnen werden. Die Amerikaner nennen dieses Produkt »fection combe honey« (Herold 1970). Des sind Rähmchen aus 3 mm dickem Sperrholz, die 90 mm lang und 98 mm hoch sind. Die Seitenteile sind 48 mm, Ober- und Unterteil 35 mm breit. Ein Zanderrähmchen kann acht dieser Wabenhonigrähmchen aufnehmen. Die Größe ist so bemessen, daß es etwa ein Amerikanisches Pfund (453,59 g) Honig enthält. Anstatt eines ganzen Zanderrähmchens können auch halbhohe Rähmchen Verwendung finden, die jedoch nur vier Wabenhonigrähmchen aufnehmen können. Diese Einstellrähmchen werden oben und unten mit einem etwa 1 bis 2 cm breiten Mittelwandstreifen versehen. Durch die entstehende Lücke wird ein Verwerfen der Mittelwand vermieden. Wabenhonig in Rähmchen bedarf zum Verkauf – vor allem zum Versand – einer zusätzlichen Verpackung, die aus einem Karton mit beidseitigen Sichtfenstern bestehen kann. Die Etikette mit Gewährstreifen des Deutschen Imkerbundes bietet Garantie, daß es sich um reinen Honig handelt.

Einfach und ohne große Schneid- und Verpackungsprobleme ist die Produktion von Wabenhonig, wenn das Bienenvolk veranlaßt wird, gleich im Glas oder Becher den

Abb. 89. Wabenhoniggewinnung mit Hilfe von Bechern, in die die Bienen Wabenstücke bauen und mit Honig volltragen. Eingelötete Mittelwandstreifen erleichtern das Ausbauen. Es funktioniert jedoch nur, solange die Völker bauen, intakt und in guter Tracht sind.

Wabenbau zu errichten und diesen mit Honig zu füllen. Dazu muß über den gesamten Bienensitz der Zarge eine Platte geschaffen werden, die die Gläser oder Becher aufnehmen kann. Durch zwei Bohrungen von 20 bis 25 mm Durchmesser gelangen die Bienen in den Becher, der am Boden mit einem passenden Mittelwandstreifen ausgestattet ist. Die Platte kann aus Sperrholz oder einem Hartschaumstoff passend zugeschnitten werden. Führungsleisten auf der Oberseite erleichtern ein Aufsetzen der Becher. Diese Methode hat den Vorteil, daß keine zusätzlichen Rähmchen geschaffen werden müssen, und daß man Ausbau und Füllgrad der Wäbchen im Becher oder Glas leicht kontrollieren kann. Nach Aufsitzen der Platte mit den Gefäßen erhält das Volk eine Leerzarge. Der Deckel bildet den Abschluß. Sind die Wäbchen gefüllt und gedeckelt, können sie leicht entnommen und von den darauf befindlichen Bienen befreit werden.

Scheiben- oder Wabenhonigproduktion geling nur mit starken Völkern, die viel Flugbienen besitzen und in der Nähe des Brutnestes gefüllte Honigwaben angelegt haben. Bei einem Volke, das zwei Zargen mit Bienen besetzt, jedoch über zu wenig Flugbienen und gefüllte Honigwaben verfügt, würden zuerst die noch leeren Waben mit dem dargebotenen Honig oder Nektar gefüllt werden, so daß es ohne weiteres sein könnte, daß die aufgesetzten Becher überhaupt nicht angenommen werden. Scheiben- oder Wabenhonigproduktion gelingt auch nur, wenn die dafür vorgesehenen Völker über eine längere Zeit in Massentrachten stehen. Läpper- oder kurzzeitig anhaltende Trachten lösen nicht einmal ein Belagern der Rähmchen oder aufgesetzten Behälter aus.

Massentrachten können auch durch Fütterung von Honig vorgetäuscht werden, so daß dies die sichere Methode darstellt, um Scheiben- oder Wabenhonig zu gewinnen. Der Honig, der dadurch in die Wäbchen gelangt, ist von den Bienen ein zweites Mal aufgenommen worden und damit durch zusätzliche Fermente noch wertvoller. Je nach dem, ob die Natur Tracht bietet, muß man bei der Zufütterung von Honig einen Verlust einkalkulieren, der nur durch einen höheren Preis ausgeglichen werden kann. Asthmatiker und Honigkenner, die sich gerne einmal etwas Besonderes gönnen, sind bereit, den höheren Preis für den Wabenhonig zu bezahlen. Die Fütterung der Völker kann entweder über die gefüllte Futtertasche in der untersten Zarge erfolgen oder durch Aufsetzen des Futtereimers mit der Honiglösung im Verhältnis 2:1. Dazu muß die Platte mit den Bechern oder Gläsern so ausgebildet sein, daß auch der Eimer auf Kosten einiger weniger Gläser darauf noch Platz findet.

Melezitose-Honig

Dieser sehr schnell schon in den Waben kristallisierende Honig (Lampeitl 1984) bereitet bei der Schleuderung sehr große Schwierigkeiten. Bei zu langem Warten ist dieser Honig oft nicht schleuderbar.

In unseren Breiten, wo er in den einzelnen Gegenden und Jahren ganz unterschiedlich auftreten kann, liefert überwiegend der Honigtau der Pillicornis-Kolonien an den Fichten für diesen Honig das Ausgangspunkt (Kern 1981). Auch die Große Schwarze Fichtenrindenlaus wird als Produzent eines Honigtaues für Melezitosehonig verantwortlich gemacht (Liebig 1986). Der aufmerksame Beobachter stellt an den tief hängenden Fichtenzweigen stecknadelgroße Honigtautropfen fest, die sehr zäh sind und die manchmal schon an den Nadeln auskristallisieren. Wenn die Bienen unmittelbar nach eine Regen verstärkt die Fichten befliegen und Tageszunahmen von 3 kg und mehr zu verzeichnen sind, ist es Zeit, in den Völkern nachzusehen und mit einer Wabenentnahme nicht zu warten, bis diese gedeckelt sind, sondern einen Teil des Honigs gleich zu schleudern. Zur Klärung sind hier mehrere Siebe notwendig, da sie bei Melezitose-Honig leicht verstopfen.

Wenn jedoch die Waben vollständig gedeckelt sind, so ist bereits eine vollständige Kristallisierung des Honigs in den Zellen erfolgt, die eine Schleuderung unmöglich macht. Weder ein Erwärmen der Waben, noch das Entdeckeln mit einer Nadelwalze bei gleichzeitigem Lösen des Honigs in den Zellen hilft hier.

Teilweise läßt sich ein solcher Honig schleudern, wenn die Waben entdeckelt, im Warmwasserbad durch Tauchen getränkt und Völkern, die zwei oder drei Zargen mit Bienen belagern, in die unterste Zarge eingehängt werden. Da dort Honigwaben nicht in die Nestordnung passen, werden die Bienen den feuchten Honig sofort aufnehmen, als Honigkränze an den Brutwaben anlegen oder Leerwaben in der obersten Zarge damit füllen (Kern 1981). Bei sehr starken Völkern kann diese Prozedur wiederholt werden, wenn nach ein bis zwei Tagen der umgetragene, noch nicht kristallisierte Honig sofort entnommen und geschleudert wird. Übrigens ist der Verlust geringer, wenn in solchen Völkern eine Brutbeschränkung durch Einlegen eines Absperrgitters durchgeführt wird. Melezitose-Honig darf auf keinen Fall als Winterzehrung in den Völkern bleiben, da er infolge seines kristallinen Zustandes von den Bienen nicht aufgenommen werden kann.

Verwertung des Deckelwachses

In guten Honigjahren fallen größere Mengen Deckelwachs an. Da es sich um fast reines, hochwertiges Bienenwachs handelt, lohnt es sich, dieses Wachs zu sammeln, dann auszuwaschen und schließlich zur Mittelwandherstellung oder zum Verkauf bereitzustellen.

Nach dem Entdeckeln der Waben bleibt das anfallende Deckelwachs zunächst am besten im Entdeckelungsgerät oder im Entdeckelungstisch. Der darauf noch befindliche Honig tropft ab. Wenn das Wachs dann

in ausgedienten aber verschließbaren Honigeimern über die Zeit der Honigschleuderung aufbewahrt wird, kann man es nach Beendigung der Schleuderarbeit auswaschen.
Dazu kommt es in eine große Wanne. Durch Überschütten mit etwa 35 bis 40 °C warmem Wasser wird der im Wachs noch befindliche Honig aufgelöst. Ein Umrühren mit der Hand beschleunigt diesen Vorgang. Bei zu heißem Wasser schmilzt das Wachs und schlägt sich an den Gefäßwänden nieder, die dann nur schwer wieder zu reinigen sind. Danach kommt das Wachs auf ein großes Sieb mit einer Maschenweite von 1 bis 2 mm. Wenn es gründlich abgetropft ist und noch eine Zeitlang im Sieb steht, ergibt sich ein sehr trockenes und sauberes Entdeckelungswachs, das sich ohne Probleme in Plastiksäckchen aufbewahren läßt. Das anfangs abgelaufene Wasser läßt sich zur Futterbereitung während der Einfütterungszeit verwenden, es enthält ja Honig. Ein Aufbewahren über mehrere Tage ist nicht möglich, da es vor allem bei wärmerer Witterung in Gärung übergeht.

Weitere Produkte aus dem Bienenvolk

Pollen

In unserer umweltbewußten, um gesunde Lebensmittel bemühten Zeit ist auch die Nachfrage nach dem nährstoffreichen und gesundheitlich wertvollen Pollen gestiegen. Es gibt viele Menschen, die nach Genuß von Pollen sich wohlfühlen und ihn regelmäßig verlangen (Lampeitl 1984). Allerdings ist die Produktion von Pollen nicht so einfach zu bewerkstelligen wie z. B. die Produktion von Honig. Die von den Bienen eingetragenen Pollenhöschen werden mit Hilfe einer Pollenfalle oder des Pollensammelgerätes abgestreift und dann in einem darunter befindlichen Behälter gesammelt. Um ihren Pollen abzustreifen, müssen die heimkehrenden Bienen durch ein Gitter mit einer Maschenweite von 5 mm schlüpfen, um in den Wabenraum zu gelangen. Der Pollen fällt dabei durch ein darunter befindliches Gitter mit einer Maschenweite von 3 mm, das verhindert, daß Bienen an den gesammelten Pollen im Behälter gelangen können (Sittenauer 1981). Die hier beschriebene Pollenfalle wird passend zur Zarge im hohen Unterboden angebracht und kann auch außer Betrieb gesetzt werden, wenn sich zeigt, daß von der Natur nicht genügend Blütenstaub geboten wird. Die eingetragene Pollenmenge von April bis Ende September schwankt bei einzelnen Völkern zwischen 15 und 28 kg im Jahr (Böttcher 1979). Obwohl sicherlich nicht alle Bienen ihre Pollenhöschen an der Falle abstreifen, beeinträchtigt ein solches Defizit an Pollen doch das Brutgeschäft des betroffenen Volkes. Entweder ist die Falle von Zeit zu Zeit zu entfernen, damit sich das Volk wieder regenerieren kann, oder es ist am Ende des Jahres so abgewirtschaftet, daß es aufgelöst werden muß.
Bei der Pollengewinnung ist es notwendig, daß der im Sammelbehälter befindliche Pollen täglich am Abend entnommen, sogleich von unerwünschten Beimengungen gereinigt und schließlich getrocknet wird. Dies ist unbedingt zu beachten, da frisch gesammelter Blütenstaub sehr viel Feuchtigkeit enthält und daher leicht zu schimmeln beginnt. Angeschimmelter Pollen gilt als verdorben und giftig. Die Trocknung erfolgt in einem Wärmeschrank bei einer Temperatur von 40 °C (Sittenauer 1981), wobei Gitterrahmen mit feinster Maschen-

weite ein Bewegen des zu trocknenden Pollens ermöglichen.
Der fertige Pollen wird entweder in dicht verschließbaren Plastikbeuteln oder anderen Behältern verpackt, die ein Eindringen von Ungeziefer bei längerer Aufbewahrung verhindern.

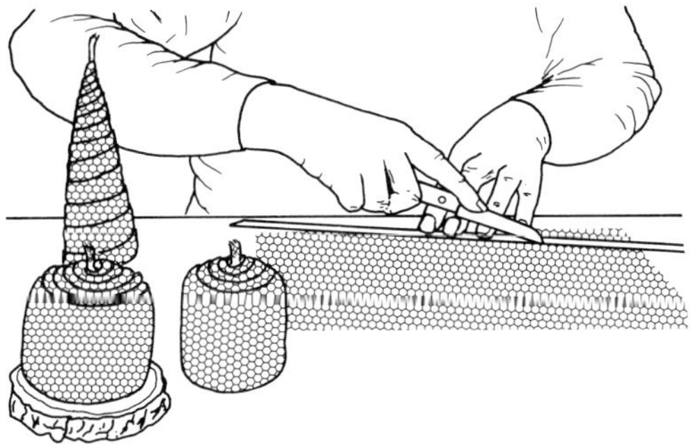

Abb. 91. Das Schneiden von gewalzten Mittelwänden zur Kerzenherstellung. Ein schräger Schnitt ergibt konische Formen der Kerzen.

Kerzen

Vor allem in der Advents- und Weihnachtszeit sind Kerzen aus Bienenwachs gefragt und erweitern das Angebot des Imkers sinnvoll und meist auch erfolgreich.
Die Herstellung der Kerzen ist in allen Größen und Varianten leicht möglich, wenn gewalzte Mittelwände zur Verfügung stehen und diese ein paar Tage in auf Zimmertemperatur geheizten Räumen aufbewahrt werden. Durch Verwendung einzelner oder mehrerer Mittelwände im Zandermaß erhält man je nach Wunsch Kerzen zwischen 3 und 8 cm Durchmesser. Beim Aufteilen der Mittelwand durch einen schrägen Schnitt lassen sich Kerzen in schöner, konischer Form, die sehr dekorativ wirkt, herstellen. Der Docht muß in seiner Stärke in einem bestimmten Verhältnis zum Kerzendurchmesser stehen und mit dem vom Hersteller angegebenen Ende sich am Anfang der Kerze befinden. Ist dies nicht der Fall, brennt diese schlecht oder gar nicht.

Kittharz

Kittharz, auch Propolis genannt, wird von den Bienen von den Knospen oder auch an bestimmten Stellen der Rinde von Bäumen gesammelt und genauso wie Blütenstaub als Höschen in die Beute getragen. Dort wird diese klebrige Substanz zum Überzie-

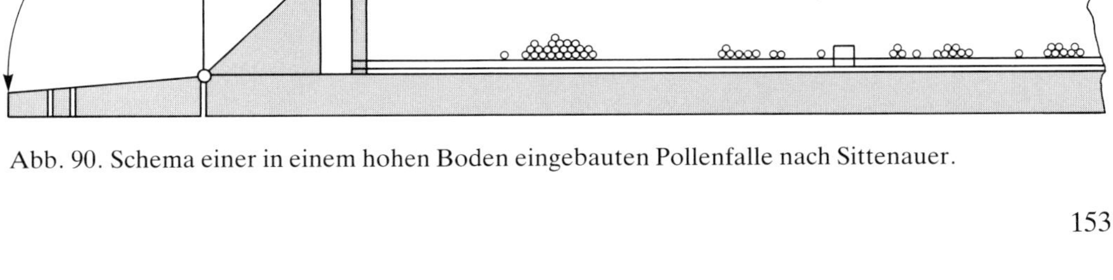

Abb. 90. Schema einer in einem hohen Boden eingebauten Pollenfalle nach Sittenauer.

hen der Beutenwände, zum Festkleben der Rähmchen, zum Ausfüllen eventuell vorhandener Löcher und nicht zuletzt zum Überziehen größerer, in der Beute eingegangener Tiere verwendet. Ein solches Versiegeln verhindert eine Verwesung, da das Kittharz die Fäulnis erzeugenden Bakterien abtötet. Schon mancher Imker war überrascht, als er eine gut erhaltene tote Maus am Boden seiner Beute fand, die zu Tode gestochen und dann einbalsamiert wurde. Infolge ihrer Größe und ihres Gewichts konnte sie nicht hinausgeschafft werden.

Auf Grund einer antibakteriellen Wirkung wird Kittharz als Salbe zur Wundbehandlung verarbeitet (Böttcher 1973), aber auch im Geigenbau läßt es sich zur Herstellung eines speziellen Geigenlackes verwenden. Heilend soll Kittharz auch bei Virusgrippe wirken (Herold 1970).

Kittharz läßt sich nur durch Abkratzen und Abschaben der Beutenwände, der Auflagestellen der Waben und schließlich der Rähmchenleisten gewinnen. Die Ergiebigkeit ist sehr unterschiedlich, da manche Völker kaum Kittharz eintragen, andere dagegen sehr viel. Ein Sammeln ist daher recht mühsam. Es lohnt sich nur, wenn Bedarf vorhanden ist und Absatzmöglichkeiten gegeben sind.

Krankheitsvorsorge und Seuchenbekämpfung

Auch das Bienenvolk wird immer wieder von Krankheiten und Parasiten heimgesucht, die sich oft seuchenhaft ausbreiten und auswirken können. Es liegt daher im Interesse des Imkers, daß er Maßnahmen ergreift, die darauf abzielen, Krankheiten nicht nur von seine Völkern fernzuhalten, sondern auch deren weitere Ausbreitung zu unterbinden. Für die verschiedenen Krankheiten gibt es jeweils spezielle Behandlungsmethoden.

Faktorenkrankheiten

Sie werden deshalb so bezeichnet, weil zu deren Ausbreitung im Volke bestimmte Faktoren zusammenwirken müssen. Oder anders ausgedrückt, der Imker kann entsprechende Gegenmaßnahmen ergreifen, die schon im Vorfeld verhindern, daß diese Krankheiten seuchenhaftes Ausmaß annehmen.

Nosema

Dieser, von Zander 1909 entdeckte sporenbildende Mikroorganismus zerstört in der aktiven Form die Funktion des Mitteldarms, so daß kein Eiweißstoffwechsel mehr möglich ist. Die Bienen können dann ihre sozialen Funktionen, wie z. B. das Füttern der Larven, nur solange ausüben, bis ihre körperlichen Reserven aufgebraucht sind. Bei der Aufnahme und Umsetzung weiterer Eiweißstoffe erfolgt der Zusammenbruch. Befallen werden überwiegend die älteren Bienen, etwa ab dem 15. Lebenstag.

Für den Imker sind sowohl flugunfähige, vor den Fluglöchern krabbelnde, mit den Flügeln zitternde Bienen, wie wässrige, hellbraune Kotflecken an den Beutenfronten und am Deckel ein sicheres Zeichen für einen stärkeren Nosemabefall. In schlimmen Fällen sind auch die Waben und die Innenwände der Beuten verkotet, insbesondere dann, wenn die Völker vor dem Zusammenbruch stehen und nur noch die Königin mit einer Handvoll Bienen übrig

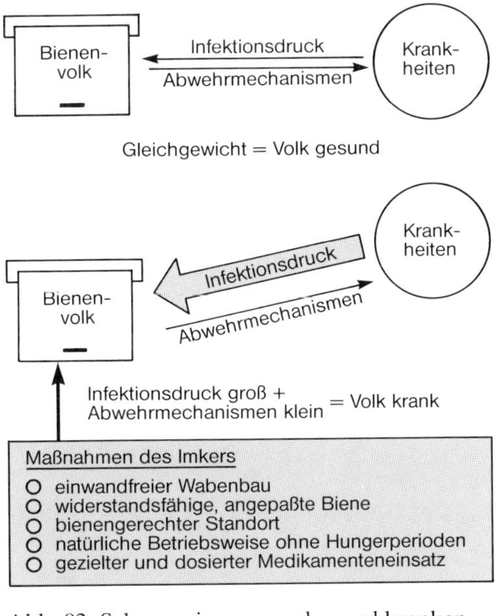

Abb. 92. Schema eines gesunden und kranken Volkes. Medikamente nur wenn notwendig.

ist. Als Hinweis auf eine Nosema-Infektion gilt außerdem der milchig, weißliche Mitteldarm, der sich an der Hinterleibspitze mit einer Pinzette herausziehen läßt.
Der sicherste Nachweis bei einem Verdacht auf Nosema ergibt sich aus einer mikroskopischen Untersuchung. Dazu werden die Hinterleiber von 20 bis 30 Bienen in einem Mörser unter Zugabe von etwa 2 bis 3 ml Wasser (Zander/Böttcher 1984) zerrieben. Ein Tröpfchen davon kommt auf den Objektträger und wird mit einem Deckglas überdeckt. Bei 400facher Vergrößerung zeigen sich dann deutlich die Nosemasporen als eiförmige, jedoch etwas längliche, hell aufleuchtend farblose Gebilde (Böttcher 1973). Je nach der Anzahl der Sporen kann dann von einem schwachen oder starken Befall gesprochen werden. Genauere Zahlenangaben gibt es dazu jedoch nicht.

Vorbeugung:
Dabei geht es vor allem um eine der Natur angepaßte Haltung und Betriebsweise der Bienenvölker. Der bienengerechte Standort, die geräumige Beute und nicht zuletzt einwandfreier Wabenbau sind solche Faktoren, die eine seuchenhafte Ausbreitung der Nosema verhindern.
Eine Ausbreitung der Nosema im Frühjahr wird begünstigt durch:
a) Brutunterbrechungen im vorausgegangenen Jahr. Schwarmvorbeugung ist genauso ein Faktor gegen Nosema wie die Aufrechterhaltung der Futtergrundlage über Tracht lücken hinweg. Brutunterbrechungen treten bei Königinnenverlusten auf. Bei einer Betriebsweise, bei der möglichst wenige Eingriffe notwendig sind, treten auch kaum Verluste an Königinnen auf.
b) Einwinterung schwacher Völker. Eine leistungsfähige Königin, bei der es kaum zu Brutunterbrechungen kommt, sorgt bei genügendem Pollenangebot und ausreichender Kohlenhydratversorgung für den Aufbau starker Ableger und für eine Verjüngung einwinterungsfähiger Völker. Die Auflösung von Schwächlingen ist einer der sichersten Wege, die Nosema fernzuhalten. Eine Verjüngung eines Volkes wird auch erreicht, wenn in den Spätsommer- und Herbstmonaten durch nicht zu massive Futtergabe ausreichend Möglichkeiten zum Brutansatz vorhanden sind.
c) Verwendung nicht gereinigter Geräte. Da ein einziger Kotfleck einer nosemakranken Biene Milliarden von Sporen enthält, die ohne weiteres ins Volk gelangen können, ist eine regelmäßige Säuberung der Beutenwände notwendig. Das bedeutet jedoch nicht, daß die Völker zur Reinigung aus den Beuten entnommen werden müssen, vielmehr kommt es vor allem darauf an, bereits benutzte Zargen und Böden vor dem erneuten Einsatz gründlichst zu säubern. Mit einer heißen 5%igen Soda- oder 2%igen Ätznatronlauge (Böttcher 1973) lassen sich selbst schaumstoffisolierte Beutenwände abwaschen. Danach und nach dem Trockenprozeß in der Sonne sind die Zargen meist sporenfrei. Die hölzernen Beutenwände flammt man am besten und nachhaltigsten ab.
Noch brauchbare Rähmchen werden in die Reinigungslösungen eingetaucht. Jedoch sollte man sich im Sinne einer grundlegenden Nosemabekämpfung besser dazu entscheiden, stark verkotete Waben samt Futter und Rähmchen zu verbrennen, oder zumindest die Waben ins Altwachs zu geben, auch wenn sie sonst noch brauchbar wären. Dies gilt vor allem für Waben von Völkern, die an Nosema eingegangen sind. Futterwaben solcher Völker sind grundsätzlich zu verbrennen, auch wenn dies nicht gerne gemacht wird. Der Nutzen ist auf Dauer gese-

hen größer, als der Verlust einiger kg Futter.

Heilung:
Trotz aller Vorbeugung sind in manchen Jahren zusätzlich auch Heilbehandlungen notwendig. Dies gilt vor allem für diejenigen Frühjahrsmonate, die auf ein vorausgegangenes Schwarmjahr und einen pollenarmen Herbst folgen. Eine solche Behandlung hat das Ziel, die kranken Bienen zu erhalten und die noch gesunden vor einer Ansteckung zu sichern. Voraussetzung dazu ist, daß die Völker auf einwandfreiem Wabenbau sitzen und die Beutenwände innen nicht zu stark mit Nosemasporen behaftet sind.

Tracheenmilbe

Der Parasit *Acarapis woodi* Rennie ist ein spinnenartiges Insekt von ca. $\frac{1}{10}$ mm Länge, das in den Hauptstämmen des ersten Brustluftröhrenpaares lebt. Er dringt dort in den ersten acht Lebenstagen der Jungbienen ungehindert ein, da zu dieser Zeit die Borsten und Haare, die die Öffnungen der Luftröhren umgeben, noch weich sind. Die Fortpflanzung und Vermehrung erfolgt ebenfalls in den Tracheen (Luftröhrchen), so daß nach zwei bis drei Wochen sechs bis acht geschlechtsreife Weibchen vorhanden sind, die ausschlüpfen und weitere Jungbienen befallen können. Außerhalb der Biene können die Milben jedoch nicht für längere Zeit überleben. Durch das Anstechen der Wand der Luftröhre und durch das Absaugen von Blut wird die Biene bei Milbenbefall so geschwächt, daß sie nach und nach dem Volk verlorengeht. Starker Befall hemmt außerdem die Sauerstoffversorgung der Flugmuskulatur, wodurch die Flugfähigkeit beeinträchtigt wird.

Von Milben befallene Völker lassen eine gewisse Unruhe erkennen. Weitere Kennzeichen sind an der Flugfront vor den Beuten krabbelnde Bienen, die vergeblich versuchen aufzufliegen und sich zu kleinen Gruppen an Grashalmen, Blättern und Steinen sammeln. Auch abstehende Flügel, die sich leicht lösen lassen, können als Indiz eines starken Milbenbefalles gewertet werden.
Da diese Merkmale auch bei anderen Krankheiten auftreten, ist eine zulässige Diagnose nur durch eine mikroskopische Untersuchung der Luftröhrchen möglich. Solche Untersuchungen werden von den Bienenforschungsinstituten und Staatlichen Untersuchungsämtern durchgeführt.
Die Ausbreitung der Tracheenmilbe im Volke wird begünstigt durch fehlende Flugaktivitäten und durch die Langlebigkeit der Arbeitsbienen in den Sommermonaten. Dadurch können sich die Milben gut entwickeln und auf andere Jungbienen überwechseln.
Wenn die Völker auf bienengerechten Standorten aufgestellt werden, erhöht dies die Flugaktivitäten vom Frühjahr an. Die Anwanderung nutzbarer Trachten erbringt automatisch Bienenumsatz und läßt dadurch der Milbe kaum Zeit, sich in den Bienen voll zu entwickeln. Vorhandene Tracht, vor allem wenn es sich um Pollentrachten handelt, steigert das Brutgeschäft und damit die Verjüngung des Volkes.

Heilung:
In den vergangenen Jahren ist es vor allem unter dem Gesichtspunkt einer natürlichen Haltungsweise, wie eben durch bienengerechte Standorte und genügenden Bienenumsatz, gelungen, den Milbenbestand in den Völkern unter der Schadensschwelle zu

Abb. 93. Ein an Ruhr und Nosema eingegangenes Volk. Solche verkoteten Futterwaben sind nicht mehr zu gebrauchen.

halten, so daß der Einsatz von Medikamenten sich erübrigt. Züchterisch hat man großen Wert bei der Auswahl der Zuchtvölker auf Widerstandsfähigkeit gegen diesen Parasiten gelegt.

Ruhr

Man versteht darunter ein durchfallartiges Abkoten der Bienen in der Beute oder an den Stirnwänden der Flugbretter, das in manchen Jahren besonders strak auftreten kann, wobei es zu starken Völkerverlusten kommt. Überwiegend handelt es sich hier um eine Funktionsstörung der Kotblase der Bienen (Zander/Böttcher 1984). Eine Ansteckung liegt nicht vor.

Die Ruhr tritt am häufigsten am Ende des Winters auf, vor allem bei schwachen Völkern, bei denen sich zusätzlich meist noch eine Nosema-Infektion einstellt.

Funktionsstörungen der Kotblase können eintreten, wenn

1. bei lang anhaltenden Wintertemperaturen die Reinigungsflüge erst im März/April stattfinden,
2. den Bienen ein zu wässriges und zu viel unverdauliche Rückstände enthaltendes Winterfutter zur Verfügung steht,
3. bei schwachen Völkern die einzelnen Bienen zu viel Nahrung zur Erwärmung der Wintertraube aufnehmen müssen,
4. Bienenvölkern bei Flugwetter infolge verstopfter oder verschlossener Fluglöcher lange nicht ausfliegen können,
5. auf der Wintertraube sitzende Bienen durch Erschütterungen der Beute nachhaltig gestört werden und dadurch zusätzlich Futter aufnehmen,
6. durch Weisellosigkeit unruhig sitzende Bienen in die kalten Randzonen der Wintertraube gelangen.

Vorbeugung:

Ein bienengerechter Standort bietet wohl den besten Schutz gegen Ruhr. Ebenso wichtig ist es, nur starke und leistungsfähige, weiselrichtige Völker einzuwintern. Seit man Haushaltszucker als Winterfutter verwendet, sind die Erkrankungen an Ruhr wesentlich zurückgegangen, sofern Honigtauhonige und vor allem Melezitosehonig den Bienen in der Wintertraube nicht zur Verfügung stehen. Die rechtzeitige Einfütterung ermöglicht beim starken Volke eine gute Invertierung des Futters und eine Reduzierung des Wassergehaltes auf 18 bis 20%. Eine überwiegende Verdeckelung ist die Folge. Damit wird eine zusätzliche Wasseraufnahme verhindert.

Da in der Regel auf der Wintertraube sitzende Bienenvölker nicht transportiert werden, konnt es auch kaum zu massiveren Störungen. Über die nachteilige Wirkung regelmäßig auftretender Erschütterungen, wie z. B. an Bahndämmen, ist man geteilter Meinung. So erleiden Bienenvölker an

Bahndämmen in den Wintermonaten weniger Schaden als im Sommer, wenn zahlreiche Flugbienen in die Luftwirbel schnell vorbeifahrender Züge geraten.
Das Freimachen der Flugöffnungen zur Zeit des Reinigungsfluges hat schon manches Volk vor dem Eingehen durch die Ruhr bewahrt, vor allem bei solchen Völkern, in denen eine Maus überwinterte und geschrotete Wabenteile die Fluglöcher verstopfen. Unruhiger Wintersitz führt zu einer Überlastung der Kotblase, so daß die Völker dann bereits am ersten Flugtag ausfliegen sollten.

Heilung:
Da überwiegend schwache, weisellose Völker und Völker ohne vollwertiges Winterfutter von der Ruhr befallen werden, ist eine Heilung ohnehin kaum möglich und auch nicht sinnvoll. Ein Abtöten ist dann der bessere Weg, wobei die stark verkoteten Futterwaben verbrannt werden. Ebenso wichtig ist es aber auch, anschließend die Beuten gründlich zu reinigen.
Wenn starke Völker keinen Reinigungsflug unternehmen konnten, übersprüht man sie an warmen Tagen mit einer Blütenhoniglösung, um sie zu verstärktem Flug zu veranlassen. Meist genügt dies bereits als Therapie. Ebenso bewährt sich eine Zugabe von Fumidil B in der Honiglösung.

Maikrankheit und Bettlacher-Maikrankheit

Zur Vervollständigung müssen noch diese beiden Krankheiten erwähnt werden. Im Gegensatz zur Ruhr handelt es sich hierbei um Verstopfungserscheinungen, bei denen die Jungbienen ihren Kot nicht absetzen können. Sie werden dann flugunfähig. Beide Krankheiten treten überwiegend im Mai nach Kälterückschlägen auf. Die Bettlacher-Maikrankheit rührt vom Beflug der zu dieser Zeit blühenden Hahnenfußarten her.
Eine dünnflüssige Futtergabe sowie die Bereitstellung von genügend Wasser können Abhilfe schaffen. In schlimmen Fällen ist es ratsam, die Völker von blühenden Hahnenfußwiesen wegzustellen.

Kalkbrut

Hierbei handelt es sich um einen Pilz, der die älteren in der Zelle befindlichen Rundmaden und frisch verdeckelte Steckmaden befällt, die alsbald absterben, eintrocknen und sich so zu Mumien verwandeln. Da sie sich lose in der Zelle befinden, werden sie bei dem ausgeprägten Putzsinn der Bienen alsbald entfernt.
Der Imker erkennt einen Befall, wenn er solche weiß bis gelblich gefärbten Mumien vor den Fluglöchern findet. Starker Befall macht sich durch das leicht klappernde Geräusch der Mumien bemerkbar, sobald man die Waben bewegt.
Obwohl diese Krankheit bis jetzt kaum zu einem seuchenhaften Ausmaß angewachsen ist, stellt man sie doch häufiger fest, vor allem bei solchen Völkern, die an feuchten Standorten mit alten Waben stehen und bei bestimmten Bienenrassen insbesondere bei der Heidebiene. Eine nennenswerte Schwächung ist durch die Kalkbrut kaum festzustellen, jedoch kann sie lästig werden, wenn sie im Zusammenhang mit anderen Krankheiten wie der Nosema auftritt.
Ein Heilmittel zur Behandlung gibt es nicht. Die Verlegung befallener Völker auf bienengerechte Plätze, ein Austauch der Waben und eine kräftige Fütterung schaffen Abhilfe. Dadurch werden die Pilze vom Volkskörper getrennt und noch vorhandenen Erregern die Entwicklungsmöglichkeit

genommen. In ganz krassen Fällen ist eine Umweiselung des Volkes zu empfehlen.

Brutkrankheiten

Während die Kalkbrut noch zu den Faktorenkrankheiten gerechnet werden kann, stellt die Faulbrut die schlimmste aller Bienenkrankheiten, eine ausgesprochene Infektionskrankheit dar. Hier kommt es vor allem darauf an, die Völker vor einer Ansteckung zu bewahren.

Bösartige Faulbrut

Der Erreger dieser Krankheit ist der von dem Amerikaner White 1904 entdeckte *Bacillus larvae*. Er gelangt in der Dauerform als Spore mit der Nahrung in den Larvendarm der in der Zelle heranwachsenden Biene und löst den Körper der Larve schließlich auf. Danach erfolgt der Übergang der Bakterien von der aktiven in die Dauerform als Spore, die jahrzehntelang ansteckungsfähig bleiben kann und äußerst widerstandsfähig ist.
Vielfach wird diese Krankheit erst bemerkt, wenn das Volk bereits so gut wie verloren ist. Noch vorhandene Brutzellen zeigen eingefallene, durchlöcherte Zelldekkel. In der Zelle hat sich aus den abgestorbenen Larven eine milchkaffeebraune, stark fadenziehende Masse gebildet. Sie läuft am Zellboden und an der unteren Längsseite der schräg stehenden Zelle zusammen, trocknet dort ein und bildet schließlich einen harten, fest anliegenden Schorf, der pro Zelle bis zu 2,5 Milliarden Faulbrutsporen enthält. Durch den Putztrieb der Bienen gelangen diese Sporen nicht nur ins Futter, sondern auch an Waben, Beutenwände und Gerätschaften.

Ansteckung, Übertragung und Vorbeugung:
Eine Ansteckung der Brut kann nur erfolgen, wenn bei der Fütterung Sporen aufgenommen werden. Die häufig vertretene Ansicht, daß unterkühlte Brut einen Infektionsherd für die Faulbrut darstellt, ist deshalb nicht richtig. Faulbrutsporenhaltiges Futter kann
1. aus dem befallenen Volk stammen,
2. vom Imker dem Volke gefüttert werden,
3. von den Bienen außerhalb der Beute aufgesammelt und ins Volk gebracht werden

Eine Übertragung kann jedoch auch dann erfolgen, wenn Waben faulbrutkranker Völker weiterverwendet werden und wenn die Beuten und Gerätschaften von Faulbrutständen nicht einer gründlichen Reinigung mit Entseuchung unterzogen wurden.
Als notwendige und wichtigste Maßnahme zur Vorbeugung gilt daher:
a) nur Futterhonig bekannter Herkunft zu verwenden,
b) dafür Sorge zu tragen, daß die aufgegebenen Bienenstände und Beuten eingegangener Völker so aufgeräumt werden, daß keine Bienen an die Waben gelangen können.

Nach den in den letzten Jahren gewonnenen Erfahrungen ist das Verfüttern von Honig unbekannter Herkunft die häufigste Infektionsquelle.

Heilung:
Eine Faulbrutinfektion läßt sich bei den üblichen Eingriffen in die Völker beim Betrachten der Brutwaben feststellen. Auch bei der Durchsicht der Vorratswaben ist schon manche Ansteckung zutage getreten. Einzelne oder mehrere nicht geschlüpfte Brutzellen sind immer ein Warnzeichen und sollten genauer untersucht werden.

Wird Verdacht geschöpft, ist unverzüglich

1. das zuständige Veterinäramt oder in Baden-Württemberg der zuständige Bienenseuchen-Sachverständige zu verständigen,
2. jede Standortveränderung zu unterlassen.

Im Beisein der Behörde muß entschieden werden, wie die Heilung und Sanierung zu erfolgen hat. Befinden sich die befallenen Völker in einem sehr schwachen Zustand, ist deren Abtötung durch Abschwefeln und das Verbrennen des Wabenmaterials samt Futter die wirkungsvollste und wirtschaftlichste Methode. Sind von 20 Völkern bereits 15 befallen, ist auch die Abtötung der noch scheinbar nicht befallenen 5 Völker sinnvoll, da eine Infektion wahrscheinlich bereits erfolgt, aber noch nicht zu erkennen ist. Eine solche Sanierung muß insbesondere in den Spätsommer- und Herbstmonaten schnellstens erfolgen, da durch suchende und raubende Bienen eine weitere Infektion anderer Völker nicht auszuschließen ist.

An Faulbrut in den Frühjahrs- oder Sommermonaten erkrankte Völker können auch durch das sogenannte Kunstschwarmverfahren geheilt werden. Dabei wird der kranke Brutkörper samt Waben und Vorräten vom Volk getrennt und verbrannt. Eine Kellerhaft der Bienen ohne Waben in einer Beute oder in einem Schwarmfang oder Siebkasten bei gleichzeitiger Fütterung mit Zuckerlösung bewirkt ein Absterben der noch in den Bienen befindlichen Sporen. Selbstverständlich muß dieser Kunstschwarm in eine entseuchte Beute auf Mittelwände gebracht werden. Da dieses Verfahren sehr zeitaufwendig und nur bei geringer Völkerzahl durchzuführen ist, wird es kaum noch angewendet. Auch hier werden die befallenen Völker meist abgetötet.

Die Entseuchung der Beuten faulbruterkrankter Völker hat gewissenhaft durch Abflammen mit einer Lötlampe zu erfolgen und zwar so, daß die Holzteile an den Beutenwänden innen und außen bereits die ersten Anzeichen einer Schwärzung zeigen. Bei schaumstoffisolierten Beuten muß der Isolierstoff, sofern er nicht feuerfest ist, herausgetrennt und verbrannt werden. Auch die Holzrahmenkonstruktion ist abzuflammen. Eine sorgfältige Reinigung mit Soda oder Ätznatronlauge empfiehlt sich ebenfalls. Eine Entseuchung von Beuten ist jedoch nur dann sinnvoll, wenn diese neu oder noch gut erhalten sind. Billige Kleingeräte, wie Abkehrbesen sind grundsätzlich zu verbrennen.

Eine Sanierung der Faulbrut hat jedoch nur Sinn und Zweck, wenn der Ansteckungsherd oder die Ursache der Infektion gefunden wurde. Deshalb ist eine Untersuchung der Völker der Nachbarstände genauso wichtig.

Sauerbrut

Zu den Brutkrankheiten unserer Biene muß auch die Sauerbrut gezählt werden, obwohl nach den Feststellungen der letzten Jahre sie bei uns kaum noch Schäden verursacht. Erst mit zunehmender Verbreitung der Varroatose sind sauerbrutähnliche Erscheinungen an der Arbeiterinnenbrut nach Beendigung der Drohnenbrut festgestellt worden. Sie wird auch als sogenannte Gutartige Faulbrut bezeichnet, manchmal auch als Europäische Faulbrut.

Das Krankheitsbild ähnelt in gewisser Weise dem der Bösartigen Faulbrut. Lückenhafte Brutnester, eingefallene Zelldeckel und abgestorbene Rundmaden liegen in allen möglichen Stellungen in den Zellen. Diese Maden sehen gräulich bis gelblich

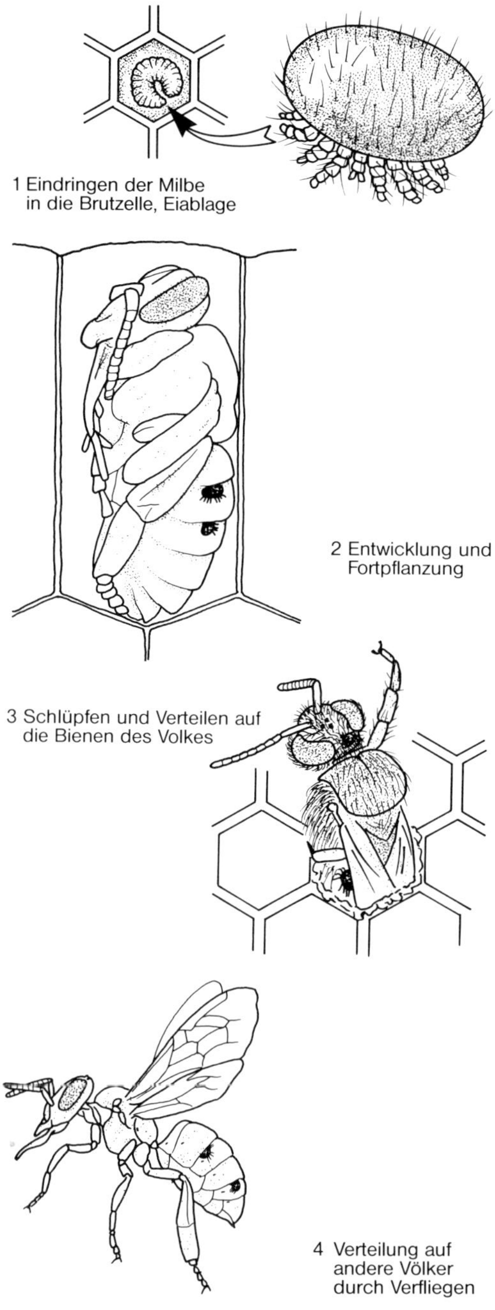

Abb. 94. Entwicklungsschema der Varroamilbe.

aus; gesunde Maden strahlen in hellem Weiß. An Sauerbrut abgestorbene, eingetrocknete Maden liegen sichelförmig als Schorf am Zellengrund oder an den Zellenwänden. Starker Befall verursacht leicht säuerlichen Geruch, der auch an Fußschweiß erinnert.

Über den oder die Erreger, dessen Ausbreitung und Wirkung gibt es in der Fachwelt geteilte Meinungen (Zander/Böttcher 1984). In den vergangenen Jahren war es nicht notwendig, irgendwelche Bekämpfungsmaßnahmen durchzuführen. Wahrscheinlich führt einwandfreier Wabenbau und ausgeprägter Putztrieb der Bienen in den meisten Fällen zur Selbstheilung.

Sackbrut

Auch hier lassen lückenhafte und eingesunkene, durchlöcherte Zelldeckel auf eine Brutkrankheit schließen. Zieht man jedoch mit einer Pinzette die abgestorbene Made am Kopf heraus, so nimmt sie die Form eines mit Wasser gefüllten Sackes an (Zander/Böttcher 1984). Wenn die Made eingetrocknet ist, bildet sich ein Schorf, der sich im Gegensatz zu den Rückständen der bösartigen Faulbrut leicht aus den Zellen ziehen läßt.

Diese Krankheit kommt im ganzen Verbreitungsgebiet der Honigbiene *(Apis mellifica)* vor, ein seuchenhafter Verlauf ist dagegen sehr selten. Beim Auftreten von Sackbrut führen natürliche Pflegemaßnahmen (Füttern und Warmhalten der Völker) zu einer Selbstheilung, wobei das Entfernen stark befallener Waben den Heilungserfolg fördert. Diese Brutkrankheit wird durch einen filtrierbaren Virus verursacht (Zander/Böttcher 1984).

Varroatose

Bei der Varroatose handelt es sich um einen parasitären Befall, der sowohl an der Bienenbrut als auch an der erwachsenen Biene festzustellen ist.

Der ovale 1,3×1,6 mm große Parasit *Varroa jacobsoni* ist auch auf Grund seiner hell- bis dunkelbraun wechselnden Farbe mit bloßem Auge deutlich erkennbar. Das Weibchen legt in die Zellen der heranwachsenden Brut pro Zelle 2 bis 5 Eier, aus denen sich die Milben entwickeln. Vor dem Schlüpfen der Jungbiene erfolgt die Begattung der Weibchen. Danach stirbt das Männchen. Die weiblichen Milben schlüpfen mit der Jungbiene oder dem Drohn, dessen Brut bevorzugt wird. In den Spätsommer- und Herbstmonaten ist jedoch auch ein starker Befall der Arbeiterinnenbrut festzustellen. Die Lebensdauer der weiblichen Varroa-Milben beträgt im Sommer 2 bis 3 Monate, dagegen im Winter 5 bis 8 Monate. Außerhalb des Volkes können sie nur 5 Tage existieren (Böttcher 1984).

Da die Milben der Brut Nahrung und Blut entziehen, kommt es zu verkrüppelten und nicht lebensfähigen Bienen, wobei bei starkem Befall im Spätsommer und Herbst die heranwachsende Brut kaum noch schlüpft.

Ein starker Befall der Bienen im Volk führt nicht nur zu Unruhe, sondern auch zum Ausziehen und Kahlfliegen. Diese Erscheinung wird insbesondere im Spätherbst nach der Umarbeitung des Winterfutters beobachtet. Mit zunehmender Ausbreitung kommt es dadurch zu mehr und mehr Völkerverlusten. Bei einem Befall von 10 000 Milben ist ein Volk praktisch verloren. Aber auch ein Abfall von 100 Milben/Tag und Volk im Gemüll kann zum Eingehen

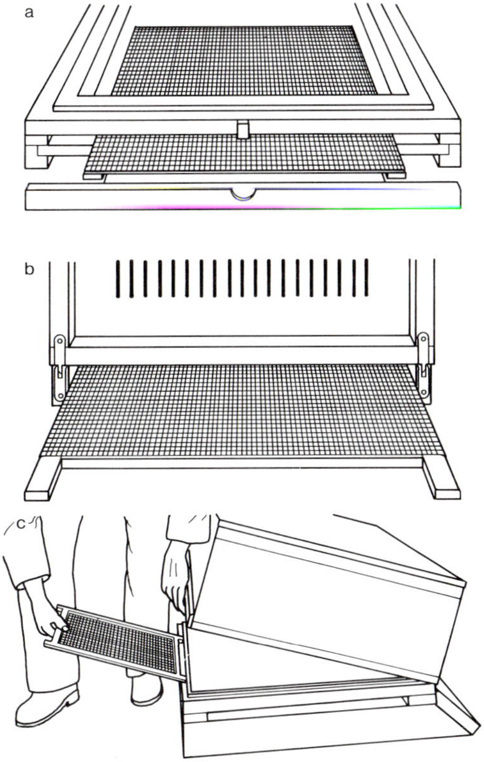

Abb. 95. Drei Möglichkeiten des Einschiebens eines Varroa-Gitterrahmens. a) Von hinten bei Böden mit abnehmbarem Verschlußkeil; b) von vorne wie z. B. bei der Hohenheimer Wanderbeute; c) von hinten durch Anheben der Zarge.

des Volkes führen, wenn nichts unternommen wird (Liebig 1986).

Zur Diagnose eignet sich die Untersuchung des abfallenden Gemülls am Boden der Beute, die durch eingelegte Papierunterlagen erleichtert wird. Ein über die Unterlage gespanntes Gitter mit einer Maschenweite von ca. 3 mm ermöglicht ein Durchfallen der Milben, verhindert jedoch, daß sie durch die Bienen herausgetragen werden. Solche Gitterrahmen sind zum Feststellen der Abfallquoten unumgänglich.

Krankheitsbild

Da derzeit im Vergleich zu anderen Krankheiten noch zu wenig fundierte Kenntnisse über entwicklungsfördernde oder hemmende Voraussetzungen des Varroa-Parasiten im Volke vorliegen, ist es schwierig oder praktisch unmöglich, Empfehlungen für vorbeugende Maßnahmen zu geben. Es ist auch nicht erwiesen, ob naturgemäße Haltungsbedingungen zu einem geringeren Befall in den Völkern führen. In der Praxis kommt es innerhalb eines Standes und von Stand zu Stand jeweils zu erheblichen Unterschieden im Befall der einzelnen Völker.

Im Jahr 1985 hat sich beispielsweise gezeigt, daß mittel bis stark befallene Völker noch trachtfähig sind und keine wesentlichen Mängel und Nachteile zeigen, solange Drohnenbrut verhanden ist. Eine Untersuchung heranwachsender Maden oder Puppen ergab, daß sich fast in jeder Drohnenzelle vier bis sechs Milben wohlfühlten und heranwuchsen, ohne die Arbeiterinnenbrut zu schädigen. Daher wird auch der hohe Befallsgrad verständlich. Er kann innerhalb von zwei bis fünf Jahren nach der Infektion auf über 30 % oder mehr als 10000 Milben ansteigen.

Geht jedoch aufgrund der natürlichen Entwicklung die Drohnenbrut zurück oder stellt das Volk im Juli/August die Aufzucht von Drohnen ein, so wechseln die Milben verstärkt auf die Arbeiterinnenbrut über, was sich verheerend auswirkt, wenn die stark befallenen Arbeiterinnenlarven frühzeitig absterben. Sack- oder sauerbrutähnliche Krankheitserscheinungen führen zu lückenhaften Brutnestern und damit zu einer Störung der natürlichen Zusammensetzung der Altersstufen der Bienen im Volke. Da normal geschlüpfte Arbeitsbienen infolge eines mehr oder minder starken Befalls durch Milben nicht nur unruhig werden, sondern auch ihr soziales Verhalten gestört ist, muß davon ausgegangen werden, daß trotz optimaler Futter- und Eiweißversorgung die Brutpflegearbeiten im Juli/August und September nicht mehr vollwertig durchgeführt werden (Liebig 1986). Selbst bei optimalen Wetterbedingungen kann es dann zu nosematösen Erscheinungen an Jungbienen kommen. Zeigt sich dieses Krankheitsbild, sind die Völker verloren.

Ausschneiden der Drohnenbrut

Als vorbeugende und auch milbenreduzierende Maßnahme kann auf jeden Fall das Ausschneiden der Drohnenbrut gelten. Dazu ist es notwendig, daß vom zeitigen Frühjahr an Baurahmen eingehängt werden, die von den Bienen als Drohnenwaben ausgebaut und von der Königin bestiftet werden. Da die Drohnenbrut bevorzugt wird, wirken solche Waben wie ein Magnet auf die Milben im Volke. Ein Ausschneiden reduziert auf jeden Fall den Milbenbefall. Jedoch muß auch darauf hingewiesen werden, daß es nicht gelingt, die gesamte Drohnenbrut aus einem Volke zu entfernen, obwohl es möglich ist, mit mehreren Drohnenwaben zu arbeiten. Außerdem würde eine zu starke Reduzierung der Drohnenbrut über längere Zeit zu einem Mangel an Drohnen bei der Begattung der Königinnen führen. Ebenso widerspricht sie einer natürlichen Haltung von Bienenvölkern.

Das Ausschneiden der Drohnenbrut, um den Milbenbefall zu reduzieren, hat jedoch nur dann Sinn und Zweck, wenn die Gewähr besteht, daß durch verfliegende Bienen keine weitere Infektion erfolgt. Da bei der hohen Bienendichte von manchmal 8 bis 10 Völkern/100 ha Trachtfläche in manchen Gegenden – vor allem in Waldtracht-Wandergebieten – mit Sicherheit eine noch höhere Infektionsgefahr besteht, ist in solchen Fällen die Entnahme der Drohnenbrut nutzlos. In weniger mit Bienen besetzten Gebieten (2 bis 3 Völker/100 ha) mag dagegen die Drohnenbrutentnahme die erwünschte Wirkung erzielen.

Ablegerbildung bei Varroabefall

Während eine 30 bis 50 % Ablegerquote (bezogen auf die Wirtschaftsvölker) in jedem gut geführten Betrieb auch ohne Varroabefall das kontinuierliche Arbeiten mit leistungsfähigen Völkern sicherstellt, kommt der Ablegerbildung mit der zunehmenden Ausbreitung der Parasiten eine wachsende Bedeutung zu. Da in Jahren mit langanhaltenden Waldtrachten eine Behandlung der Völker mit chemischen Präparaten wegen einer Kontamination des Honigs nicht möglich und auch nicht zulässig ist, sind solche Wirtschaftsvölker zum größten Teil verloren, insbesondere wenn erst nach Drohnenbrutende eines Tannentracht beginnt. Solche Situationen erleben wir zunehmend in den letzten Jahren, wobei sehr oft die Drohnenbrut Anfang Juli aufhört und die Tannentracht erst Mitte/Ende Juli beginnt. Der in den Monaten Mai und Juni gebildete Ableger mit einer leistungsfähigen Königin muß als Ersatz solcher nicht mehr lebensfähiger Völker gelten. Wenn jedoch Völker nach Tannentrachtende im September noch lebens- und einwinterungsfähig erscheinen, so dürfen diese auf keinen Fall an den Ablegerstandort verbracht werden. Eine Infektion würde sich dann so stark auswirken, daß mit großer Wahrscheinlichkeit auch die Ableger eingehen. Beispiele dafür gab es 1985 genügend.

Es erhebt sich natürlich die Frage, wie der Ableger mit möglichst wenig Milben in den Winter gebracht werden kann. Die Ausschneiden der Drohnenbrut scheidet aus, da Königinnen in Ablegern kaum Drohnenzellen bestiften. Brutfreie Ablegerbildung stellt nichts anderes dar, als Kunstschwärme zu erstellen, die in dafür gebauten Kisten mit chemischen Mitteln behandelt werden können. Bei einer Ablegerquote von mindestens 50 % ist dieses Verfahren nicht nur sehr zeitaufwendig, sondern auch von der benötigten Bienenmenge her gesehen kaum durchzuführen. Ein solcher brutfreier Ableger sollte mindestens 1,5 kg Bienengewicht besitzen. Die Entnahme solcher Bienenmassen aus den Wirtschaftsvölkern im Mai/Juni ist nur zu vertreten, wenn feststeht, daß nachfolgende Trachten nicht mehr genutzt werden. Dieses Verfahren läßt sich in kleineren Imkereien mit 5 bis 10 Völkern und geringer Ablegerquote anwenden.

Bei dem integrierten Verfahren zur Bekämpfung der Varroa (Zander/Böttcher 1984) wird der Ableger zunächst brutfrei gemacht und dann nur die Bienen medikamentös behandelt. Der richtige Zeitpunkt für eine solche Behandlung ist diejenige Entwickungsphase des Ablegers, in der die Brut, die bei der Bildung des Ablegers verwendet wurde, bereits geschlüpft und die von der jungen Königin inzwischen angelegte Brut nocht nicht infiziert ist. In der Regel ist dies 10 Tage nach Bildung des Ablegers der Fall (Gekeler 1985). Damit es zu keiner Verseuchung der Waben mit Bekämpfungsmitteln kommt, sind die Ableger wabenfrei zu machen und als nackte Bienenvölker zu behandeln. Bereits bestiftete Waben werden dem Ableger zugehängt. Eventuell noch nicht geschlüpfte Brutwaben können anderen Völkern gegeben werden,

deren Behandlung noch aussteht. Es ist ein Verfahren, das in kleineren Imkereien durchführbar ist.
Nachteilig wirkt sich der frühe Behandlungszeitraum im Juni/Juli aus, da bis zur Einwinterung weitere Neuinfektionen nicht auszuschließen sind, zumal in Gebieten mit hoher Bienendichte.

Bekämpfung mit chemischen Mitteln

Da es bis jetzt nicht gelang, mit biologischen Maßnahmen einen Milbenbefall in den Völkern auf ein erträgliches Maß zu reduzieren, wird zumindest in den nächsten Jahren die medikamentöse Bekämpfung unvermeidlich sein. Beim Einsatz solcher Mittel sind jedoch wichtige Voraussetzungen zu erfüllen und zu beachten:

1. Das Mittel muß milbentötend wirken und darf den Bienen nicht schaden.
2. Rückstände im Honig und Wachs dürfen nicht oder nur in unbedenklichem Ausmaß auftreten.
3. Das Mittel muß vom Bundesgesundheitsamt als Tierarzneimittel zugelassen sein.
4. Es muß vom Imker leicht anwendbar sein und darf auch keine gesundheitlichen Schäden hervorrufen.

Das Bundesgesundheitsamt hat derzeit drei Mittel zur Varroabekämpfung zugelassen.

Illertissener Milbenplatte
Es handelt sich hierbei um eine 20×30 cm große, 2 mm dicke Weichfaserdämmplatte, die mit 25 ml 60%iger Ameisensäure getränkt ist. Zehn Platten sind in Folienbeuteln eingeschweißt und in Apotheken oder anderweitig erhältlich. Die Wirkung dieser Platten beruht darauf, daß Ameisensäuredämpfe ätzend auf die Milben einwirken und sie dadurch abtöten.
Die Anwendung ist einfach. Pro Volk werden auf den Bienensitz höchstens ein oder zwei Platten aufgelegt. Folgende Punkte sind dabei zu beachten:

1. Nur anwenden, wenn die Völker nicht mehr in der Tracht stehen, da eine Übersäuerung des Honigs nicht auszuschließen ist.
2. Die Außentemperatur soll mindestens 12 °C, höchstens 25 °C betragen.
3. Das Flugloch ist nicht zu schließen.
4. Verletzungsgefahr für den Imker. Handschuhe und Schutzbrille tragen!
5. Folienbeutel erst bei den Völkern kurz vor dem Einlegen öffnen.
6. Die Reaktion der Völker beobachten. Beim Ausziehen eines Volkes die Platte entnehmen.
7. Die Platte nach 24 Stunden entfernen, da die Ameisensäure bis dahin verdunstet ist.

Die Behandlung der Völker mit diesem Bekämpfungsmittel ist einfach. Bei Beachtung der Gebrauchsanweisung sind Rückstände im Honig kaum oder nur in geringen Mengen möglich. Selbst auf Milben, die noch in der gedeckelten Brut heranwachsen, wirkt dieses Mittel noch ein. Dennoch wird man bei mehrmaliger Behandlung unterschiedliche Wirkungsgrade dieses Mittels feststellen. So kann die Wirkung sehr stark schwanken und zwischen 0 und 90% liegen (Liebig 1986). Darum ist eine Kontrolle unerläßlich, um den Behandlungserfolg festzustellen.

Perizin

Dieses Mittel wirkt systemisch, d.h., daß der Wirkstoff (Coumafos) in einer wässrigen Lösung auf die Bienen geträufelt, von diesen gegenseitig aufgenommen und durch die soziale Nahrungsversorgung im Volk verteilt wird. Über das Bienenblut gelangt er durch den Saugakt in die aufsitzenden Milben, die dadurch absterben und abfallen. Vom Wirkstoff sind in 1 ml 32 mg enthalten.

Der Wirkungsgrad und damit der Behandlungserfolg kann bei zweimaliger Anwendung in einem Abstand von 4 bis 5 Tagen bei 95 % liegen, jedoch nur wenn die Völker brutfrei sind. Vorteilhaft muß auch die temperaturunabhängige Anwendung gesehen werden. Eine Anwendung bei Völkern in der Tracht ist jedoch auszuschließen. Der Hersteller schreibt hier eine Wartezeit von 6 Wochen vor, d.h. soviel, daß dieses Mittel nur noch 6 Wochen vor Trachtbeginn im Frühjahr angewendet werden darf. Wenn die Behandlung Mitte Februar abgeschlossen ist, wird diese Wartezeit selbst in Frühfruchtgegenden erfüllt. Rückstände im Honig sind dann kaum oder nur in geringsten Mengen zu erwarten. Inwieweit bei längerer Anwendung Rückstände im Honig und Wachs auftreten, muß die Praxis zeigen. Da hierüber noch keine gesicherten Erkenntnisse vorliegen ist es nicht zulässig, Honig mit Wachsteilchen dem menschlichen Verzehr zuzuführen. Eine Anwendung bei gleichzeitiger Fütterung der Völker ist nicht zu empfehlen, da sich sonst im eingelagerten Futter verstärkt Rückstände mehren und durch den Verdünnungseffekt die Wirkung des Mittels verringert wird.

Zur Behandlung der Völker werden 10 ml Perizin in einem Dosierset mit Wasser so aufgefüllt, daß 50 ml Emulsion entstehen. Pro Volk werden dann 50 ml auf die in den

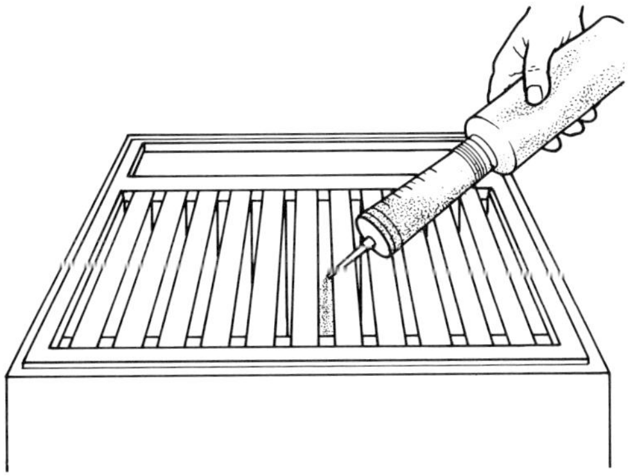

Abb. 96. Die Behandlung eines Volkes mit Perizin aus einem Dosierset.

Wabengassen sitzenden Bienen so aufgeträufelt, daß Waben, Rähmchen und Beutenwände nicht getroffen werden. Diese Menge ist für Völker gedacht, die 10 bis 20 Waben mit Bienen belagern. Schwächere Völker erhalten nur 25 ml Emulsion. Nach den im Jahr 1986 gewonnenen Erfahrungen wirkt dieses Mittel hervorragend, wenn während der Behandlung keine Tracht herrscht und wenn der Imker nach dem Einträufeln 1 bis 2 Wochen keine Fütterung vornimmt. Dadurch wird verhindert, daß Futter den Wirkstoff verdünnt. Eine Einlagerung in den Zellen unterbleibt. Jahreszeitlich bietet sich dafür das Ende der Einfütterung an, wenn in den Völkern nahezu völlige Brutfreiheit herrscht und die für die Behandlung vorgeschriebene Temperatur von über 5 °C herrscht. Die in den Wabengassen sitzenden Bienen lassen sich am sichersten beträufeln, wenn eine Randwabe gezogen wird und sich die restlichen Waben dann auseinanderziehen lassen, so daß breitere Wabengassen entstehen. Nach kurzer Dauer füllen die Bienen diese Gassen aus. So läßt sich beim Einträufeln auch

verhindern, daß Waben und Rähmchenträger von der Emulsion getroffen werden.
Sollte eine Perizin-Anwendung bis Mitte Februar notwendig werden, darf sie erst dann vorgenommen werden, wenn ein Reinigungsflug stattgefunden hat und der größte Teil der Bienen die meist prall gefüllte Kotblase entleeren konnte. Genauso wie das Wechseln der Böden, stellt eine Varroabekämpfung zu dieser Jahreszeit einen massiven Eingriff in ein Bienenvolk dar. Die damit auftretende Unruhe veranlaßt die Bienen zu einem frühzeitigen Abkoten bereits in der Beute und auf den Waben.
Inwieweit eine Behandlung von Ablegern, Jungvölkern und Schwärmen in den Sommermonaten erfolgversprechend mit Perizin durchgeführt werden kann, muß die Praxis in den kommenden Jahren zeigen. Bei der Behandlung von Schwärmen wird von Erfolgen berichtet (Ritter 1986). Mit Perizin ist ein Bekämpfungsmittel auf den Markt gekommen, das nach den bisher gemachten Erfahrungen einen hohen Wirkungsgrad zeigt und vom Imker leicht anzuwenden ist. Trotzdem darf das Rückstandsproblem nicht außer acht gelassen werden, das vor allem bei nicht sachgerechter Anwendung auftreten kann.
Im Zulassungsverfahren beim Bundesgesundheitsamt befindet sich das Bekämpfungsmittel Apitol, das auf ähnliche Weise wie Perizin angewendet werden soll. Es laufen jedoch auch Versuche, um milbentötende Wirkung zu erproben.

Andere Mittel

Angesichts des in den letzten Jahren zunehmenden Befalls und damit auftretende Völkerverluste wurde verstärkt versucht, Mittel und Wege zu finden, diesem Parasit Herr zu werden. So sind Mittel wie Milchsäure, Nikotin, Amitraz und nicht zuletzt auch K79 aufgetaucht und auch verschiedentlich erprobt worden. All diese Mittel sind bei uns bis jetzt als Tierarzneimittel amtlich nicht zugelassen. Sie dürfen deshalb keinesfalls angewendet werden.

Schwarzsucht

In Tannentrachtgegenden ist der Imker über seine Völker oft enttäuscht, wenn er sie nach etwa zwei Wochen wiedersieht. Die Bienen sitzen dann zu Klumpen zusammengeballt auf den Flugbrettern anstatt sich auf regem Trachtflug zu befinden. Zitternde Flügelbewegungen, Bienen ohne Haarkleid und massenhafter Totenfall zeigen das Ausmaß dieser Erkrankung. Dabei sind die Völker innerhalb eines Platzes ganz unterschiedlich von dieser Erkrankung befallen. Das gleiche gilt auch für aufgestellte Wanderstapel in einem eng begrenzten Bezirk.
Die Schwarzsucht in Tannentrachtgebieten ist zum einen erblich bedingt, zum anderen rührt sie von einem Mineralstoffüberschuß im Honigtau her (Horn 1985, 1986). Schwarzsucht-ähnliche Symptome treten aber auch bei Vergiftungen durch Pestizide auf.
Eine Heilung läßt sich schnellstens erzielen, wenn die Völker aus der Tannentracht entfernt und anschließend mit Blütenhonig oder Zuckerlösung gefüttert werden.

Vergiftungen durch Pflanzenschutzmittel

Die unsachgemäße Verwendung von Pflanzenschutzmitteln in der modernen Landwirtschaft, im Obst-, Garten- und Weinbau kann erhebliche Bienenschäden verursachen.

Entsetzt wird der Imker schlagartig einsetzenden Totenfall beobachten, wobei auffällt, daß die Bienen mit zuckenden Flügeln umhersitzen oder auf dem Boden, den Anflugbrettern und im Gras umherschwirren. Manchmal findet man solche eingehenden Bienen bis zu 5 oder 10 m um den Stand herum verstreut. Nicht selten kommt es vor, daß die Flugöffnungen mit toten Bienen sich verstopfen. In den Sommermonaten, wenn solche geschädigten Völker erst nach einigen Tagen gefunden werden, tritt zudem noch Luftnot in den Beuten ein. Zusätzliches Verbrausen ist die Folge.
Die bienengefährlichen Kontaktgifte der Pflanzenschutzmittel nehmen in der Regel zuerst die Flugbienen in den behandelten Kulturen auf. Sie gehen teilweise schon auf dem Heimfluge oder vor der Beute ein. Trotzdem gelangt ein Teil des Giftes in das Volk und wird zusätzlich auf die Stockbienen übertragen. Bei den Jungbienen zeigen sich Vergiftungserscheinungen, wenn sie den mit Giftstoffen durchsetzten Blütenstaub in größeren Mengen aufnehmen. Solche Schäden können sich über Tage, wenn nicht über Wochen hinziehen. So kommt es neben dem normalen Abgang der Flugbienen auch zu Verlusten unter den Jungbienen. Die betroffenen Völker erreichen kaum noch Einwinterungsstärke.

Feststellen des Verursachers

Da Schäden durch Pflanzenbehandlungsmaßnahmen nach der Bienenschutzverordnung vom 22. 07. 1992 eine Ordnungswidrigkeit darstellen, sind die zuständigen Pflanzenschutzdienste verpflichtet, den Verursacher ausfindig zu machen. Der betroffene Imker wird daher einen Schadensfall sofort den zuständigen Pflanzenschutzstellen melden. In Baden-Württemberg z. B. sind dies die Pflanzenschutzberater der Landwirtschaftsämter. Sie sollten möglichst innerhalb 24 Stunden verständigt werden. Diese Berater werden Bienen- und Pflanzenproben auf den verdächtigen Grundstücken einsammeln und zur Untersuchung an die Biologische Bundesanstalt, Messeweg 11–12, 38104 Braunschweig, einschicken. Dazu wird noch der Fragebogen A ausgefüllt. Die Bundesanstalt führt nur dann Untersuchungen aus, wenn die Proben vom Pflanzenschutzdienst gezogen und auch eingeschickt wurden.

Schadensermittlung

Bienenschäden durch Pflanzenschutzmaßnahmen bedeuten nicht nur den Verlust einiger weniger Bienen, sondern meistens den Ausfall ganzer Völker. Für alle Ersatzansprüche an den Verursacher oder an die Versicherung gilt es, die Schadenshöhe zuverlässig festzustellen. Sie wird in der Regel von einem Beauftragten der Imkerorganisation ermittelt, wobei die Bienenzuchtberater sehr oft zu solchen Schätzungen hinzugezogen werden.
Völliger Ausfall (100 %iger Schädigungsgrad) tritt ein, wenn sämtliche Bienen des Volkes eingegangen sind und wenn Brutwaben nicht mehr zu gebrauchen sind.
50- bis 75 %iger Schädigungsgrad kann dann angegeben werden, wenn im Volke sich nur noch Jungbienen befinden, die anschließend einem anderen Volke zugeschlagen werden müssen, oder wenn der Zustand des Volkes keine Trachtfähigkeit und keine Hoffnung auf Einwinterungsstärke zuläßt.
50 %iger Schädigungsgrad und weniger ist dann vorhanden, wenn ein Teil der Flugbienen eingegangen ist, wenn jedoch durch vorhandene Brut, die noch von Bienen be-

deckt wird, Trachtfähigkeit in absehbarer Zeit zu erwarten ist.
Da sich solche Bienenschäden sehr oft über Tage erstrecken können, ist es nicht abwegig, nach Feststellen, Aufnahme und Schätzung des Schadens mit den Völkern abzuwandern. Eine weitere Schädigung kann dadurch sehr oft vermieden werden.
Sind durch die Untersuchungsergebnisse eindeutig Beweise die geliefert, wer als Verursacher des Schadens in Frage kommt, so ist es angebracht, nicht nur den Schaden an den Bienenvölkern geltend zu machen, sondern auch Folgeschäden anzuzeigen. Solche können für den Ausfall der Honigerträge, für fehlende Möglichkeiten zur Ablegerbildung und für Königinnenvermehrung oder auch für andere imkerliche Produktionsverluste angegeben werden, wenn sie sonst schwerpunktmäßig im Betrieb anfallen. Darüber müssen jedoch genaue Aufzeichnungen und glaubwürdige Daten vorhanden sein.

Wachsmotten

Neben den Wespen können auch die Wachsmotten dem Bienenvolk gefährlich werden, wobei sie jedoch weniger Schaden an den Völkern verursachen, als vielmehr bei den Vorratswaben, die sich außerhalb der Völker befinden.
Wir unterscheiden die Große und die Kleine Wachsmotte. Sie gehören zur Familie der Zünsler (Böttcher 1984). Es sind Nachtschmetterlinge, die in den Sommermonaten fliegen und sich in der Nähe der Bienenvölker aufhalten. Die Weibchen legen ihre Eier in den Ritzen der Beuten und an den Aufbewahrungsplätzen der Waben ab. Auch im Gemüll von überwinternden Bienenvölkern, das sich aufgrund von Einlagen oder Schieden nicht wegschaffen läßt, finden sich Eier der Wachsmotten, die ohne weiteres überwintern.
Aus den Eiern schlüpfen die Rankmaden, die dann auf die Waben überwechseln und dort ihr Zerstörungswerk verrichten, insbesondere wenn im Frühjahr oder Sommer die Waben sich in warmen Räumen oder im Dunkeln befinden. Dabei suchen sie Blütenstaub und den von den Larven hinterlassenen Kot auf dem Grund der Zellen. Vom Wachs ernähren sie sich kaum. Die Raupen der Großen Wachsmotte durchziehen ihre Gänge mit Gespinst, das auch flächenhaft ausgebreitet wird. In schwachen Völkern wird selbst die noch vorhandene Brut mit eingesponnen. Die Raupen der Kleinen Wachsmotte fressen sich am Boden der Brutzellen entlang, wobei sich die darin be-

Abb. 97. Das Werk der großen Wachsmotte. Sie kann den ganzen Wabenvorrat zerstören.

findliche Bienenlarve abhebt, so daß die Verdeckelung erschwert wird.
Die Verpuppung erfolgt sehr oft bereits schon in den Waben, manchmal auch an den Rähmchenleisten, an den Beutenwänden oder auch gerne in den Zwischenräumen von Rähmchen und Deckel. Nicht selten werden dabei die Beutenisolationen, Rähmchen und Beutenwände aus Holz so geschädigt, daß sie nicht mehr zu gebrauchen sind.
Die Schäden können somit beträchtlich sein. Die Rankmaden eines einzigen Mottenweibchens können innerhalb kurzer Zeit eine Deutsch-Normal-Maß-Wabe zerstören (Böttcher 1984). So hat schon mancher Imker innerhalb kurzer Zeit seinen gesamten Wabenbau durch die Wachsmotten verloren.

Bekämpfung:

Da den Schmetterlingen kaum beizukommen ist, wird sich eine Bekämpfung ausschließlich auf die Eier und Maden beschränken müssen. Als vorbeugende Maßnahme wäre ein Sauberhalten der Bodenbretter der Beuten zu nennen, alte verbrauchte Waben sind sofort einzuschmelzen oder dem Fachhandel abzuliefern und Vorratswaben sollte man an einem kühlen Ort aufbewahren. Das alleine genügt aber oft nicht, um einen massiven Raubmadenbefall zu verhindern.
Bewährt hat sich eine Begasung mit Schwefeldioxid. Dieses Gas vernichtet mit Sicherheit die Schmetterlinge und die Maden; dagegen nicht die Eier. Dazu werden in den Behältern, in denen Waben aufbewahrt werden, Schwefelschnitten abgebrannt, und zwar so, daß eine Feuergefahr ausgeschlossen wird. Wabenschränke und Stapel von Zargen mit Waben sollten einigermaßen luftdicht sein, damit das Gas für längere Zeit einwirken kann. Negative Auswirkungen der Rückstände auf den Waben sind nicht zu befürchten.
Von der Verwendung sonstiger Mottenvernichtungsmittel muß abgeraten werden, da die auf den Waben sich bildenden Niederschläge zu Völkerverlusten führen.

Betriebsdaten und -ergebnisse

Die Frage nach aussagefähigen Betriebsdaten, nach folgerichtigen Schlüssen und damit nach einer Wirtschaftlichkeit steht in den meisten Bienenhaltungen nicht so sehr im Vordergrund. Folgende Ursachen liegen dem zugrunde:

1. Die Imkerei wird überwiegend als Liebhaberei mit wenig Völkern betrieben. Die Erhebung betriebswirtschaftlicher Daten würde zu falschen, nicht aussagefähigen und nicht übertragbaren Ergebnissen führen.
2. Die Erträge aus der Bienenhaltung sind naturbedingt großen Schwankungen unterworfen. So daß aus der Sicht des Betriebswirtschaftlers nur nach Erhebungen über mehrere Jahre brauchbare Durchschnittsergebnisse zustande kommen, die keinesfalls vorausschauend auf bestimmte Jahre übertragbar sind (Liedel 1985).

Heutzutage können die bienenhaltenden Betriebe nach Völkerzahl, Umfang der anfallenden Arbeiten und nicht zuletzt nach dem Einkommen in drei Gruppen gegliedert werden:

a) **Kleinbienenhaltungen**
Betriebsgröße bis ca. 20 Völker
b) **Nebenerwerbsimkereien**
Betriebsgröße ab 20 bis 100 Völker
c) **Vollerwerbsimkereien**
Betriebsgröße ab 200 Völker. Hierbei dient die Bienenhaltung als alleinige Grundlage für den Lebensunterhalt (Scherhag 1983).

Imkereien mit 100 bis 200 Völkern sind schwer einzuordnen. Im Nebenerwerb wird die zeitliche Belastung in den Sommermonaten zu groß. Für einen Haupterwerb reicht es nicht.

In Kleinbienenhaltungen dienen die erzielten Honigerträge überwiegend zur Dekkung des Eigenbedarfes. Die Freude an der Haltung und am Umgang mit Bienenvölkern steht im Vordergrund. Sie wird auch nicht getrübt, wenn Fehljahre eintreten.

Der Nebenerwerbsimker wird versuchen, regelmäßig Erträge zu erzielen. Dies allein genügt jedoch nicht. Der dazu notwendige Aufwand muß mitberücksichtigt werden, um aussagefähige betriebswirtschaftliche Daten zu erhalten. Solche Angaben können für eine Gewinn- oder Verlustrechnung Verwendung finden. Andererseits kann damit der Gestehungspreis für 1 kg Honig errechnet werden, was beim Verkauf von größeren Mengen entscheidend sein kann. Die Erfassung der für die Imkerei aufgewendeten Zeit läßt weitere Aussagen über erzielte Stundenlöhne, Vergleiche von Betriebszweigen und eventuell noch vorhandene Arbeitskapazitäten zu.

Beim Vollerwerbsbetrieb spielen natürlich solche Aussagen noch eine entscheidendere Rolle. Es geht ja hierbei nicht nur um Gewinn und Verlust, sondern auch um Fragen der Wirtschaftlichkeit einzelner Betriebszweige, um Entscheidungen bei Investitionen und nicht zuletzt um die Existenz des Betriebes auf längere Sicht.

Muster von Erhebungsbögen

Tabellenform kombiniert mit Einnahmen/Ausgaben und Zeitaufschrieben (Muster 1)

Datum	Ausgaben (DM, kg)	Einnahmen (DM)	durchgeführte Arbeiten	Zeit (Std.)	gefahrene km
15. 1. 84		120,– Honig			
25. 1. 84	350,– Puderzucker		Futterteigherstellen	1,0	–
28. 2. 84			Böden wechseln	3,0	25
16. 4. 84	25 kg F-Honig		Reizfütterung	4,0	46
17. 4. 84	20,– Kleinteile		Rähmchen drahten	3,5	–
20. 4. 84	1500,– Beuten				
16. 6. 84			Entnahme Honig	2,5	28
16. 6. 84			Schleuderung 200 kg	10,0	–
20. 6. 84	30,– Unkosten		Wanderung	6,0	120
27. 6. 84			Ablegerbildung	8,0	25
15. 7. 84		480,– Ableger	Ablegerverkauf	1,0	12

Die Erhebung betriebswirtschaftlicher Daten setzt die Erfassung von Vorgängen auf schriftlicher Basis voraus. Das heißt, das ganze Jahr über sind Aufzeichnungen notwendig, die auswertbar sind. Je genauer die Aufschriebe, desto präziser kann die Auswertung erfolgen und um so bessere Entscheidungshilfen ergeben sich.

Die Aufzeichnungen in Tabellenform (Muster 1) haben den Vorteil, daß eine übersichtliche Darstellung bei einer Rekonstruktion des Vorganges das Suchen erleichtert. Sie setzen aber eine gewisse Erfahrung bei der Auswertung voraus.

Bei Muster 2 sind nur die Zeitaufschriebe mit den gefahrenen km festgehalten. Hier-

Tabellenform mit geordneten Zeitaufschrieben in Stunden (Muster 2)

Datum	km	vorber. Arbeiten	Arbeiten an den Völkern	Kö.-Zucht Ableger	Wanderung	Honiggewinnung	Honigvermarktung
3. 1. 84		5					
20. 3. 84	5		3				
25. 3. 84	18	3	5				
28. 4. 84	5			2			
3. 5. 84	29	4			3		
27. 6. 84	15					10	
3. 9. 84	39						5

bei muß gleich entschieden werden, zu welcher Kategorie von Arbeiten die durchgeführte Tätigkeit zugeordnet wird. Aufzeichnungen über Ausgaben, Unkosten und Einnahmen müssen gesondert vorgenommen werden, entweder bei Geldausgaben an Hand der Rechnungen und Belege, oder bei Einnahmen durch die Abrechnungen über den verkauften Honig und das abgesetzte Bienenmaterial. Das setzt exakte Aufzeichnungen voraus, da sich sonst leicht Fehler in die Auswertungen einschleichen.

Die dritte Möglichkeit (Muster 3) erfordert zwar etwas mehr Zeit für die Aufzeichnungen, sie ist jedoch die genaueste. Bei der Auswertung der Ausgaben unter Zuhilfe-

Formlose Aufschriebe in einem Notizbuch (Muster 3)

28. 3. 84	
Rähmchen drahten	2,0 Std.
Futterteig anmachen	1,0 Std.
Böden wechseln bei 20 Völkern	3,0 Std.
Einkauf Kleingeräte	2,5 Std.
120 kg Puderzucker	
30 kg Futterhonig	
Kleingeräte DM 65.–	
10 km Auto	
27. 5. 84	
Mittelwände einlöten	1,5 Std.
10 Völker erweitern	2,5 Std.
Pflegevolk füttern	0,5 Std.
Aufräumen Lagerraum	1,0 Std.
5 kg Mittelwände	
3 kg Futterhonig	
25 km Auto	
15. 7. 84	
Honigentnahme	3,0 Std.
Honigschleuderung	6,0 Std. (mit Helfer)
Wanderung 15 Völker	7,0 Std. (mit Helfer)
Schleuderung 200 kg Fichtenhonig	
Unkosten Wanderung (Vesper): 35,– DM	
gefahrene km mit Anhänger: 90	
4. 9. 84	
Durchsicht 12 Völker; Wabenbau richten	4,0 Std.
Fütterung	1,0 Std.
Ablegerverkauf 4 Stück	1,0 Std.
1 Sack Zucker	
30 km Auto	
Einnahmen 420,– DM für Ableger	

Beispiel:

Gebäude, Geräte Einrichtungsgegenstände	Wert bei Anschaffung DM	Abschreibung %	DM	Wert am Ende des Jahres DM
Geräteschuppen	10000	5	500	9500
Honigschleuder	2500	7	175	2325
Magazinbeuten insges.	15000	10	1500	13500
Futtereinrichtungen	400	20	80	320

nahme von Rechnungsbelegen ergibt sich gleich eine Kontrollmöglichkeit. Einnahmen aus dem Verkauf von Bienenmaterial sind ebenso festgehalten wie die gefahrenen km, die Unkosten, über die es keine Belege gibt, und schließlich noch die Zeitaufschriebe. Wenn die einzelnen Arbeiten auch noch datumsmäßig erfaßt sind, kann im Nachhinein ein Vergleich mit anderen Jahren angestellt werden.

Jede Art von Aufzeichnungen verlangt jedoch, daß die unverzüglich vorgenommen werden. Die beste Gelegenheit dazu bietet sich jeweils nach Abschluß der Arbeiten am Ende des Arbeitstages, dann haften auch alle Einzelheiten noch gut im Gedächtnis. Eine genaue Rekonstruktion ist bereits nach einem oder mehreren Tagen kaum noch möglich. Nach einer gewissen Zeit der Eingewöhnung nimmt man die Aufzeichnungen ganz selbstverständlich vor, vor allem wenn man ständig ein Notizbuch mit sich führt.

Die betriebswirtschaftlichen Daten und ihre Beurteilung

Investiertes Kapital

Während Erträge, Unkosten und auch Zeitaufwand durch tägliche Aufzeichnungen ziemlich genau festgehalten werden können, müssen das investierte Kapital und die Aufwendungen für Grund und Boden zunächst einmal wertmäßig erfaßt werden und sind dann durch Abschreibung, Reparaturkosten und auch Neuanschaffungen laufend zu berichtigen. In die Gewinn- und Verlustrechnung gehen nicht nur diese Werte ein, sondern auch die Verzinsung des investierten Kapitals.

Zu den **Gebäuden** und **Einrichtungen** zählen sämtliche für die Bienenhaltung benötigten Räumlichkeiten, insbesondere dann, wenn sie ausschließlich dafür errichtet wurden. Werden diese Räume noch anderweitig genutzt, ist der Anteil der imkerlichen Nutzung festzulegen und wertmäßig auszudrücken. Zu den Einrichtungen einer Imkerei müssen vor allem die Beuten und die Wandereinrichtungen gerechnet werden.

Gerätschaften sind vorhanden für die Honiggewinnung, Verflüssigung und Vermarktung. Sehr oft auch für die Wachsgewinnung. Zu den Gerätschaften zählen ebenso Futtereinrichtungen, Bienenstockwaagen, Anhänger für den Pkw und eventuell Spezialgeräte für die Rähmchenbearbeitung.

Der Wert der gehaltenen **Wirtschaftsvölker** und ein bestimmter Einheitswert von eigenem **Grund und Boden** ist beim investierten Kapital ebenso zu berücksichtigen.

Die Abschreibung für Gebäude, Einrichtungen und Geräte zur imkerlichen Nut-

zung liegt zwischen 5 und 20%/Jahr. Während bei Bauwerken eine Abschreibung von 5%/Jahr angebracht ist, liegt sie bei Honigschleudern z.B. bei 7%. Beuten, Ablegerkästen, Wanderstände und nicht zuletzt die überwiegende Zahl von Honiggefäßen müssen mit einer Abschreibungsquote von 10%/Jahr belegt werden. Dagegen sind Futtergeschirre und Honigsiebe im Vergleich zu Honigschleudern nicht so lange haltbar, ihre Abschreibung mit 20%/Jahr ist dabei gerechtfertigt.
Werden Geräte oder Einrichtungsgegenstände in gebrauchtem Zustand in den Betrieb eingebracht, so ist deren momentaner Wert zu ermitteln und daraus die Abschreibung weiter fortzuschreiben. Einzelne Kleingeräte bis zu einem Wert von 50,– DM können auf einmal abgeschrieben werden. Deren Werte können auch dem Posten Unterhalt der Geräte zugeschlagen werden.

Aufwendungen und Kosten

Hierzu zählen zunächst die anfallenden Kosten für Futtermittel, Mittelwände, Medikamente, Transportkosten, Verkaufsgebinde (sofern sie nicht dem Kunden in Rechnung gestellt werden), Strom und Heizung, Zuchtköniginnen und nicht zuletzt auch solche für Hilfsstoffe. Die Beträge für diese Aufwendungen sind voll veränderlich und können von Jahr zu Jahr schwanken.
Im Gegensatz dazu treten auch Aufwendungen auf, die dem nicht voll veränderlichen Bereich zugeordnet werden müssen (Liedel 1985). Es sind Kosten für Löhne, Beiträge für Versicherungen, Steuern, Pachten und Mieten. Aufwendungen für Bücher und Zeitschriften, die Abschreibung und Unterhaltungskosten für Gebäude, Einrichtungen und Geräte und nicht zuletzt Bürobedarf, Werbungskosten und Spesen, ebenso wie sonstiger Aufwand, der anfallen kann, aber nicht muß. Ein dafür eingesetzter Pauschalbetrag deckt nicht aufgeführte Kleinigkeiten ab.

Erträge

Überwiegend sind dies die Erlöse für den geernteten Honig und solche Erträge, die aus dem Verkauf von Bienenmaterial zu erzielen sind. Honigerlöse setzen sich zusammen aus den Verkäufen an die privaten Kunden und an den Handel, wobei der höhere Aufwand bei Abgabe direkt an den Verbraucher einen höheren Preis gegenüber dem Abgabepreis für den Handel rechtfertigt. Sind Erlöse durch den Verkauf von Pollen und Bienenwachs zu erzielen, sind sie ebenso den Erträgen zuzuschlagen.
Beim Verkauf von Bienenmaterial kann es sinnvoll sein, hierbei eine gesonderte Abrechnung vorzunehmen, um dessen Wirtschaftlichkeit festzustellen. Dann ist es allerdings auch notwendig, daß dazu die aufgewendeten Unkosten und die Zeit getrennt erfaßt werden.

Beurteilung des Betriebes

Mit verschiedenen Sorten einwandfreien Honigs und durch jahrelange Pflege eines Kundenstammes läßt sich durch Honigverkauf ein guter Ertrag erzielen. Trotzdem muß ein Teil des Honigs an den Handel abgegeben werden. Auch der Verkauf von Bienenmaterial erbringt Erträge. Dagegen wird das anfallende Wachs in die für den Betrieb notwendigen Mittelwände umgetauscht.
Bei eigener Herstellung der Beuten und Freiaufstellung der Völker kann das investierte Kapital von 224,– DM/Volk verhält-

Beispiel für eine Ertrags- und Aufwandsrechnung

Völkerzahl-Aufschlüsselung:

Eingew. Völker	Verlust 10 %	Wirtschafts- völker	für Tracht- nutzung	für Ableger	ergibt Ableger	Ableger- quote %
70	7	63	50	13	35–40	50

Beutenart:	Oberbehandlung Zander		
Betriebsform:	Überwinterung an mehreren Standorten, Anwanderung von Raps- und Waldtracht. Königinnenvermehrung und Ablegerbildung zur Bestandsergänzung und eventuell für den Verkauf		
Erträge aus Honig- und Ablegerverkauf:	Honig 1100 kg		12250,—
	Ableger		1865,—
	Gesamt		14115,—
Investiertes Kapital:	Gebäude und Einrichtungen	4500,—	
	Geräte	2000,—	
	Bestand Völker	8400,—	
	Grundstück Ertragswert	800,—	
	Gesamt	15700,—	
	Investiertes Kapital pro Volk		224,—
Aufwand veränderlich:		zusammen DM	pro Volk
	Futtermittel	2340,—	33,40
	Mittelwände/Waben	320,—	4,60
	Transportkosten 2316 km · 0,42 DM	973,—	13,90
	Kosten Wanderung zusammen	160,—	
	Rähmchen drahten	120,—	
	Strom, Heizung	120,—	
	Hilfsstoffe	60,—	
		4093,—	58,50
Aufwand nicht voll veränderlich:	Abschreibung Gebäude, Einrichtungen	820,—	
	Beiträge, Versicherungen	220,—	
	Pachten, Mieten	70,—	
	Bürobedarf, Werbung	100,—	
		1210,—	
	Gesamtaufwand	5303,—	76,—
	Gesamtaufwand pro kg geernteten Honig	4,82	
	Gewinn:	8812,—	
	Zins (6 %) für investiertes Kapital:	942,—	
	Entgelt für aufgewendete Arbeit:	7870,—	pro Volk 112,—

nismäßig gering veranschlagt werden, zumal für Schleuderung, Lagerung und Honigverkauf keine gesonderten Räume im Wohnhaus in Rechnung gestellt werden. Für die Aufbewahrung der Zargen und Waben den Winter über steht ebenfalls ein Raum zur Verfügung, der keine Investitions- und Unterhaltungskosten verursacht. Nach Scherhag (1983) müssen bei gleichem Rechnungsansatz beispielsweise 700,– DM/Volk investiert werden. Bei Kauf sämtlicher Geräte und Einrichtungen und bei der Erstellung von Wirtschaftsgebäuden ist dies realistisch.

Mit einem Aufwand von 33,40 DM/Volk an Futtermittel (Zucker, Futterteig und Futterhonig) wird der Betrieb sehr sparsam geführt. Das gleiche gilt für die Transportkosten von 13,90 DM/Volk (= 34 km/Volk), so daß mit insgesamt 58,50 DM Aufwand pro Volk gerechnet werden muß. Geringere Aufwandskosten sind kaum möglich. Wenn jetzt noch der nicht voll veränderliche Aufwand dazugerechnet wird, so fallen Kosten von 76,– DM/Volk an. Bei einer Gesamternte von 1100 kg entstehen pro kg Honig 4,82 DM an Aufwand. Unter Berücksichtigung des Zinsansatzes von 942,– DM erhöhen sich die Kosten auf 89,20 DM/Volk bzw. 5,67 DM/kg Honig.

Erfassung der aufgewendeten Zeit

Wenn nicht bereits bei den Aufzeichnungen nach bestimmten Kriterien und Gesichtspunkten die aufgewendeten Zeiten im Betrieb erfaßt worden sind, muß dies bei der Auswertung erfolgen. Eine ungeordnete Erfassung der Zeit ermöglicht zwar eine Errechnung des Entgeltes für die aufgewendete Arbeitskraftstunde, erlaubt aber keine Rückschlüsse, wo und in welchem Umfang Zeit aufgewendet werden mußte, oder wo noch Reserven ausnutzbar sind. In der Imkerei spielt dies eine entscheidende Rolle, da die meisten anfallenden Arbeiten sich in den Sommermonaten abspielen und nicht auf andere Monate verschoben werden können.

Zeitaufschriebe lassen auch weitere Rückschlüsse zu. Für Nebenerwerbsbetriebe kann damit der benötigte Zeitaufwand ermittelt werden. Mit den gewonnenen Daten für die aufgewendete Zeit/Volk nach einer Analyse für die einzelnen Monate sind folgende Rückschlüsse möglich:

1. ob durch Rationalisierungsmaßnahmen Zeit gespart werden kann,
2. ob eine Aufstockung der Völkerzahl möglich ist,
3. ob mit der vorhandenen Völkerzahl bereits eine Überforderung des Imkers und dessen Familienangehörigen einhergeht.

Zeitaufteilungsschlüssel

Aufgrund langjähriger Erfahrungen hat sich folgende Aufteilung und Zuordnung der aufgewendeten Zeit als sinnvoll erwiesen:

1. vorbereitende Arbeiten
2. Arbeiten an Völkern
3. Königinnenzucht, Ablegerbildung und Versorgung
4. Trachtbeobachtungen und Wanderung
5. Honiggewinnung und -pflege

Fallen aufgrund von mehreren, eventuell weit auseinanderliegenden Stand- und Wanderplätzen sehr viel Fahrtzeiten an, ist deren gesonderte Erfassung sinnvoll. So lassen sich unnötige Fahrten ermitteln oder auch Entscheidungen für eine Zusammenlegung von Plätzen treffen.

Die Erfassung des Zeitaufwandes beim Honigverkauf ist sehr schwierig, da die Verkaufsgespräche sich oft unverhofft ausdehnen. Wird jedoch Honig dem Kunden ins Haus gebracht, fliegender Honigverkauf an der Haustür betrieben oder werden regelmäßig Wochenmärkte aufgesucht, so sind diese Zeiten genau zu erfassen. Sie können ein beträchtliches Ausmaß annehmen.

Vorbereitende Arbeiten:
Ein Zeitaufwand von 0,8 Stunden/Volk ist vertretbar. Dabei ist das Drahten der Rähmchen nicht berücksichtigt, sonst müßten pro Rähmchen 2 bis 5 Minuten dazugerechnet werden.

Arbeiten an den Völkern:
Die aufgewendete Zeit von 1,85 Stunden/Volk zeigt, daß nur das Nötigste an den Völkern verrichtet wird. Sie liegt deshalb so niedrig, da schwarmträge Bienen gehalten werden, bei denen sich schwarmverhindernde Maßnahmen erübrigen.
Zusätzlich 1 bis 2 Stunden/Volk würden Nachschauen und die Bildung von Zwischenablegern in Anspruch nehmen. Ein Zeitaufwand von 1,85 Stunden/Volk setzt natürlich Können und Erfahrung des Imkers voraus, wobei es vor allem darauf ankommt, zu erkennen, welche Arbeiten notwendig sind.

Königinnenzucht, Ablegerbildung:
Mit 40 Ablegern/Jahr wird auch dieser Betriebszweig sehr rationell geführt. Hierbei macht sich die Verwertung der schlüpfreifen Weiselzellen im Ableger, der gleich in die im Betrieb befindliche Beute überstellt wird, deutlich bemerkbar. Der Umweg über Schlüpfkäfige und Begattungskästchen sowie das Umhängen aus Ablegerkästchen würden zumindest der doppelten Zeit pro Ableger führen. Dennoch ergibt sich aus den Aufzeichnungen, daß pro Ableger fast soviel Zeit gebraucht wird, wie für ein Volk.

Trachtbeobachtung, Wanderung:
Im Berichtsjahr sind von diesem Betrieb Raps- und Waldtrachten angewandert worden, 35 bis 130 km vom Überwinterungsstandort entfernt. Die Zeiten von 1 Stunde/Volk bzw. von 1,4 Stunden/pro mitgenommenem Volk (bei 50 Völkern) sind recht niedrig. Selbst wenn 2 Stunden/Volk benötigt werden, wäre dies noch vertretbar, da in diesen Zeiten auch Nahwanderungen mit weniger Völkern enthalten sind, die sich meistens nicht so rationell durchführen lassen.

Honiggewinnung, Honigbehandlung:
Der Zeitaufwand von 6,45 Stunden/100 kg geerntetem Honig ist vertretbar, zumal darin auch die notwendigen mit dem Volke verbundenen Arbeiten enthalten sind, ebenso wie die Fahrtzeiten zu den Standorten der Völker.
Die Fahrtzeiten wurden nicht extra aufgeführt, da nur Entfernungen von 1 bis 2 km auftraten. Mit einem Zeitaufwand von 1 Stunde/Volk bei einer Durchschnittsernte von 15 kg/Volk ist in diesem Betrieb ein annehmbares Ergebnis in der Honigproduktion erzielt worden, wobei der Zeitaufwand für den Honigverkauf nicht berücksichtigt wurde.

Gesamtzeit
Durch rationelle Arbeitsweise in allen Teilbereichen konnte eine Zeit von 5,54 Stunden/Volk erzielt werden. Sie wäre selbst mit 8 Stunden/Volk annehmbar, da auch dann, bei einer Gesamtzeit von 560 Stunden, die sich auf die Monate März bis einschließlich Oktober verteilt, noch keine Überforderung des Imkers entsteht.

Beispiel für eine Zeitauswertung

Für den vorher dargestellten Betrieb mit 70 Völkern konnten folgende Zeiten festgehalten werden:

Aufgewendete Zeit für	Std.	Std./Volk	Std./Ableger	Std. pro 100 kg Honig
Vorbereitende Arbeiten	56	0,8		
Arbeiten an den Völkern	130	1,85		
Königinnenzucht, Ableger	60	0,85	1,5	
Trachtbeobachtung, Wanderung	71	1,01		
Honiggewinnung, Honigbehandlung	71	1,01		6,45
Gesamt	388	5,54	1,5	6,45

Aufschlüsselung der aufgewendeten Zeit nach Monaten:

	Std./ Monat	Arbeits- tage	Std./ Arbeitstag
Januar	–	–	–
Februar	–	–	–
März	7,0	27	0,25
April	13,0	23	0,56
Mai	81,5	25	3,24
Juni	140,0	24	5,83
Juli	38,5	26	1,48
August	57,0	27	2,11
September	31,0	25	1,24
Oktober	18,0	27	0,66
November	2,0	24	0,08
Dezember	–	–	–
	388		

Entgelt für aufgewendete Arbeit	7172.– DM
Gesamtzeitaufwand	388 Stunden
Entgelt für Arbeitszeitstunde	18,48 DM

Deutlich sind die Arbeitsspitzen in den Monaten Mai, Juni und August zu sehen, wobei in den Monaten Mai und Juni Rapswanderung, Honigschleuderung und Königinnenzucht mit Ablegerbildung zusammenfallen. Mit einem zusätzlichen Zeitaufwand neben der beruflichen Tätigkeit von 3,24 Stunden im Mai und 5,83 Stunden pro Arbeitstag im Juni kommt klar zum Ausdruck, daß die gehaltene Völkerzahl sich nach der in diesen Monaten zur Verfügung stehenden Arbeits- oder Freizeit richtet. In diesem Falle ist davon ausgegangen worden, daß an Sonn- und Feiertagen nicht gearbeitet wurde. Ein Zeitaufwand von 5,83 Stunden/Tag im Juni läßt praktisch keine Freizeit mehr zu. Mehr Freizeit oder die Haltung von mehr Völkern kann nur durch Einstellung von Hilfskräften in diesem Monat erreicht werden.

Die Arbeitsspitze im August von 2,11 Stunden/Arbeitstag zeigt, daß auch die Vorbereitung der Völker auf den Winter nicht zu unterschätzen, aber im Nebenerwerb zu bewältigen ist. Gute Waldtrachtjahre würden schon im Juli den Arbeitsaufwand ansteigen lassen.

Der Zeitaufwand in den Monaten März, April, September, Oktober, November läßt sich ohne weiteres auch zusätzlich zu einer 40-Stunden-Woche bewältigen.

Gesetze, Verordnungen, Versicherungen

Es ist nicht Sinn und Zweck dieses Buches, ausführlich auf die verschiedenen gesetzlichen Bestimmungen einzugehen, die die Imkerei betreffen, jedoch sei auf diejenigen Vorschriften hingewiesen, die für den Betrieb einer ertragsorientierten Imkerei eine wesentliche Rolle spielen.

Aufstellen von Bienenvölkern

Nach öffentlich-rechtlichen Vorschriften ist die Freiaufstellung von Bienenvölkern grundsätzlich genehmigungsfrei, wobei rücksichtsvolle Plazierung, einwandfreie Abdeckungen und Sauberkeit am Standplatz als selbstverständlich vorausgesetzt werden.

Privatrechtlich gesehen gilt:

a) es muß das Einverständnis des Grundstücksbesitzers vorliegen,

b) nachbarrechtliche Belange sind zu berücksichtigen, wobei zwischen Außen- und Innenbereich zu unterscheiden ist.

Im **Außenbereich** ist eine Beeinträchtigung durch Bienenflug auf Nachbargrundstükken kaum oder nicht gegeben. Der Grundstücksbesitzer hält sich in der Regel nur zur Bewirtschaftung auf den Parzellen auf. Das Einfliegen von Bienen wird nicht als wesentliche Beeinträchtigung, selbst wenn die Bienen einmal stechen, angesehen. Trotzdem ist dem Imker zu raten, seine Bienenvölker so aufzustellen, daß Menschen auf Nachbargrundstücken oder vorbeiführenden Wegen möglichst nicht oder nur unwesentlich beeinträchtigt werden. Größtmöglicher Abstand und eine Aufstellung hinter Bepflanzungen, ein Verzicht auf Völkermassierungen auf einer bestimmten Stelle und nicht zuletzt eine friedfertige Biene tragen wesentlich dazu bei, daß keine Probleme mit den Nachbarn entstehen. Kritisch kann es werden, wenn im Außenbereich Bienenvölker in unmittelbarer Nähe von öffentlichen Einrichtungen aufgestellt werden.

Im **Innenbereich** unserer Städte und Gemeinden kommt es zunächst auf die bebauungsplanmäßige Einstufung des betreffenden Gebietes an. In reinen Wohngebieten (WR) ist das Aufstellen von Bienenvölkern grundsätzlich nicht erlaubt. Dagegen kann in allgemeinen Wohngebieten (WA) unter bestimmten Bedingungen die Haltung von Bienenvölkern möglich sein. Große Hausgärten, vorhandene Bepflanzung, ein vernünftiges Verhältnis der Völkerzahl zur Grundstücksgröße und nicht zuletzt die fach- und sachgerechte Betreuung der Völker sind dazu wichtige Voraussetzungen. Auch die Pflege des gut nachbarlichen Kontaktes ist ein nicht zu unterschätzender Faktor.

In Dorf- und Mischgebieten oder in ähnlichem Umfeld ist die Bienenhaltung als Zweig der Landwirtschaft möglich. Dagegen werden die sehr oft in dichtbesiedelten Räumen anzutreffenden Garten- oder Wochenendhausgebiete gelegentlich wie allgemeine oder reine Wohngebiete eingestuft. Obwohl es sich hier vielfach um äußerst günstige, bienengerechte Standorte handelt, muß die Zuordnung solcher Gebiete vor Aufstellung der Völker genauestens geklärt werden. Abzuraten ist auf jeden Fall, wenn es sich um kleine Parzellen von 2 oder 3 Ar handelt und sich auf jeder Parzelle ein Garten- oder Wochenendhaus befindet.

Errichtung imkerlicher Bauten

Da schon bei der Haltung von mehr als 6 bis 8 Völkern Bauwerke mit 15 m^3 umbautem Raum kaum ausreichen, sind imkerliche Bauten nach dem Baugesetzbuch und den entsprechenden Landesbauordnungen genehmigungspflichtig. Genehmigungsfrei ist nur:

a) die Freiaufstellung der Völker,
b) der Wanderstand und
c) Bauwerke bis 20 m^3 umbauten Raum, sofern sie keinen Abort, keine Feuerstelle und auch keinen Aufenthaltsraum enthalten.

Für genehmigungspflichtige Bauten ist vor Baubeginn ein Bauantrag mit Lageplan, Bauzeichnung oder Skizze und Baubeschreibung bei der Gemeinde zu stellen, auf deren Markung sich das Baugrundstück befindet. Die Unterlagen sind dreifach einzureichen, besser vierfach.

Eine Genehmigung wird erteilt, wenn dem Vorhaben keine öffentlichen Belange entgegenstehen. Dies können z. B. zu geringe Grenzabstände, übergroße, nicht der gehaltenen Völkerzahl entsprechende Ausmaße des Bauwerkes, eine nach imkerlichen Gesichtspunkten nicht fach- und sachgerechte Planung und nicht zuletzt eine das Landschaftsbild störende Gestaltung sein. Besonders bei imkerlichen Bauvorhaben im Außenbereich werden diese Kriterien von den Baurechtsbehörden nach Bundesbaugesetz, Landesbauordnungen und vor allem nach speziell für die Bienenhaltung ergangenen Erlässen genauestens überprüft. Dabei gilt der Grundsatz, daß der Außenbereich von jeglicher wesensfremder Bebauung freizuhalten ist, und daß nur Bauwerke zulässig sind, die auf den geplanten Zweck zugeschnitten sind. Genauso wie Bauwerke sind auch Einfriedungen genehmigungspflichtig. Der mit der Erstellung imkerlicher Bauten zusammenhängende Fragenkomplex ist so vielseitig, daß sich bereits während der Planung eine eingehende Absprache mit den zuständigen Behörden empfiehlt.

Wanderung

Eng verknüpft mit der Aufstellung von Bienenvölkern sind die zusätzlichen Bestimmungen, die bei einer Wanderung, d. h. beim Aufstellen von Völkern zur Trachtnutzung zu beachten sind, insbesondere, wenn Bienenvölker in den Wald zur Nutzung von Honigtautrachten gebracht werden sollen.

Im Waldgesetz von Baden-Württemberg z. B. ist in bezug auf die Trachtnutzung in Wäldern (Lampeitl 1982) festgelegt, daß:

a) der Waldbesitzer (meist die Forstverwaltung) zu fragen ist,
b) Waldwege nur zur Ausübung der imkerlichen Tätigkeit befahren werden dürfen und auf Kureinrichtungen Rücksicht zu nehmen ist,
c) das Rauchen dem Imker nur zur Behandlung seiner Völker erlaubt wird, wobei ein unvorsichtiges Handhaben der noch brennenden Materialien aus den Rauchgeräten ordnungswidrig ist.

Die Wanderung mit Bienenvölkern verlangt auch die Einhaltung der Vorschriften über die anzeigepflichtigen Bienenseuchen. Das am Herkunftsort der Völker ausgestellte und gültige Seuchenzeugnis, das den Nachweis der Freiheit von anzeigepflichtigen Bienenkrankheiten bestätigt, ist am Aufstellungsort den Veterinärbehörden oder deren Beauftragten vor der Aufwanderung vorzulegen und sichtbar am Beutenstapel anzubringen.

Anzeigenpflichtige Bienenkrankheiten

Nach dem Tierseuchengesetz gibt es in der Bundesrepublik Deutschland drei anzeigepflichtige Bienenkrankheiten. Es sind dies die Faulbrut, die Tracheenmilbe und die Varroatose. Schon der Verdacht auf eine der Krankheiten ist dem beamteten Tierarzt anzuzeigen, der alles weitere veranlaßt.

In Baden-Württemberg z. B. kann die Anzeige auch beim zuständigen Bienenseuchen-Sachverständigen erfolgen, der auf Weisung der Veterinärbehörde seine Tätigkeit ausübt. Nach den Untersuchungen von Waben, Bienen oder Gemüllproben findet eine amtliche Feststellung der Seuche statt, wobei es im Ermessen der Behörde liegt, Sperr- und Beobachtungsgebiete festzulegen.

Sperrgebiete gibt es nach wie vor bei der Faulbrut. Bienen, Waben und Gerätschaften dürfen in oder aus solchen Gebieten erst wieder verbracht oder entfernt werden, wenn die Seuche erloschen ist. Dies ist nach Sanierung und vorgeschriebener Nachuntersuchungen der Fall, wenn kein neuer Befall festgestellt wird.

Die rasche Ausbreitung der Varroatose hat bewirkt, daß zumindestens in Europa sämtliche Bienenwölker mehr oder weniger von diesen Parasiten befallen sind. Als erleichterte Schutzmaßnahme schreibt die Behörde vor, daß der Besitzer von Bienenvölkern jährlich einmal gegen die Varroatose zu behandeln hat. Andererseits kann sie auch geeignete Bekämpfungsmaßnahmen innerhalb einer bestimmten Frist und in einem bestimmten Gebiet anordnen.

Die Tracheenmilbe wird zunehmend als Faktorenkrankheit gesehen, so daß imkerliche Maßnahmen ausreichen, um einen Befall in Grenzen zu halten. Staatliche Schutzmaßnahmen sind daher in den letzten Jahren kaum mehr notwendig geworden.

In diesem Zusammenhang muß auch die Bieneneinfuhrverordnung vom 19. 7. 1983 erwähnt werden. Danach bedarf es der Genehmigung, Bienenvölker mit und ohne Waben und Bienenköniginnen mit ihren Begleitbienen einzuführen. Eine Genehmigung ist jedoch nicht notwendig, wenn Bienenköniginnen aus europäischen Ländern eingeführt werden, die nachweislich aus einem Betrieb stammen, der von der dortigen Imkerorganisation oder für die Bienenzucht zuständigen Behörde anerkannt wird. Dagegen ist die Einfuhr von nicht mit Bienen besetzten, gebrauchten Bienenwohnungen verboten.

Bienenschutzverordnung vom 22. 7. 1992

Sie regelt die Maßnahmen, die zum Schutze der Bienen bei der chemischen Pflanzenbehandlung notwendig sind. Danach wird ein Mittel als bienengefährlich eingestuft, wenn es von der Biologischen Bundesanstalt für Land- und Forstwirtschaft mit der Auflage zugelassen wurde, es als bienengefährlich zu kennzeichnen. Es ist verboten, blühende und honigtauspendende Pflanzen mit solchen Mitteln zu behandeln. Ausnahmen gelten nur für den Hopfen und die Kartoffeln. Blühende Unterkulturen gelten ebenso als blühende Pflanzen. Ein Bestand gilt als blühend,

wenn sich darauf eine einzige geöffnete Blüte befindet.
Wichtig ist noch zu wissen, daß innerhalb eines Umkreises von 60 m um Bienenstände bienengefährliche Mittel ohne Zustimmung des Imkers nur außerhalb der Zeit des täglichen Bienenfluges angewendet werden dürfen.
Die Anwendung bienengefährlicher Mittel an Bäumen im Wald muß der zuständigen Behörde, der Ortspolizei, 48 Stunden vorher gemeldet werden.
Die Einhaltung der Bienenschutzverordnung wird durch ständige Entnahme und Untersuchung von Spritzmitteln bei der Ausbringung überwacht.

Gesetzliche Bestimmungen über Honig

Der Rat der EG hat am 22.7.1974 eine Rechtsvorschrift über Honig erlassen, die die Bestimmungen der Mitgliedstaaten über dieses Produkt aneinander anpassen.
Der Artikel 1 dieser Verordnung sagt aus, was Honig ist. Er stellt ein Lebensmittel dar, das die Honigbienen produzieren. Zu seiner Herstellung saugen sie Blütennektar aus Pflanzen oder holen sich ein Sekret, das Insekten erzeugen. Anschließend verbinden die Bienen diese Substanzen mit eigenen spezifischen Stoffen, wandeln sie um, speichern sie in den Waben des Stockes und lassen sie reifen. Honig kann flüssig, dickflüssig oder kristallin sein.
Die Rechtsvorschrift macht auch eine Aussage über Unterschiede nach Herkunft (Blütenhonig, Honigtauhonig) und Gewinnungsart. So wird Wabenhonig, Scheibenhonig, Honig mit Wabenteilen, Tropf-, Preß- und Schleuderhonig aufgeführt.
Honig, der zum Verkauf angeboten wird, muß nach Artikel 6 zusammengesetzt sein aus
60 bis 65% Invertzucker (Traubenzucker und Fruchtzucker)
21 bis 23% Wasser (Heidehonig).
Weiter wurde der Gehalt an Saccharose, an wasserunlöslichen Stoffen, an Mineralstoffen, an freien Säuren und nicht zuletzt die Werte für den Diastoseindex und für Hydroxymethylfurfurol (HMF) festgelegt. Die beiden letztgenannten Werte sagen wesentliches über einwandfreie Lagerung und Behandlung, z.B. starkes Erhitzen, aus.
Das vom Deutschen Imkerbund geschaffene Einheitsglas mit Gewährstreifen hat sich bewährt. Darin abgefüllter und zum Verkauf angebotener Honig muß den Qualitätsanforderungen des DIB entsprechen, die zum Teil strenger als die Richtlinien des Rates der EG sind und muß aus deutschen Landen stammen. Außerdem darf Honig im DIB-Einheitsglas nur 20% Wasser enthalten (Heidehonig 23%) und keiner höheren Erwärmung als 40°C ausgesetzt gewesen sein.

Ausbildung zum Imker

Sie ist in einer Verordnung über die Berufsausbildung zum Tierwirt geregelt. Nach dieser Verordnung vom 10.3.1976 des Bundesernährungsministeriums (Bundesgesetzblatt, Jahrgang 1976, Teil I, Seite 514 bis 516) ist der Beruf Imker staatlich anerkannt. Das Berufsbild Tierwirt setzt sich aus sechs Schwerpunkten zusammen, der Schweine-, Schaf-, Geflügel-, Pelztier- und Bienenhaltung.
Nach einer Ausbildungszeit von 3 bzw. 2 Jahren in einem anerkannten Lehrbetrieb legt der Auszubildende nach einer Zwischenprüfung die Abschlußprüfung ab.

Nach weiteren 3 Jahren kann er sich für die Meisterprüfung anmelden.
Eine solche Ausbildung ist denjenigen zu empfehlen, die die Imkerei beruflich betreiben wollen, sei es als selbständiger Tierwirtschaftsmeister mit eigenem Betrieb oder als Angestellter in einem Betrieb oder in einem Institut.
Auch wenn eine wirtschaftliche und erfolgreiche Bienenhaltung nur neben einer anderen Tätigkeit betrieben werden soll, bietet dennoch die Ablegung der Meisterprüfung Vorteile. Schon bei der Abschlußprüfung am Ende der Lehrzeit, deren Bestehen zur Anmeldung für die Meisterprüfung notwendig ist, verfügt der Kandidat durch Lehrgänge theoretischer und praktischer Art über ein umfangreiches und sicheres Grundwissen. Er wird komplizierte Zusammenhänge leichter erfassen, wobei auch der Einblick in andere Betriebe und Produktionstechniken nur von Vorteil sein kann. Und die Erstellung einer Meisterarbeit hat schon manchen Imker Probleme seines eigenen Betriebes erkennen lassen und Lösungsmöglichkeiten aufgezeigt.
Da es praktisch unmöglich ist, neben einer beruflichen Tätigkeit eine Lehre zu absolvieren, kann auch derjenige Imker sich zur Abschlußprüfung anmelden, der während der doppelten Zeit der vorgeschriebenen Lehrzeit mindestens 30 Völker erfolgreich bewirtschaftet hat.

Schwarmrecht

Obwohl die im Bürgerlichen Gesetzbuch festgelegten Regeln des Schwarmrechts infolge zunehmender schwarmloser Betriebsweise kaum noch Anwendung finden, sollen sie der Vollständigkeit halber erwähnt werden. Ein Bienenschwarm wird herrenlos, wenn der Eigentümer ihn nicht mehr verfolgt oder die Verfolgung aufgegeben hat. Er gehört demjenigen, der ihn findet, sofern nicht schon Zeichen auf einen anderen Finder hinweisen; Schwärme in der Nähe von Bienenständen oder aufgestellten Völkern stammen in der Regel von diesen. Ein Finder eines solchen Schwarmes müßte es dennoch als richtig ansehen, den Besitzer der Völker zu verständigen.

Landwirtschafts- und Landeskulturgesetz

Bereits 1972 hat das Bundesland Baden-Württemberg ein Gesetz erlassen, in dem die Aufgaben der heutigen Landwirtschaft und die Imkerei beispielhaft als zur Landwirtschaft zählend aufgeführt sind.
Aufgabe der Landwirtschaft ist es, hochwertige Lebensmittel in einem gewissen Eigenversorgungsgrad zu erzeugen und eine Kultur- und Erholungslandschaft zu erhalten. Beiden Aufgaben wird die Imkerei mit zur Zeit 3,7 Völkern je 100 ha Trachtfläche in der Bundesrepublik Deutschland gerecht. Nicht nur wegen der Honigproduktion, sondern auch wegen der Bestäubungsleistung der Honigbiene von 80 bis 90 %.

Versicherungen und Steuern

Mit der Mitgliedschaft in einem Orts-, Bezirks- oder Kreisverein und damit in einem Landesverband des Deutschen Imkerbundes schließt man automatisch eine Versicherung ab, die gewisse Risiken der Bienenhaltung abdeckt. Unter anderem die Haftpflicht, Diebstahl, Frevel und nicht zuletzt auch das Risiko bei Schäden durch Pflanzenschutzmaßnahmen.

Nach vielfachen Erfahrungen reichen jedoch die Deckungssummen vor allem bei Diebstahl, Frevel, Sturm und Hochwasserschäden zur Abdeckung eines entstandenen Schadens meist nicht aus. Es empfiehlt sich daher der Abschluß einer Zusatzversicherung. Darüber geben die Geschäftsstellen der Landesverbände gerne Auskunft und vermitteln den Vertragsabschluß. Bei einem eventuellen Schadensfall übernehmen sie auch die Regulierung, wobei es auf eine rechtzeitige Meldung und Anzeige ankommt.

Sehr komplex und vielseitig ist das weite Gebiet der Besteuerung, auch wenn die Bienenhaltung steuerlich zur Land- und Forstwirtschaft zählt. Neben der Vermögenssteuer, der Grundsteuer, der Umsatzsteuer ist vor allem die Einkommensteuer zu nennen. Diese wird jedoch erst ab einer Nutzungsgröße von 30 Kasten- oder 50 Korbvölkern (Böttcher 1981) erhoben. Bei weniger als 29 Kastenvölkern unterbleibt eine Ermittlung des Einheitswertes, der ab 30 Völker mit 5,– DM/Volk festgelegt ist. Einheitswerte dienen als Grundlage für die Berechnung der Vermögenssteuer, der Grundsteuer und auch der Einkommensteuer nach Durchschnittssätzen (Böttcher 1981).

Sind jedoch größere Investitionen nötig, so ist zu überlegen, ob nicht anhand der Buchführung Nachweise erbracht werden können, die günstigere Steuersätze ergeben. Auskünfte und Hinweise sind von Steuerberatern zu bekommen, die sich in der landwirtschaftlichen Besteuerung auskennen.

Anhang

Imkerverbände
Deutscher Berufs- und Erwerbsimkerbund e. V.
Harburger Str. 86, 27356 Rotenburg
Telefon (0 42 61) 6 20 56

Deutscher Imkerbund e. V. (DIB)
Villiper Hauptstr. 3, 53343 Wachtberg
Telefon (02 28) 32 10 06

Die Landesverbände im DIB
Landesverband Badischer Imker e. V.
Bahnhofstr. 35, 77767 Appenweier
Telefon (0 78 05) 20 10

Landesverband Bayerischer Imker e. V.
Postfach 21 05 67, 90123 Nürnberg
Telefon (09 11) 55 80 94

Imkerverband Berlin e. V.
Krampnitzer Weg 20 a, 14089 Berlin
Telefon (0 30) 3 65 36 42

Landesverband Brandenburgischer Imker e. V.
Rosenstr. 5, 14548 Caputh
Telefon (03 32 09) 7 08 07

Imkerverband Hamburg e. V.
Husumer Str. 31, 20249 Hamburg
Telefon (0 40) 47 56 11

Landesverband Hannoverscher Imker e. V.
Johannesstr. 10, 30159 Hannover
Telefon (05 11) 32 43 39

Landesverband Hessischer Imker e. V.
Erlenstr. 9, 35274 Kirchhain
Telefon (0 64 22) 26 24

Landesverband der Imker Mecklenburg und Vorpommern e. V.
Mecklenburgstr. 85, 19053 Schwerin
Telefon (03 85) 86 03 59

Imkerverband Nassau e. V.
Brückenstr. 12, 57627 Heuzert
Telefon (0 26 88) 5 34

Imkerverband Rheinland-Pfalz e. V.
Gustav-Getto-Str. 8, 76744 Wörth
Telefon (0 63 40) 10 01

Imkerverband Rheinland e. V.
Im Bannen 38 – 54, 56727 Mayen
Telefon (0 26 51) 7 26 66

Landesverband der Imker im Saarland e. V.
Parkstr. 33, 66578 Schiffweiler
Telefon (0 68 21) 6 31 91

Landes-Imkerverband Sachsen e. V.
Am Teich 1, 04448 Podelwitz

Landesverband Sächsischer Imker e. V.
Adelsbergstr. 94 a, 09127 Chemnitz
Telefon (03 71) 5 02 33

Allgemeiner Landes-Imkerverband Sachsen-Anhalt e. V.
Parkweg 1, 06909 Pretzsch
Telefon (03 49 26) 2 42

Imkerverband Sachsen-Anhalt e. V.
Roßlauer Str. 41, 06862 Streetz

Landesverband Schleswig-Holsteinischer und Hamburger Imker e. V.
Hamburger Str. 109, 23795 Bad Segeberg
Telefon (0 45 51) 24 36

Landesverband Thüringer Imker e. V.
Camburger Str. 74, 07743 Jena
Telefon (0 36 41) 42 42 06

Landesverband der Imker Weser-Ems e. V.
Mars-la-Tour-Str. 6, 26015 Oldenburg
Telefon (04 41) 80 16 26

Landesverband Westfälischer u. Lippischer Imker e. V.
Langewanneweg 75, 59063 Hamm (Westf.)
Telefon (0 23 81) 5 10 95

Landesverband Württembergischer Imker e. V.
Olgastr. 23, 73262 Reichenbach/F.
Telefon (0 71 53) 5 81 15

Ausländische, deutschsprachige Imkerorganisationen

Österreichischer Imkerbund
Georg-Koch-Platz 3/11 a, A-1010 Wien

Südtiroler Imkerbund
Jubiläumshof, I-39010 Vilpian

Verein deutschschweizerischer Bienenfreunde
Sehblick, CH-6284 Gelfingen

Imkervereinigung Liechtenstein
Markusgasse 5, FL-9490 Vaduz

Luxemburger Landesverband für Bienenzucht
Maison 38, L-975 9 Knaphoscheid

Anschriften der Bienenzuchtberater/Fachberater für Bienenzucht

Baden-Württemberg

Bertram Deger
Walther Rathenau-Str. 8
75203 Königsbach
Tel.: 0 72 32/53 81

Amt für Landwirtschaft
Neßlerstr. 25
76227 Karlsruhe 41
Tel.: 07 21/94 68-3 32
Fax: 07 21/94 68-3 56
Reg. Bez. Karlsruhe

Werner Gekeler
Sternbergstraße 4
72525 Münsingen
Tel.: 0 73 81/28 13

Amt für Landwirtschaft
Schillerstraße 40
72525 Münsingen
Tel.: 0 73 81/18 01 60
18 01 71
Fax: 0 73 81/67 91
18 01 88
Reg. Bez. Tübingen

Armin Spürgin
In den Waid
79312 Emmendingen
Tel.: 0 74 61/57 24 05

Amt für Landwirtschaft
Fürstenbergstraße 17/19
79102 Freiburg
Tel.: 07 61/70 34 62 81
Fax: 07 61/70 34 62 55
Reg. Bez. Freiburg

Fachkräfte für Bienengesundheit
Fritz Perschil
Krozingerstraße 18
79292 Pfaffenweiler
Tel.: 0 76 64/73 76

Tierhygienisches Institut
Moosweiler 2
79108 Freiburg
Tel.: 07 61/1 50 21 54

Frank Neumann
Saulgauer Straße 20
88326 Aulendorf

Staatl. Tierärztl. Untersuchungsamt
Löwenbreitestraße 20
88326 Aulendorf
Tel.: 0 75 25/9 42-2 60
Fax: 0 75 25/9 42-2 00

Bayern

Arno Bruder
Am Karpfenweg 20
82407 Wielenbach
Tel.: 08 81/6 48 51
Fax: 08 81/6 48 51

– Bezirk Oberbayern –
Bezirkshauptverwaltung
Prinzregentenstr. 14
80535 München
Tel.: 0 89/21 98-10 60
21 98-10 61
Fax: 0 89/21 98-10 59

Hans Endres
Föhrenweg 2
92289 Ursensollen
Tel.: 0 96 28/14 06

Amt für Landwirtschaft
Hockermühlstr. 53
92224 Amberg
Tel.: 0 96 21/3 77-26

Hans Gollwitzer
Bahnhofstr. 3
90537 Feucht
Tel.: 0 91 28/76 85

Bayr. Landesanstalt für Bienenzucht
Burgbergstr. 70
91054 Erlangen
Tel.: 0 91 31/7 87 30
Fax: 0 91 31/78 73 22

Erhard Härtl
Eidsberg 20
94539 Grafling
Tel.: 09 91/2 70 98 92

Amt für Landwirtschaft
Graflinger Str. 81
94469 Deggendorf
Tel.: 09 91/20 80
2 08 36

Barbara Bartsch
Kipfendorfer Str. 49
96472 Rödental
Tel.: 0 95 63/24 11

Amt für Landwirtschaft und Ernährung
Postfach 10 01 41
94501 Bayreuth
Tel.: 09 21/59 10 Vermittl.
09 21/59 13 91
Fax: 09 21/59 11 60
und 59 11 11

Hans Fischer
Jakob Zeller Str. 6
87439 Kempten
Tel.: 08 31/9 79 26

Amt für Landwirtschaft
Kaufbeuren
Otto Müller Str. 1
87600 Kaufbeuren
Tel.: 0 83 41/93 94 25
oder 93 94-0
Fax: 0 83 41/93 94 30

Brandenburg/Berlin/Sachsen Sachsen-Anhalt/Thüringen

Jens Radtke
(kommissarisch)
Friedrich-Rohr-Str. 1 a
19300 Grabow

Länderinstitut für
Bienenkunde
Hohen Neuendorf e. V.
Friedrich-Engels-Str. 32
16540 Hohen Neuendorf
Tel.: 0 33 03/50 03 28
Fax: 0 33 03/50 03 37

Hessen

Bruno Binder-Köllhofer
Burgholzerstraße 9
35274 Kirchhain-Emsdorf
Tel.: 0 64 25/8 00 02

Hess. Landesanstalt
i. d. Tierzucht
– Abt. f. Bienenzucht –
Erlenstraße 9
35274 Kirchhain 1
Tel.: 0 64 22/94 06-0
94 06-14
Fax.: 0 64 22/94 06-33

Mecklenburg/Vorpommern

Dr. Winfried Dybra
Lindenstraße 14
19258 Boizenburg
Tel.: 03 88 47/5 59 47

Bienenzuchtzentrum
Bantin
Wittenbruger Straße 3
19246 Bantin
Tel.: 03 88 51/2 52 81
Fax: 03 88 51/2 52 81

Niedersachsen

Georg Schuster
Großkopfstraße 13
30449 Hannover

Landw. Kammer
Hannover
Johannsenstraße 10
30159 Hannover
Tel.: 05 11/36 65-4 84
Fax: 05 11/36 65-5 21

Hermann Geffcken

Niedersächsisches
Landesinstitut für
Bienenkunde
Wehlstraße 4 a
29221 Celle
Tel.: 0 51 41/9 05 03 40
Fax: 0 51 41/9 05 03 44

Wulf Ingo Lau
Oberdorf 5
31848 Bad Münster
Tel.: 0 51 56/9 81 06
Fax: 0 51 56/9 81 07

Durchwahl
Herr Lau
9 05 03 64

Nordrhein/Westfalen

Margret Rieger
Am weißen Kreuz 30
48231 Warendorf

Landwirtschaftskammer
Westfalen-Lippe
Nevinghoff 40
48147 Münster
Tel.: 02 51/23 76-6 62
Fax: 02 51/23 76-6 44

Rheinland-Pfalz

Wolfram Schuster

Landw. Kammer
Rheinland-Pfalz
Burgenstraße 7
55543 Bad Kreuznach
Tel.: 06 71/79 30

Schleswig-Holstein

Geert Staemmler
Im Holt 38 g
23812 Wahlstedt
Tel.: 0 45 54/52 07

Imkerschule
Hamburger Straße 109
23795 Bad Segeberg
Tel.: 0 45 51/24 36
Fax: 0 45 51/9 31 94

Südtirol

Heinrich Gufler

Landwirtschaftsschule
Mair am Hof
I-39031
Dietenheim/Bruneck
Tel.: 00 39 04 74/55 20 33
Fax: 00 39 04 74/55 08 01

Literaturverzeichnis

Berner, U.: Die Bienenweide. Ulmer Verlag, Stuttgart 1967.

Böttcher, F.: Bienenzucht als Erwerb. Ehrenwirth, München 1973.

Bretschko, J.: Naturgemäße Bienenzucht. Stocker, Graz 1985.

Bruder Adam: Züchtung der Honigbiene. Delta Verlag, St. Augustin 3 1982.

Dustmann, J. H.: Natürliche Abwehrmechanismen eines Bienenvolkes gegen Krankheiten und Schädlinge. Imkerfreund 42 (1987), 2, S. 49–53.

Geffcken, H.: Landwirtschaft und Imkerei. Feld und Wald, 102 (1983), 15, S. 4–5.

Gekeler, W.: Wie soll es weitergehen? Allg. Dt. Imkerzeitung 19 (1985), 2, S. 37–42.

Gleim, K. H.: Nahrungsquellen des Bienenvolkes. Delta Verlag, St. Augustin 3 1977.

Herold, E.: Heilwerte aus dem Bienenvolk. Ehrenwirth, München 1970.

Horn, H.: Die Waldtrachtkrankheit der Honigbiene. Apidologie, 1985, 16 (2), S. 139–156; 1986, 17 (4), S. 307–324.

Kern, S.: Erfahrungen mit Melezitose-Honig. Allg. Dt. Imkerzeitung 15 (1981), 3, S. 307–308.

Kloft/Maurizio/Kaeser: Das Waldhonigbuch. Ehrenwirth, München 1965.

Lampeitl, F.: Monatsbetrachtung Oktober. Allg. Dt. Imkerzeitung 16 (1982), 10, S. 307.

– Schutz der Biene und der Imkerei im Gesetz und Recht. Allg. Forstzeitschrift 31 (1982), S. 943–945.

– Bienen halten. Ulmer Verlag, Stuttgart 1984.

– Der Altwabenerneuerung mehr Aufmerksamkeit schenken. Bienenpflege 1 (1986), S. 12–13.

– Das Mini-Plus-Zuchtmagazin in der Praxis. Allg. Deutsche Imkerzeitung 30, (1996) 5, S. 27.

Liebig, G.: Eine Analyse der Tannentracht 1977 und 1978. Allg. Dt. Imkerzeitung 13 (1979), 1, S. 1–5.

– Hinweise für die Beobachtung der Tannentracht. Allg. Dt. Imkerzeitung 13 (1979), 5, S. 129–131.

– Varroa-Leitfaden. Landesverband Württ. Imker e. V., Stuttgart 1986.

Liebig, G./Schlipf, U.: Wie entsteht Tracht für die Honigbiene im Wald? Allg. Forstzeitschrift 31 (1982), S. 928–931.

Liedel, W.: Rentabilität der Bienenhaltung. Allg. Dt. Imkerzeitung 19 (1985), 7, S. 198–203.

Maurizio/Grafl: Das Trachtpflanzenbuch. Ehrenwirth, München 1969.

Pfefferle, K.: Unser Imkern mit dem Magazin. Selbstverlag, Untermünstertal 1982.

Pflanzenkatalog zur Verbesserung der Bienenweide und des Artenreichtums (Kurztitel Bienenweidekatalog). Ministerium für Ernährung, Landwirtschaft, Umwelt und Forsten, Stuttgart 1985.

Ritter, W./Perschil, F./Jehle, B./Koch, W./vom Hoevel, R.: Versuche zur Entwicklung und Prüfung von Perizin, einem systemischen Medikament zur Bekämpfung der Varroatose der Honigbiene. Allg. Dt. Imkerzeitung 29 (1986), 3, S. 78–82.

Romberg, A.: Ernteergebnisse 1984. Raps 2 (1984), 10, S. 148.

Scherhag, H.: Betriebswirtschaftliche Analyse des Imkerbetriebes (I). Allg. Dt. Imkerzeitung 17 (1983), 5, S. 133–135.

Schundan, W.: So imkern wir in der Segeberger Kunststoff-Magazinbeute. Selbstverlag, Kuhholz 1983.

Sittenauer, I.: Pollensammeln. Imkerfreund 36 (1981), 5, S. 156–157.

Zander, E.: Das Leben der Biene. Neubearbeitet von K. Weiß. Ulmer Verlag, Stuttgart 1964.

– Haltung und Zucht der Biene. Neubearbeitet von F. K. Böttcher. Ulmer Verlag, Stuttgart 1979.

– Krankheiten der Biene. Neubearbeitet von F. K. Böttcher. Ulmer Verlag, Stuttgart 1984.

Register

Sternchen * verweisen auf Zeichnungen und Schwarzweißabbildungen, halbfette Ziffern auf Farbfotos

Bildquellen

H. Lampeitl, Weissach-Flacht: Seite 89 oben links.
F. Loser, Ditzingen-Heimerdingen: Seite 53 unten rechts. Seite 54 oben rechts.
Alle übrigen Schwarzweiß- und Farbfotos vom Verfasser.

Peter Himmelhuber:

Obstgehölze richtig schneiden

96 Seiten, Format 21,0 x 26,0 cm,
gebunden
Best.-Nr. 374 231
ISBN 3-86047-328-X
Sonderausgabe nur DM 15,–

Reinhilde Frank:

Zwiebel- und Knollengewächse

464 Seiten, Format 17,0 x 22,0 cm,
gebunden
Best.-Nr. 371 179
ISBN 3-86047-744-7
Sonderausgabe nur DM 29,80

Erhard Moser:

Rhododendren – Wildarten & Hybriden

320 Seiten, Format 21,0 x 29,7 cm,
gebunden
Best.-Nr. 371 187
ISBN 3-86047-742-0
Sonderausgabe nur DM 39,80

Das große Buch der Gartenpraxis

256 Seiten, Format 24,0 x 27,9 cm,
gebunden
Best.-Nr. 780 379
ISBN 3-8289-1523-X
Dt. Erstausgabe nur DM 25,–

Wolfgang Kawollek/Dietrich Mierswa:

Wintergärten

112 Seiten, Format 21,0 x 26,0 cm,
gebunden
Best.-Nr. 392 829
ISBN 3-8289-1509-4
Sonderausgabe nur DM 15,–

Julie London:

Gartenprojekte an einem Wochenende

80 Seiten, Format 21,5 x 26,3 cm,
gebunden
Best.-Nr. 778 746
ISBN 3-8289-1524-8
Dt. Erstausgabe nur DM 15,–

Robert Sulzberger:

Bunte Balkonpflanzen

80 Seiten, Format 21,0 x 26,0 cm,
gebunden
Best.-Nr. 374 215
ISBN 3-86047-178-8
Sonderausgabe nur DM 15,–

Martin Hant:

Farbatlas der Wildkräuter und Unkräuter

256 Seiten, Format 14,8 x 21,0 cm,
gebunden
Best.-Nr. 378 901
ISBN 3-86047-868-0
Sonderausgabe nur DM 15,–